普通高等职业教育计算机系列教材

计算机网络基础

程书红　张　智　主　编

张文科　罗　勇　彭茂玲　副主编

李　芳　李　团　陈宝英　参　编

乐明于　主　审

電子工業出版社

Publishing House of Electronics Industry

北京 • BEIJING

内 容 简 介

计算机网络是信息类各专业必备的基础知识，影响专业领域广。为了让学生较全面地了解计算机网络的基础知识，本书从最基本的网线制作讲起，逐步地介绍了网络规划、组建局域网、组建以太网、子网规划与划分、配置路由器、组建无线网络、网络服务器的配置与管理、接入 Internet 及网络安全的管理等计算机网络基础知识，最后以一个完整的网络规划与组建案例系统介绍了网络规划、组建和接入互联网的实际操作。力求在最短的时间内，以最简单的方式帮助学生轻松学会计算机网络的基础知识。即使学生对网络一无所知，也可以顺利学习本书。

本书可作为高职高专院校计算机相关专业学生的教材，也可作为各类网络培训班的培训资料或者广大网络爱好者自学网络管理技术的参考书，还可作为工程技术人员的自学参考书。

图书在版编目（CIP）数据

计算机网络基础/程书红，张智主编. —北京：电子工业出版社，2015.9
普通高等职业教育计算机系列规划教材
ISBN 978-7-121-26820-5

Ⅰ. ①计… Ⅱ. ①程… ②张… Ⅲ. ①计算机网络－高等职业教育－教材 Ⅳ. ①TP393

中国版本图书馆 CIP 数据核字（2015）第 173792 号

策划编辑：徐建军（xujj@phei.com.cn）
责任编辑：徐建军　　特约编辑：俞凌娣　张祖凤
印　　刷：三河市华成印务有限公司
装　　订：三河市华成印务有限公司
出版发行：电子工业出版社
　　　　　北京市海淀区万寿路 173 信箱　邮编 100036
开　　本：787×1 092　1/16　印张：16.25　字数：416 千字
版　　次：2015 年 9 月第 1 版
印　　次：2021 年 11 月第 14 次印刷
定　　价：36.00 元

凡所购买电子工业出版社图书有缺损问题，请向购买书店调换。若书店售缺，请与本社发行部联系，联系及邮购电话：（010）88254888，88258888。

质量投诉请发邮件至 zlts@phei.com.cn，盗版侵权举报请发邮件至 dbqq@phei.com.cn。

本书咨询联系方式：（010）88254570。

前　言

当今世界是一个以网络为核心的信息时代。随着信息技术和信息产业的发展，社会需要大量掌握计算机网络技术的人才。掌握计算机网络技术已成为一个合格的IT从业人员的必备技能，因此计算机网络已成为各高职院校信息技术等相关专业的一门重要基础课程。

本书根据作者多年来在计算机网络方面的实践教学经验组织编写，本书从实际应用出发，全面、系统地介绍计算机网络技术的基本知识和基本技能，在内容上深入浅出、循序渐进、图文并茂，每部分都尽力把当前计算机网络技术发展的最新成果融入教材中，以适应社会对网络技术人才的需求。以必须够用为度，以激发学生的学习兴趣为出发点，使读者在掌握计算机网络基础知识和技能的基础上具备一定的可持续发展能力。

本书面向高职高专计算机与信息技术类学生，以培养技术应用型人才为目标。考虑到计算机网络具有涉及面广、概念多、知识体系跨度大、理论性和实践性都较强的综合性技术特点，本书涉及的内容比较广泛，对网络规划、组建局域网、组建以太网、子网规划与划分、配置路由器、组建无线网络、网络服务器的配置与管理、接入 Internet 及网络安全的管理等都做了必要的介绍。本书内容安排符合当前网络技术的实际需要，知识点分布合理，难易适度，注重基础知识与技能培养。本书建议教学安排 60～72 学时。

本书由重庆城市管理职业学院的骨干教师程书红、张文科、罗勇、彭茂玲、李芳，海南职业技术学院的骨干教师张智，重庆立信职业教育中心的骨干教师李团，重庆敏韬网络科技有限公司的工程师杨超和陈宝英，重庆邮政公司渝北区邮政局的高级工程师刘治洪共同编写完成。在编写过程中得到了重庆城市管理职业学院信息工程学院院长乐明于博士的指导和大力支持，同时也参阅了许多参考资料，本书在编写过程中得到了各方面的大力支持，在此一并表示感谢。

本书第 1 章、第 9 章由程书红和张智编写，第 2 章由李芳和张智编写，第 3 章由程书红和刘治洪编写，第 4 章、第 5 章由罗勇和李团编写，第 6 章由彭茂玲编写，第 7 章、第 11 章由张文科和陈宝英编写，第 8 章由张文科和张智编写，第 10 章由张智和杨超编写，全书由乐明于主审，程书红统稿。

为了方便教师教学，本书配有电子教学课件，请有此需要的教师登录华信教育资源网（www.hxedu.com.cn）注册后免费进行下载。如有问题，可在网站留言板留言或与电子工业出版社联系（E-mail：hxedu@phei.com.cn）。

由于时间仓促，编者的学识和水平有限，疏漏和不当之处在所难免，敬请读者不吝指正。

编　者

目录
Contents

第1章 认识网络及制作网线

1.1 任务描述

张老师家里原有一台台式计算机，由于工作需要又配置了一台移动 PC（笔记本电脑）。以前的工作文件在台式机上，新建立的文件在移动 PC 上，需要通过移动硬盘或 U 盘反复复制。张老师就想：能否把这两台计算机互连起来，组建一个简单的家庭网络环境，通过网络把这两台计算机上的资源共享，这样就可以随时用任意一台计算机了。

通过组建网络，一家人也可以在任意一台计算机上工作，而不需要更换计算机。通过网络不仅可以互相传输文件，还可以一起上网玩游戏。

1.2 设计与实施

1.2.1 设计

计算机网络就是通过传输介质把分布在不同地点的计算机互连起来，组成一个计算机网络系统。网络系统有大有小，有全球的计算机之间互连构成的最大的网络——Internet，也有直接把两台计算机互连，形成最小的网络：双机互连网络。把两台计算机连接起来，就需要使用传输介质。在此，使用双绞线即可。

1.2.2 实施步骤

1. 所需仪器材料

非屏蔽双绞线（5 类）（见图 1-1）、RJ-45 接头（水晶头）（见图 1-2）、压线钳和测线仪（见图 1-3）。

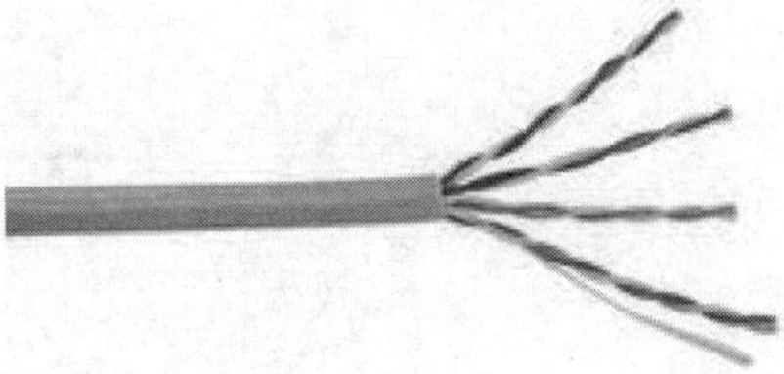

图 1-1　双绞线

图 1-2　水晶头

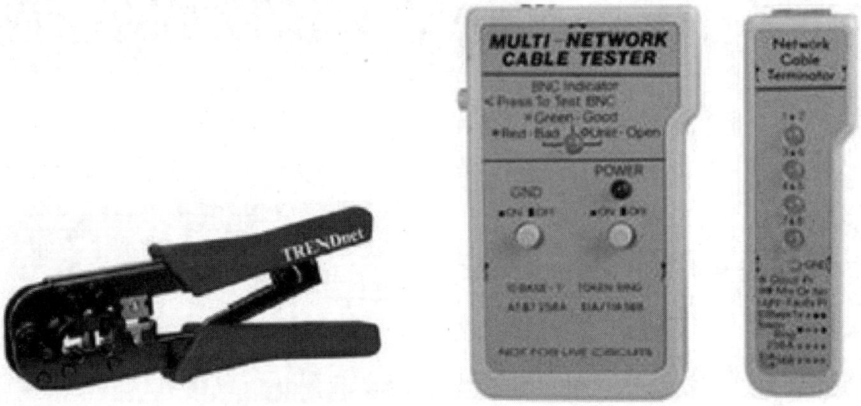

图 1-3　压线钳和测线仪

2. 需用知识

为了方便使用，双绞线中的 8 芯导线采用不同的颜色标志。其中橙色线和橙白色线形成一对，绿色线和绿白色线形成一对，蓝色线和蓝白色线形成一对，棕色线和棕白色线形成一对。图 1-4 显示了双绞线中颜色与线号的对应关系。

图 1-4　双绞线中颜色与线号的对应关系

一般将 1、2 线作为自己的发送线，3、6 线作为自己的接收线，如图 1-5 所示。

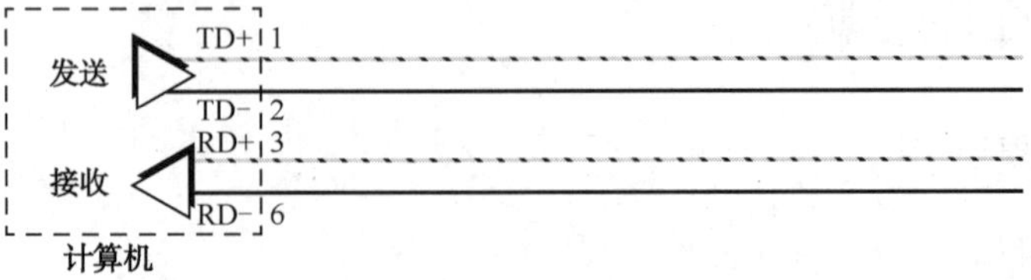

图 1-5　收发线对

为了将双绞线与计算机、集线器、交换机等设备相连，每条双绞线的两端需要安装 RJ-45 接头（也叫做 RJ-45 水晶头）。图 1-6 显示了 RJ-45 接口的示意图和一条带有 RJ-45 接头的双绞线。

图 1-6　RJ-45 接头和接口

带有 RJ-45 接头的双绞线可以通过专用的剥线和压线钳制作。RJ-45 接头制作时必须符合美国电子/电信工业协议 EIA/TIA 标准。根据制作过程中线序的排列不同，双绞线分为直通线（T568B）和交叉线（T568A）（见表 1-1）。

表 1-1　T568B 和 T568A 的线序

T568A	1	2	3	4	5	6	7	8
	绿白	绿	橙白	蓝	蓝白	橙	棕白	棕
T568B	1	2	3	4	5	6	7	8
	橙白	橙	绿白	蓝	蓝白	绿	棕白	棕

（1）直通线。

在通信过程中，计算机的发线要和集线器的收线相连接，计算机的收线要与集线器的发线相连接。但由于集线器内部发线和收线进行了交叉，如图 1-7 所示，因此，在将计算机连入集线器时需要使用直通线。

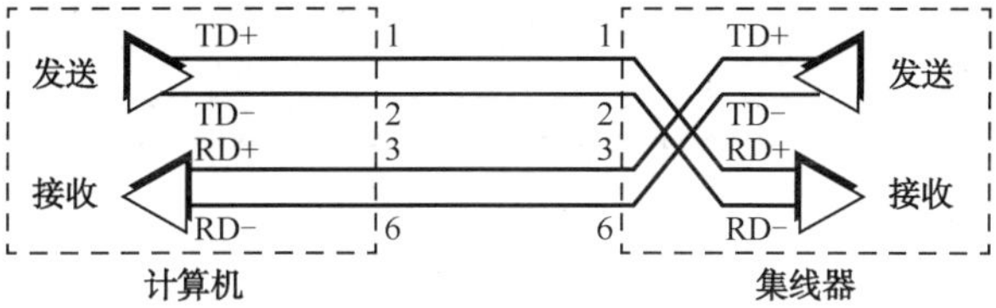

图 1-7　直通线的使用

直通线中水晶头触点与双绞线线对的对应关系如图 1-8 所示。

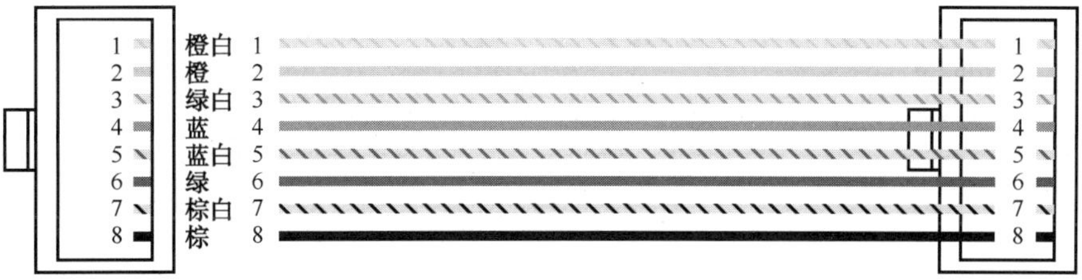

图 1-8　直通线的线对排列

（2）交叉线。

计算机与集线器的连接可以使用直通线，那么集线器与集线器之间的级联使用什么样的电缆呢？

集线器之间的级联可以采取两种不同的方法。如果利用集线器的直通级联端口与另一集线器的普通交叉端口相连接，如图 1-9 所示，那么普通的直通线就可以完成级联任务。如果利用集线器的普通交叉端口与另一集线器的普通交叉端口相连，如图 1-10 所示，则必须使用交叉线。

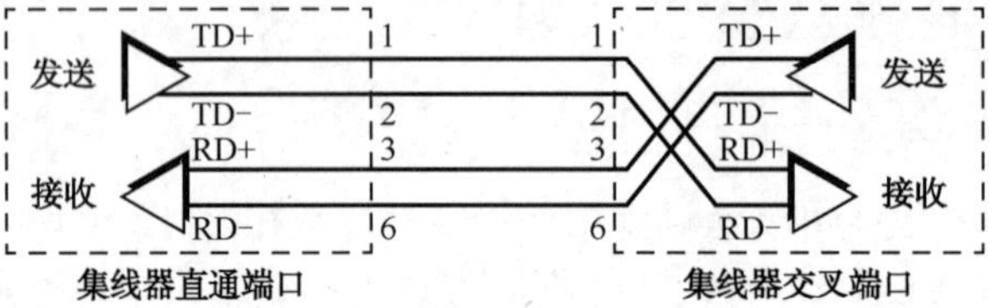

图 1-9　利用直通级联端口与另一集线器的普通端口级联

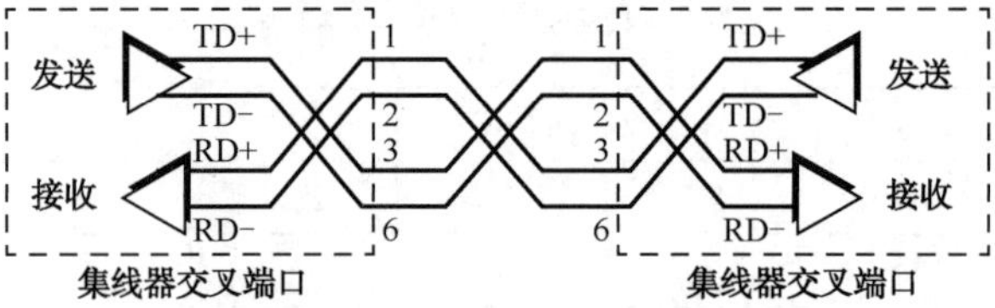

图 1-10　利用两个集线器的普通交叉端口级联

交叉线中水晶头触点与双绞线的对应关系如图 1-11 所示。

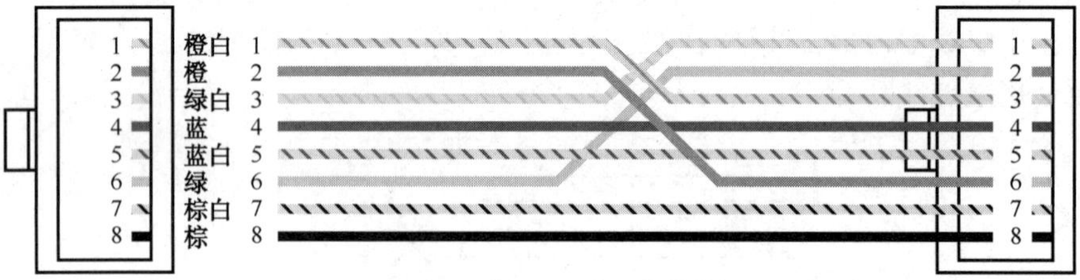

图 1-11　交叉线的线对排列

（3）反序线。

如果要实现从计算机到路由器控制台串行通信（com）端口的连接，则需要使用反序线（或者称为反转线）。即一端采用 T568A 或 T568B 做线标准，另一端把 568A 或 568B 的顺序刚好从第一根到最后一根反过来（见表 1-2）。

表 1-2　直通线、交叉线和反序线比较表

线　　序	连 接 方 式	适 用 场 合
直通线	T568B—T568B（默认标准） T568A—T568A	异种设备之间，如： 计算机—交换机 路由器—交换机 交换机—交换机（UPLink 口）

续表

线　序	连接方式	适用场合
交叉线	T568A—T568B	同种设备之间，如： 计算机—计算机 路由器—路由器 交换机—交换机
反序线（反转线）	T568B（正常顺序）—T568B（顺序完全颠倒）	路由器、交换机的配置

3. 实施步骤

（1）用压线钳把双绞线的一端剪齐，然后把剪齐的一端插入压线钳用于剥线的缺口中。顶住压线钳后面的挡位以后，稍微握紧压线钳慢慢旋转一圈，让刀口划开双绞线的保护胶皮并剥除外皮，如图 1-12 所示。

注意：压线钳挡位离剥线刀口长度通常恰好为水晶头长度，这样可以有效避免剥线过长或过短。如果剥线过长会因为网线不能被水晶头卡住而容易松动，如果剥线过短则会造成水晶头插针不能跟双绞线完好接触。

（2）剥除外包皮后会看到双绞线的 4 对芯线，可以看到每对芯线的颜色各不相同。将绞在一起的芯线分开，按照橙白、橙、绿白、蓝、蓝白、绿、棕白、棕的颜色顺序排列，并用压线钳将线的顶端剪齐，如图 1-13 所示。

图 1-12　双绞线插入剥线缺口

图 1-13　排列芯线

按照上述线序排列的每条芯线分别对应 RJ-45 插头的 1、2、3、4、5、6、7、8 针脚，如图 1-14 所示。

（3）使 RJ-45 插头的弹簧卡一面朝下，有针脚的一面朝上，然后将正确排列的双绞线插入 RJ-45 插头中。在插的时候一定要将各条芯线都插到底部。由于 RJ-45 插头是透明的，因此可以观察到每条芯线插入的位置，如图 1-15 所示。

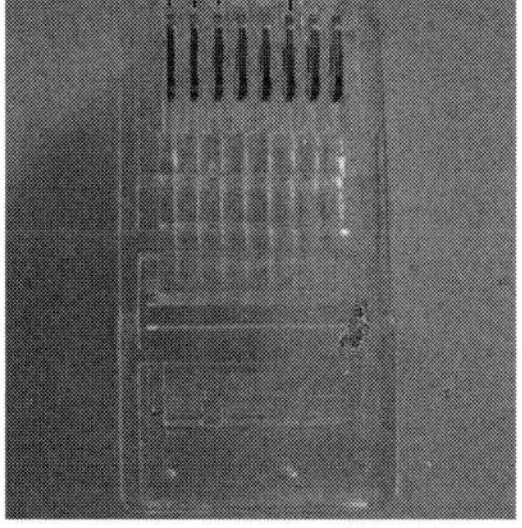

图 1-14　RJ-45 插头针脚

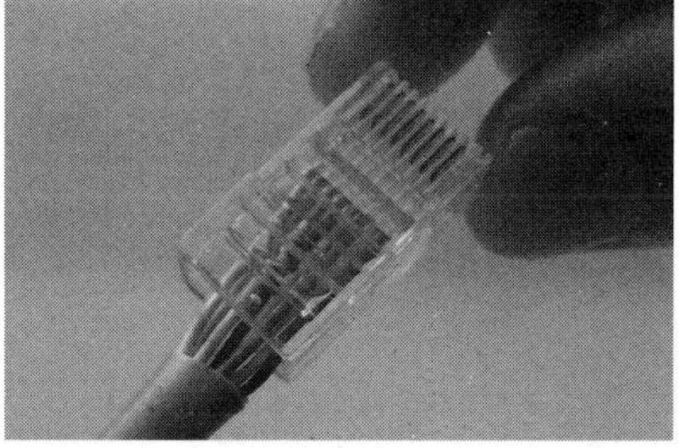

图 1-15　将双绞线插入 RJ-45 插头

（4）将双绞线的 RJ-45 插头插入网线钳的压线插槽中，用力压下网线钳的手柄，使 RJ-45 插头的针脚都能接触到双绞线的芯线，如图 1-16 所示。

（5）完成双绞线一端的制作工作后，按照相同的方法制作另一端即可。注意双绞线两端的芯线排列顺序要完全一致，完成后的双绞线如图 1-17 所示。

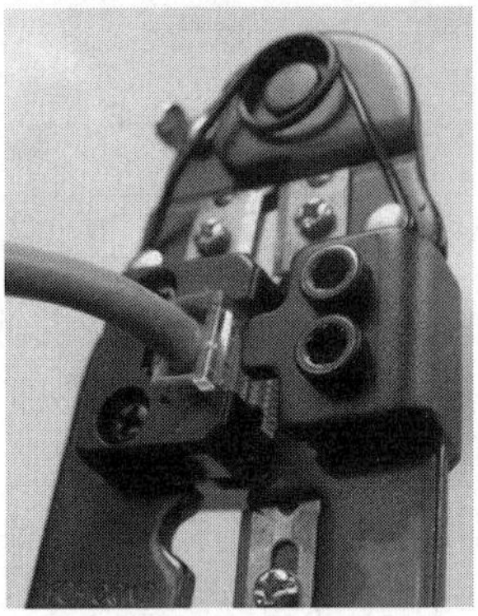

图 1-16　将 RJ-45 插头插入网线钳的压线插槽

图 1-17　制作完成的双绞线

在完成双绞线的制作后，建议使用网线测试仪对网线进行测试。将双绞线的两端分别插入网线测试仪的 RJ-45 接口，并接通测试仪电源。如果测试仪上的 8 个绿色指示灯都顺利闪过，说明制作成功。如果其中某个指示灯未闪烁，则说明插头中存在断路或者接触不良的现象。此时应再次对网线两端的 RJ-45 插头用力压一次并重新测试，如果依然不能通过测试，只能重新制作，如图 1-18 所示。

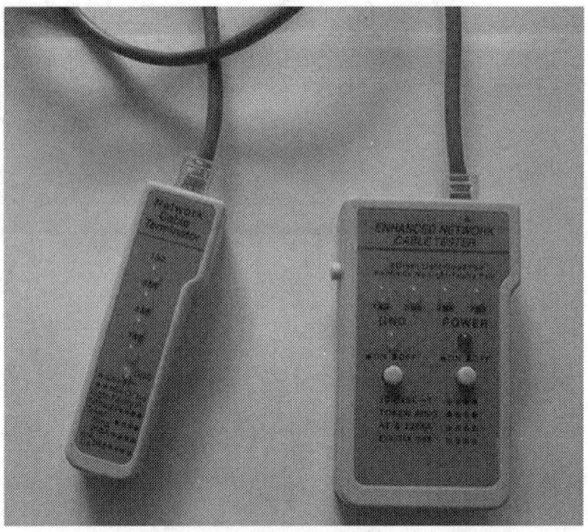

图 1-18　使用测试仪测试网线

提示：实际上在目前的 100Mbps 带宽的局域网中，双绞线中的 8 条芯线并没有完全用上，而只有第 1、2、3、6 线有效，分别起着发送和接收数据的作用。因此在测试网线的时候，如果网线测试仪上与芯线线序相对应的第 1、2、3、6 指示灯能够被点亮，说明网线已经具备了通信能力，而不必关心其他的芯线是否连通。

另外，如果网线较多，集线器或交换机的另一端就很难分清网线。为避免此类事件发生，在每条线的两端做好标记，并制作一份档案长期保存。

4. 使用直通线连接 PC 和交换机端口

把直通线的一头插入计算机网卡的 RJ-45 接口，另一头插入交换机的任意一个端口。若连接正常，则网卡后面的指示灯会亮。

5. 使用交叉线连接 PC 和 PC

把交叉线一头插入计算机网卡的 RJ-45 接口，另一头插入另一台计算机网卡的 RJ-45 接口。若连接正常，则网卡后面的指示灯会亮。

6. 使用反序线连接 PC 和交换机配置口

把反序线一头插入计算机的 com 口（需要 DB9 接头），另一头插入交换机的配置口。若连接正常，则可以进入配置页面。

1.3 相关知识

当今，在信息高速发展的时代，人们的生活、工作已离不开计算机，而且很少在单机环境下使用计算机，人们总是把多台计算机连接起来，组成一个计算机网络，从而共享资源。

计算机网络，是指将地理位置不同的具有独立功能的多台计算机及其外部设备，通过通信线路连接起来，在网络操作系统、网络管理软件及网络通信协议的管理和协调下，实现资源共享和信息传递的计算机系统。

1.3.1 计算机网络的发展

计算机网络源于计算机技术与通信技术的结合，始于 20 世纪 50 年代，近 50 年来得到迅猛发展。计算机网络发展过程是从简单到复杂、从单机到多机、从终端到计算机之间通信，演变到计算机与计算机直接通信的过程。计算机网络的发展过程大致可以分为以下 4 个阶段。

第一阶段：诞生阶段

20 世纪 60 年代中期之前的第一代计算机网络是以单个计算机为中心的远程联机系统。典型应用是由一台计算机和全美范围内 2 000 多个终端组成的飞机订票系统。终端是一台计算机的外部设备包括显示器和键盘，无 CPU 和内存。随着远程终端的增多，在主机前增加了前端机（FEP）。当时，人们把计算机网络定义为“以传输信息为目的而连接起来，实现远程信息处理或进一步达到资源共享的系统”，但这样的通信系统已具备了网络的雏形。

第二阶段：形成阶段

20 世纪 60 年代中期至 70 年代的第二代计算机网络是以多个主机通过通信线路互连起来，为用户提供服务，兴起于 20 世纪 60 年代后期，典型代表是美国国防部高级研究计划局协助开发的 ARPANET。主机之间不是直接用线路相连的，而是由接口报文处理机（IMP）转接后互连的。IMP 和它们之间互连的通信线路一起负责主机间的通信任务，构成了通信子网。通信子网互连的主机负责运行程序，提供资源共享，组成了资源子网。在这个时期，网络概念为“以能够相互共享资源为目的互连起来的具有独立功能的计算机之集合体”，形成了计算机网络的基本概念。

第三阶段：互连互通阶段

20 世纪 70 年代末至 90 年代的第三代计算机网络是具有统一的网络体系结构并遵循国际标准的开放式和标准化的网络。ARPANET 兴起后，计算机网络发展迅猛，各大计算机公司相继推出自己的网络体系结构及实现这些结构的软硬件产品。由于没有统一的标准，不同厂商的产品之间互连很困难，人们迫切需要一种开放性的标准化实用网络环境，这样便产生了两种国际通用的最重要的体系结构，即 TCP/IP 体系结构和国际标准化组织的 OSI 体系结构。

第四阶段：高速网络技术阶段

20 世纪 90 年代末至今的第四代计算机网络，由于局域网技术发展成熟，出现光纤及高速网络技术、多媒体网络、智能网络，整个网络就像一个对用户透明的大的计算机系统，发展为以 Internet 为代表的互联网。

计算机网络的发展将综合无线技术与固定线路技术，并且能同时传输数据、语音和视频等信息。与这种网络相连的产品将包括 PC、电话、电视及移动 PC 等，光纤和无线传输介质成为主导，传统电信网、计算机互联网和有线电视网相互渗透和相互融合成为一体（三网合一）。“三网合一”是为了实现网络资源的共享，形成适应性广、易维护、低费用的高速带宽的多媒体基础平台。

1.3.2 计算机网络的分类

计算机网络分类方法有很多种，根据网络的不同分类，在同一种网络中可能有很多种不同的名字说法，通常可以从不同的角度对计算机网络进行分类。

1. 按网络的分布范围分类

按计算机网络规模和所覆盖的地理范围对其进行分类，可以很好地反映不同类型网络的技术特征，由于网络覆盖的地理范围不同，所采用的传输技术也有所不同，因此形成了不同的网络技术特点和网络服务功能。按地理分布范围的大小，计算机网络可以分为广域网、局域网和城域网三种。

广域网 WAN（Wide Area Network）也称远程网，其分布范围可达数百至数千公里，可覆盖一个国家或一个洲。广域网是因特网的核心部分，其任务是通过长距离（如跨越不同的国家）运送主机所发送的数据。连接广域网各节点交换机的链路一般都是高速链路，具有较大的通信容量。广域网又分成主干网和接入网。用作数据传输的网络干线称为主干网，一般采用大带宽的卫星通信网或光纤网。作为用户接入广域网的网络支线称为用户接入网，一般采用电话、ISDN 数字电话、DDN 专线及 X.25 拨号等方式。

局域网 LAN （Local Area Network）是将小区域内的各种通信设备互连在一起的网络，其分布范围局限在一个办公室、一幢大楼或一个校园内，用于连接个人计算机、工作站和各类外围设备以实现资源共享和信息交换。现在局域网已被广泛应用，学校或企业大都拥有多个局域网。因此，又出现了校园网或企业网的名词。

城域网 MAN （Metropolitan Am Network）的分布范围介于局域网和广域网之间，其目的是在一个较大的地理区域内提供数据、声音和图像的传输。顾名思义，城域网就是在一个城市范围内组建的网络。城域网也可以理解为一种放大了的局域网或缩小了的广域网。表 1-3 对这 3 种不同网络进行了比较。

表 1-3 3 种不同类型网络的比较

网络分类	缩写	分布距离	计算机分布范围	传输速率范围
局域网	LAN	10m 左右	房间	4Mbps～1Gbps
		100m 左右	楼宇	
		1000m 左右	校园	

续表

网络分类	缩　写	分布距离	计算机分布范围	传输速率范围
城域网	MAN	10km	城市	50Kbps～100Mbps
广域网	WAN	100km 以上	国家或全球	9.6Kbps～45Mbps

2. 按网络的交换方式分类

按交换方式来分类，计算机网络分为电路交换网、报文交换网和分组交换网三种。

电路交换（Circuit Switching）方式类似于传统的电话交换方式，用户在开始通信前，必须申请建立一条从发送端到接收端的物理信道，并且在双方通信期间始终占用该信道。

报文交换（Message Switching）方式的数据单元是一个要发送的完整报文，其长度并无限制。报文交换采用存储—转发原理，这有点像古代的邮政通信，邮件由途中的驿站逐个存储—转发。报文中含有目的地址，每个中间节点要为途经的报文选择适当的路径，使其能最终到达目的端。

分组交换（Packet Switching）方式也称包交换方式，1969 年首次在 ARPANET 上使用，现在人们都公认 ARPANET 是分组交换网之父，并将分组交换网的出现作为计算机网络新时代的开始。采用分组交换方式通信前，发送端先将数据划分为一个个等长的单位（分组），这些分组由各中间节点采用逐个存储—转发方式进行传输，最终到达目的端。由于分组长度有限，可以在中间节点机的内存中进行存储处理，其转发速度大大提高。

3. 按拓扑结构分类

按所采用的拓扑结构将计算机网络分为星形网、环形网、总线网、树形网和网型网。

星形网是最早采用的拓扑结构形式，其每个站点都通过连接电缆与主控机相连，相关站点之间的通信都由主控机进行，所以要求主控机有很高的可靠性，这种结构是一种集中控制方式。

环形网中各工作站依次相互连接组成一个闭合的环形，信息可以沿着环形线路单向（或双向）传输，由目的站点接收。环形网适合数据不需要在中心主控机上集中处理而主要在各站点进行处理的情况。

总线网中各个工作站通过一条总线连接，信息可以沿着两个不同的方向由一个站点传向另一个站点，是目前局域网中普遍采用的一种网络拓扑结构情形。

树形网是由星形网的一个节点连接到另外一台交换机或集线器而构成的。树形网在局域网中也经常被采用，星形网可以被看作是树形网的特例。树形网类似于行政部门的分级管理机构，所以，此类网络具有很好的层次性。

网型网的拓扑结构是一个“图”。这种网络的特点是节点间的通路比较多，数据在传输时可以选择多个路由。当某一条线路出故障时，数据分组可以寻找别的线路迂回最终到达目的地，所以网络具有很高的可靠性。但该网络控制结构复杂，建网成本高，一般适用于广域网。

除了以上分类方法以外，按所采用的传输媒体可以分为双绞线网、同轴电缆网、光纤网、无线网；按信道的带宽可以分为窄带网和宽带网；按不同用途可以分为科研网、教育网、商业网、企业网等。

1.3.3 计算机网络的组成

计算机网络系统由计算机网络硬件系统和计算机网络软件系统组成。

1. 网络硬件

常见的网络硬件有服务器、网络工作站、网络接口卡、传输介质及各种网络互联设备等。服务器和工作站都被视为网络中的计算机。

（1）服务器。

服务器的主要功能是为网络工作站上的用户提供共享资源、管理网络文件系统、提供网络打印服务、处理网络通信、响应工作站上的网络请求等。常用的网络服务器有文件服务器、通信服务器、计算服务器和打印服务器等。一个计算机网络系统至少有一台服务器，也可以有多台。

（2）网络工作站。

通过网络接口卡连接到网络上的计算机是网络工作站，它们向各种服务器发出服务请求，从网络上接收传送给用户的数据。

随着家用电器的智能化和网络化，越来越多的家用电器如手机、电视机顶盒（使电视机不仅可以收看数字电视，而且可以使电视机作为因特网的终端设备使用）、监控报警设备，甚至厨房卫生设备等也可以接入计算机网络，它们都是网络的终端设备，也是网络工作站。

（3）网络接口卡。

网络接口卡简称网卡，又称为网络接口适配器，是计算机与通信介质的接口，是构成网络的基本部件。网卡的主要功能是实现网络数据格式与计算机数据格式的转换、网络数据的接收与发送等。

（4）传输介质。

用于数据传输的重要媒介，它提供了数据信号传输的物理通道。有线介质包括双绞线、同轴电缆、光缆等。无线介质包括无线电、微波、卫星通信等。

（5）网络互联设备。

要实现计算机与通信设备、计算机与计算机之间的数据通信、网络与网络之间的相互通信，还需要有网络互联设备。其中常见的互联设备有集线器、中继器、交换机、路由器、网关等。

集线器：集线器是局域网中常用的连接设备，它有多个端口，可以连接多台本地计算机，是对网络进行集中管理的最小单元。主要功能是放大和中转信号，把一个端口的信号广播发送。

中继器：中继器主要用来扩展网络长度。它的作用是在信号传输较长距离后进行整形和放大，但不对信号进行校验处理等。

路由器：所谓“路由”，是指把数据从一个地方传送到另一个地方的行为和动作，而路由器，正是执行这种行为动作的机器，它的英文名称为 Router，是一种连接多个网络或网段的网络设备，它能将不同网络或网段之间的数据信息进行“翻译”，以使它们能够相互“读懂”对方的数据，从而构成一个更大的网络。

2. 网络软件

（1）网络协议。

为了使网络中的计算机能正确地进行数据通信和资源共享，计算机和通信控制设备必须共同遵循一组规则和约定，这些规则、约定或标准就称为网络协议，简称协议。

（2）网络操作系统和网络应用软件。

连接在网络上的计算机，其操作系统必须遵循通信协议支持网络通信才能使计算机接入网络。因此，现在，几乎所有操作系统都具有网络通信功能。特别是运行在服务器上的操作系统，它除了具有强大的网络通信和资源共享之外，还负责网络的管理工作（如授权、日志、计费、安全等），这种操作系统称为服务器操作系统或网络操作系统。目前使用的网络操作系统主要有三类：Windows 系统服务器版（一般用在中低档服务器中）、UNIX 系统（可用于大型网站或大中型企、事业单位网络中）和开放源码的自由软件 Linux。

为了提供网络服务，开展各种网络应用，服务器和终端计算机还必须安装运行网络运用程序。例如电子邮件程序、浏览器程序、即时通信软件、网络游戏软件等，它们为用户提供了各种各样的网络应用。

1.3.4 计算机网络的功能

计算机网络有很多用处，其中最重要的三个功能是数据通信、资源共享、分布处理。

1. 数据通信

数据通信是计算机网络最基本的功能之一。它用来快速传送计算机与终端、计算机与计算机之间的各种信息，包括文字信件、新闻消息、资讯信息、图片资料、报纸版面等。利用这一特点，可实现将分散在各个地区的单位或部门用计算机网络联系起来，进行统一的调配、控制和管理。典型的例子就是通过 Internet 收发电子邮件，可以很方便地实现异地交流。

2. 资源共享

“资源”指的是网络中所有的软件、硬件和数据资源。“共享”指的是网络中的用户都能够部分或全部地享受这些资源。例如，某些地区或单位的数据库（如飞机机票、饭店客房等）可供全网使用；某些单位设计的软件可供需要的地方有偿调用或办理一定手续后调用；一些外部设备如打印机，可面向用户，使不具有这些设备的地方也能使用这些硬件设备。如果不能实现资源共享，各地区都需要有完整的一套软、硬件及数据资源，则将大大地增加全系统的投资费用。

（1）硬件共享。

网络硬件资源主要包括大型主机、大容量磁盘、打印机、网络通信设备、通信线路和服务器等。用户可以使用网络中任意一台计算机所附接的硬件设备，包括利用其他计算机的中央处理器来分担用户的处理任务。例如，网络中的用户共享打印机、共享硬盘空间等。

（2）软件共享。

用户可以使用远程主机的软件（系统软件和用户软件），既可以将相应软件调入本地计算机执行，也可以将数据送至远方主机，运行软件，并返回结果。例如，网络版本软件的使用，在线翻译等。

（3）数据共享。

网络数据资源主要包括数据文件、数据库和光磁盘所能保存的各种数据（文字、图表、图像和视频等）。计算机网络给各用户提供了强有力的通信手段，通过网络可以进行电子数据交换，极大地方便了用户，提高了工作效率。例如，VOD（视频点播）、在线阅读等。

3. 分布处理

当某台计算机负担过重时，或该计算机正在处理某项工作时，网络可将新任务转交给空闲的计算机来完成，这样处理能均衡各计算机的负载，提高处理问题的实时性；对大型综合性问题，可将问题各部分交给不同的计算机分头处理，充分利用网络资源，扩大计算机的处理能力，即增强实用性。对解决复杂问题来讲，多台计算机联合使用并构成高性能的计算机体系，这种协同工作、并行处理要比单独购置高性能的大型计算机便宜得多。

1.3.5 网络传输介质

网络传输介质是网络中发送方与接收方之间的物理通路，作为网络中传输信息的载体，常用的传输介质分为有线传输介质和无线传输介质两大类。

1. 有线传输介质

有线传输介质指在两个通信设备之间实现的物理连接部分，它能将信号从一方传输到另一方，有线传输介质主要有双绞线、同轴电缆和光纤。其中双绞线和同轴电缆传输电信号，光纤传输光信号。双绞线既可以用来传输模拟信号数据，也可以传输数字信号数据。

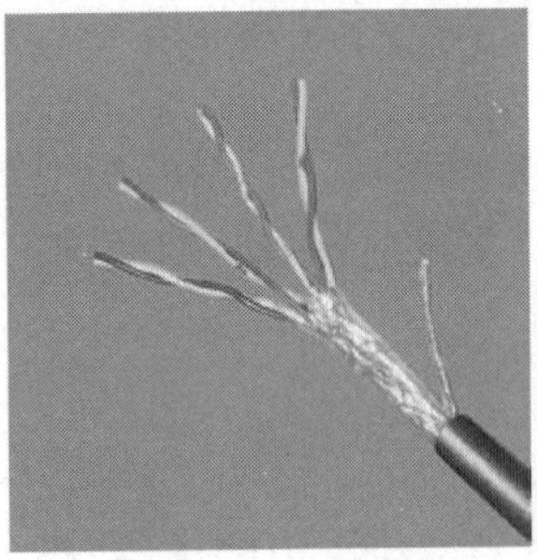

图 1-19 双绞线

（1）双绞线。

双绞线（Twisted Pair）是由一对或者一对以上的相互绝缘的导线按照一定的规格互相缠绕（一般以逆时针缠绕）在一起而制成的一种传输介质，也因此把它称为双绞线，如图 1-19 所示。双绞线分为分为屏蔽双绞线（Shielded Twisted Pair，STP）和非屏蔽双绞线（Unshielded Twisted Pair，UTP）。

屏蔽双绞线（STP）在双绞线与外层绝缘封套之间有一个金属屏蔽层，屏蔽层可减少辐射，防止信息被窃听，也可阻止外部电磁干扰的进入，使屏蔽双绞线比同类的非屏蔽双绞线具有更高的传输速率。但屏蔽双绞线并不能完全消除辐射，屏蔽双绞线价格相对较高，安装时要比非屏蔽双绞线电缆困难。

非屏蔽双绞线（UTP）是一种数据传输线，由四对不同颜色的传输线所组成，广泛用于以太网路和电话线中。非屏蔽双绞线电缆具有以下优点：无屏蔽外套，直径小，节省所占用的空间，成本低；重量轻，易弯曲，易安装；将串扰减至最小或加以消除；具有阻燃性；具有独立性和灵活性，适用于结构化综合布线。

按照线径粗细分类，双绞线常见的有 3 类线，5 类线和超 5 类线，以及 6 类线，前者线径细而后者线径粗，型号如下：

1 类线（CAT1）：线缆最高频率带宽是 750KHz，用于报警系统，或只适用于语音传输（一类标准主要用于 20 世纪 80 年代初之前的电话线缆），不用于数据传输。

2 类线（CAT2）：线缆最高频率带宽是 1MHz，用于语音传输和最高传输速率 4Mbps 的数据传输，常见于使用 4Mbps 规范令牌传递协议的旧的令牌网。

3 类线（CAT3）：指目前在 ANSI 和 EIA/TIA568 标准中指定的电缆，该电缆的传输频率为 16MHz，最高传输速率为 10Mbps，主要应用于语音、10M 以太网（10Base-T）和 4M 令牌环，最大网段长度为 100m，采用 RJ 形式的连接器，目前已淡出市场。

4 类线（CAT4）：该类电缆的传输频率为 20MHz，用于语音传输和最高传输速率为 16Mbps（指的是 16M 令牌环）的数据传输，主要用于基于令牌的局域网和 10Base-T/100Base-T，最大网段长为 100m，采用 RJ 形式的连接器，目前未被广泛采用。

5 类线（CAT5）：该类电缆增加了绕线密度，外套一种高质量的绝缘材料，线缆最高频率带宽为 100MHz，最高传输速率为 100Mbps，用于语音传输和最高传输速率为 100Mbps 的数据传输，主要用于 100Base-T 和 1000Base-T 网络，最大网段长为 100m，采用 RJ 形式的连接器。这是最常用的以太网电缆。在双绞线电缆内，不同线对具有不同的绞距长度。通常，4 对双绞线绞距周期在 38.1mm 长度内，按逆时针方向扭绞，一对线对的扭绞长度在 12.7mm 以内。

超 5 类线（CAT5e）：超 5 类具有衰减小，串扰少，并且具有更高的衰减与串扰的比值（ACR）和信噪比（SNR）、更小的时延误差，性能得到很大提高。超 5 类线主要用于千兆位以太网（1000M）。

6 类线（CAT6）：该类电缆的传输频率为 1～250MHz，6 类布线系统在 200MHz 时综合衰减串扰比（PS-ACR）应该有较大的余量，它提供 2 倍于超 5 类的带宽。6 类布线的传输性能远远高于超 5 类标准，最适用于传输速率高于 1Gbps 的应用。6 类与超 5 类的一个重要的不同点在于：改善了在串扰及回波损耗方面的性能，对于新一代全双工的高速网络应用而言，优良的回波损耗性能是极重要的。6 类标准中取消了基本链路模型，布线标准采用星形的拓扑结构，要求的布线距离为永久链路的长度不能超过 90m，信道长度不能超过 100m。

超 6 类或 6A 类线（CAT6A）：此类产品传输带宽介于 6 类和 7 类之间，传输频率为 500MHz，传输速度为 10Gbps，标准外径为 6mm。目前和 7 类产品一样，国家还没有出台正式的检测标准，只是行业中有此类产品，各厂家宣布一个测试值。

7 类线（CAT7）：传输频率为 600MHz，传输速度为 10Gbps，单线标准外径为 8mm，多芯线标准外径为 6mm，可能用于今后的 10GB 以太网。

通常，计算机网络所使用的是 3 类线和 5 类线，其中 10 Base-T 使用的是 3 类线，100Base-T 使用的是 5 类线。双绞线一般用于星形网的布线连接，两端安装有 RJ-45 头（水晶头），连接网卡与集线器，最大网线长度为 100m，如果要加大网络的范围，在两段双绞线之间可安装中继器，最多可安装 4 个中继器，如安装 4 个中继器连 5 个网段，最大传输范围可达 500m。

（2）同轴电缆。

同轴电缆比双绞线的屏蔽性要更好，因此在更高速度上可以传输得更远。它以硬铜线为芯（导体），外包一层绝缘材料（绝缘层），这层绝缘材料再用密织的网状导体环绕构成屏蔽，其外又覆盖一层保护性材料（护套），如图 1-20 所示。同轴电缆的这种结构使它具有更高的带宽和极好的噪声抑制特性。1km 的同轴电缆可以达到 1～2Gbps 的数据传输速率。同轴电缆具有抗干扰能力强，连接简单等特点，信息传输速度可达每秒几百兆位，是中、高档局域网的首选传输介质。

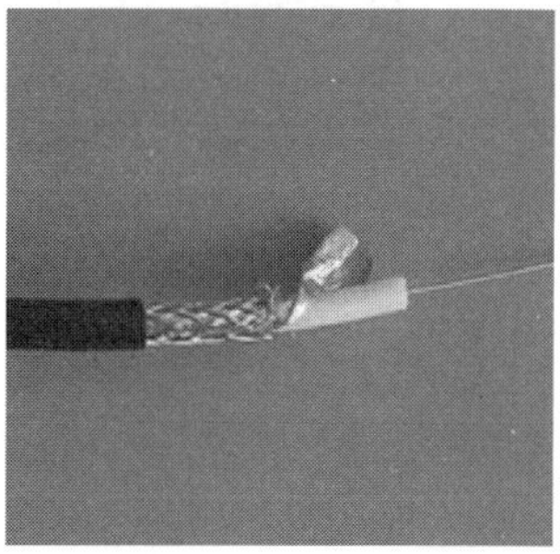

图 1-20　同轴电缆

同轴电缆根据其直径大小可以分为粗同轴电缆和细同轴电缆。

粗缆适用于比较大型的局部网络，它的标准距离长，可靠性高，由于安装时不需要切断电缆，因此可以根据需要灵活调整计算机的入网位置，但粗缆网络必须安装收发器电缆，安装难度大，所以总体造价高。

细缆安装比较简单，造价低，但由于安装过程要切断电缆，两头需装上基本网络连接头（BNC），然后接在 T 形连接器两端，所以当接头多时容易产生不良的隐患，这是目前运行中的以太网所发生的最常见故障之一。

无论是粗缆还是细缆均为总线拓扑结构，即一根缆上接多部机器，这种拓扑适用于机器密集的环境，但是当一触点发生故障时，故障会串联影响到整根缆上的所有机器。故障的诊断和修复都很麻烦，因此，将逐步被非屏蔽双绞线或光缆取代。

另外根据传输频带的不同，同轴电缆又可分为基带同轴电缆和宽带同轴电缆两种类型。

基带同轴电缆又分细同轴电缆和粗同轴电缆。基带电缆仅仅用于数字传输，数据率可达

10Mbps。传输的数字信号占整个信道，同一时间内只能传送一种信号。

使用有线电视电缆进行模拟信号传输的同轴电缆系统被称为宽带同轴电缆，可传送不同频率的信号。

（3）光纤。

光纤是光导纤维的简写，是一种由玻璃或塑料制成的纤维，可作为光传导工具。它是由纯石英玻璃制成的，纤芯外面包围着一层折射率比芯纤低的包层，包层外是一塑料护套。光纤需用 ST 型头连接器连接。

光纤又称为光缆或光导纤维，由光导纤维纤芯、玻璃网层和能吸收光线的外壳组成，它是由一组光导纤维组成的用来传播光束的、细小而柔韧的传输介质，如图 1-21（a）和图 1-21（b）所示。应用光学原理，由光发送机产生光束，将电信号变为光信号，再把光信号导入光纤，在另一端由光接收机接收光纤上传来的光信号，并把它变为电信号，经解码后再处理。与其他传输介质比较，光纤的电磁绝缘性能好、信号衰减、频带宽、传输速度快、传输距离大。主要用于要求传输距离较长、布线条件特殊的主干网连接。具有不受外界电磁场的影响，无限制的带宽等特点，光纤的传输速率可达 100Gbps，数据可传送几百千米，但价格昂贵。

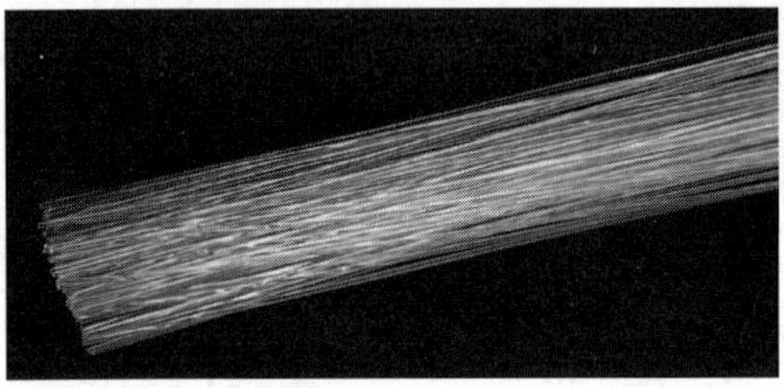

（a）

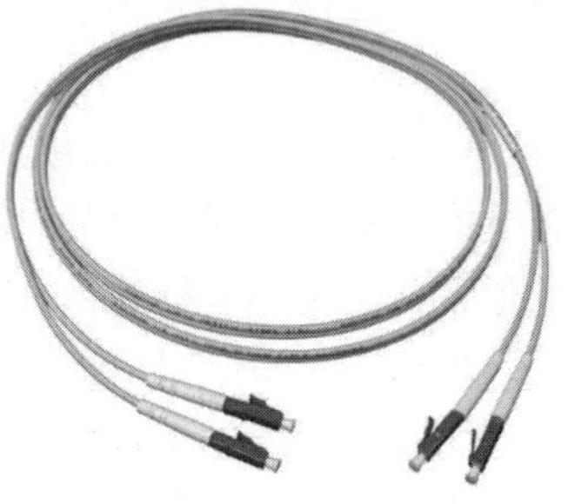

（b）

图 1-21　光纤

光纤分为单模光纤和多模光纤。单模光纤是指在工作波长中，只能传输一个传播模式的光纤。单模光纤由激光做光源，仅有一条光通路，传输距离长达 20～120km。目前，在有线电视和光通信中，应用最广泛的是单模光纤。在给定的工作波长上可以传输多种模式的光纤称作多模光纤。多模光纤由二极管做光源，传输速率比较低，传输距离也较短，一般在 2km 以内。

2. 无线传输介质

无线传输介质指周围的自由空间。利用无线电波在自由空间的传播可以实现多种无线通信。在自由空间传输的电磁波根据频谱可将其分为无线电波、微波、红外线、激光等，信息被加载在电磁波上进行传输。

（1）微波。

微波是频率在 10^8～10^{10}Hz 的电磁波。在 100MHz 以上，微波就可以沿直线传播，因此可以集中于一点。通过抛物线状天线把所有的能量集中于一小束，便可以防止他人窃取信号和减少其他信号对它的干扰，但是发射天线和接收天线必须精确地对准。由于微波沿直线传播，所以如果微波塔相距太远，地表就会挡住去路。因此，隔一段距离就需要一个中继站，微波塔越高，传送的距离越远。微波通信被广泛用于长途电话通信、监察电话、电视传播和其他方面的应用。

（2）红外线。

红外线是频率在 10^{12}～10^{14}Hz 的电磁波。无导向的红外线被广泛用于短距离通信。电视机、录像机使用的遥控装置都利用了红外线装置。红外线有一个主要缺点：不能穿透坚实的物体。但正是由于这个原因，一间房屋里的红外系统不会对其他房间里的系统产生串扰，所以红外系统防窃听的安全性要比无线电系统好。也正因为此，应用红外系统不需要得到政府的许可。

（3）激光。

通过装在楼顶的激光装置来连接两栋建筑物里的 LAN。由于激光信号是单向传输，因此每栋楼房都得有自己的激光及测光的装置。激光传输的缺点之一是不能穿透雨和浓雾，但是在晴天里可以工作得很好。

1.3.6　数据通信基础

数据通信技术是人们利用电信网络和计算机网络传递数据，从而达到交流信息目的的基础技术。

1. 通信基础

（1）信息、数据与信号。

信息是人对现实世界事物存在方式或运动状态的某种认识。表示信息的形式可以是数值、文字、图形、声音、图像和动画等。

数据是承载信息的物理符号。数据可以分为模拟数据和数字数据两种。模拟数据是指在某个区间连续变化的物理量，由传感器采集得到的连续变量的值，如温度、压力，在电话、无线电和电视广播中的声音和图像等。数字数据是指离散的不连续的量，是由模拟数据经量化后得到的离散的值，如在计算机用二进制代码表示的字符、图形、音频与视频数据等。

信号是数据的具体物理表现，即数据的编码，如电压、磁场强度等。在数据通信系统中，人们关注得更多的是数据和信号。信号是数据在传输过程中的电信号的表示形式，主要形式有模拟信号和数字信号。模拟信号是连续变换的电信号，它的取值可以是连续值，如声音大小和温度高低。数字信号是一种离散信号，它的取值是离散的，如计算机内部处理的信号都是数字信号。

数据蕴含着信息，而信号是数据的具体表现。数据是客观的数字或字符的组合，其本身不具有任何的意义。但将其放入特定的知识系统中进行考察，它们内部蕴含的意义就会显露出来，而这个“意义”就是所谓的信息。

（2）数据通信系统的基本结构。

通信系统的基本作用是在发送方（信源）和接收方（信宿）之间传递和交换信息。

模拟通信系统是利用模拟信号来传递信息的，如电话、广播和电视系统。一般由信源、调制器、信道、解调器、信宿和干扰源组成，如图 1-22 所示。其中信道是数据传输的通路。调制器的作用是将数字信号转换成模拟信号，而解调器是将模拟信号转换成数字信号。这两种功能结合在一起的设备称为调制解调器（Modem）。

拨号上网就是一个典型的模拟通信系统的实例，发送端（计算机）发来的数据经 Modem 转换为模拟信号后，送到公共电话网上传输，到接收端经 Modem 转换为数字信号后，与服务器通信。

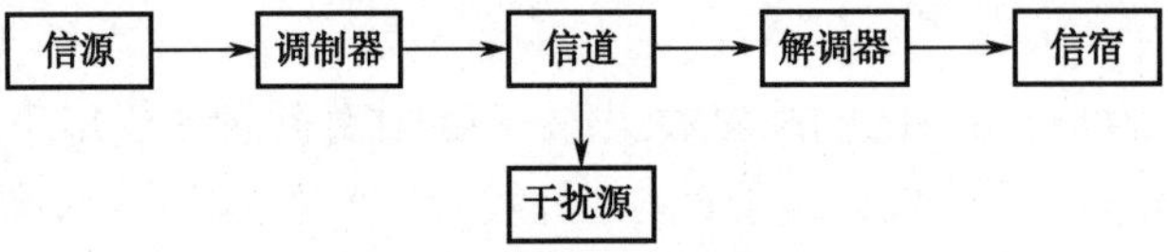

图 1-22　模拟通信系统

数字通信系统是利用数字信号来传递信息的，如计算机通信、数字电话、数字电视等。一般由信源、信源编码器、信道编码器、调制器、信道、解调器、信道译码器、信源译码器、信宿、干扰源及发送端和接收端时钟同步组成，如图 1-23 所示。

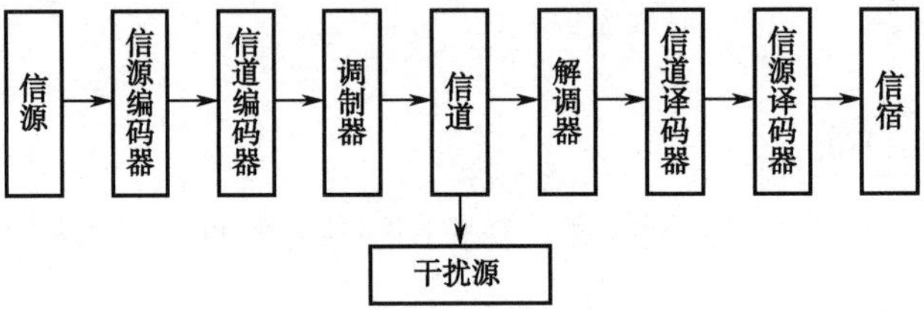

图 1-23　数字通信系统

（3）数据通信的主要技术指标。

数据通信的主要技术指标有数据传输速率、传输延迟、信道带宽、信道容量、数据传输的误码率等，这些指标是衡量数据传输的有效性和可靠性的参数。有效性主要由数据传输速率、传输延迟、信道带宽和信道容量等指标来衡量。可靠性一般用数据传输的误码率指标来衡量。

数据传输速率是指单位时间内传输信息量的多少。它是衡量数据传输有效性的主要指标，通常用波特率和比特率来表示。波特率是指单位时间内传输码元的个数，单位为波特（Baud）。比特率是指单位时间内传输二进制码的位数，也叫信息速率。

误码率是指二进制码在传输过程中出现错误的概率，它是衡量通信系统在正常情况下传输可靠性的指标。误码率计算公式为：$P_e=N_e/N$。公式中的 N_e 表示被传错的码元数，N 表示传输的二进制总码元数，P_e 为误码率，即错误接收的码元数在所传输的总码元数中所占的比例。

传输延迟是指由于各种原因的影响，而使系统信息在传输过程中存在着不同程度的延误或滞后的现象。信息的传输延迟时间包括发送和接收处理时间、电信号响应时间、中间转发时间和信道传输时间等。

信道带宽是指通信系统传输信息的信道的最大频率范围。信道容量是指单位时间内信道所能传输的最大信息量，它表征信道的传输能力。一般情况下，信道带宽越宽，则信道容量就越大，单位时间内信道上传输的信息量就越多，传输效率也就越高。信号传输速率受信道带宽的限制。

2. 数据传输

数据传输就是依照适当的规程，经过一条或多条链路，在数据源（数据的发生者）和数据宿（数据的接受者）之间传送数据的过程，也称数据通信。它还表示借助信道上的信号将数据从一处送往另一处的操作。

（1）根据传输线数目的多少，可以将数据传输方式分为并行传输和串行传输。并行传输用于短距离、高速率的通信，串行传输用于长距离、低速率的通信。

并行传输是在传输中有多个数据位同时在设备之间进行的传输。一个编了码的字符通常是由若干位二进制数表示的，如用 ASCII 码编码的符号是由 8 位二进制数表示的，则并行传输

ASCII 编码符号就需要 8 个传输信道，使表示一个符号的所有数据位能同时沿着各自的信道并排地传输，如图 1-24 所示。并行传输时，一次可以传一个字符，收发双方不存在同步的问题。而且速度快、控制方式简单。但是，并行传输需要多个物理通道。所以并行传输只适合于短距离、要求传输速度快的场合使用。

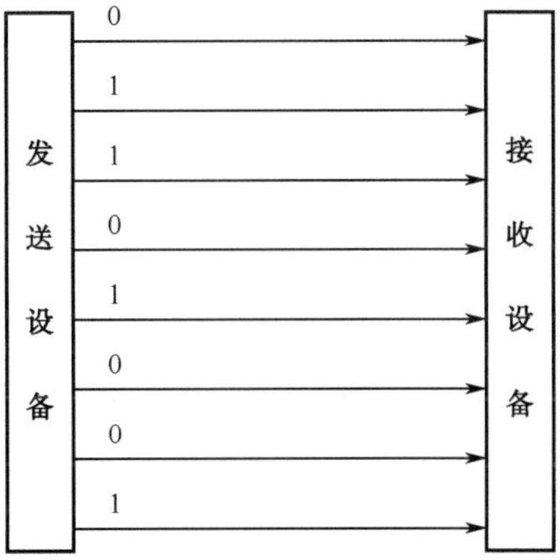

图 1-24 并行传输

串行传输是指数据的二进制代码在一条物理信道上以位为单位按时间顺序逐位传输的方式，如图 1-25 所示。串行传输时，发送端逐位发送，接收端逐位接收，同时，还要对所接收的字符进行确认，所以收发双方要采取同步措施。

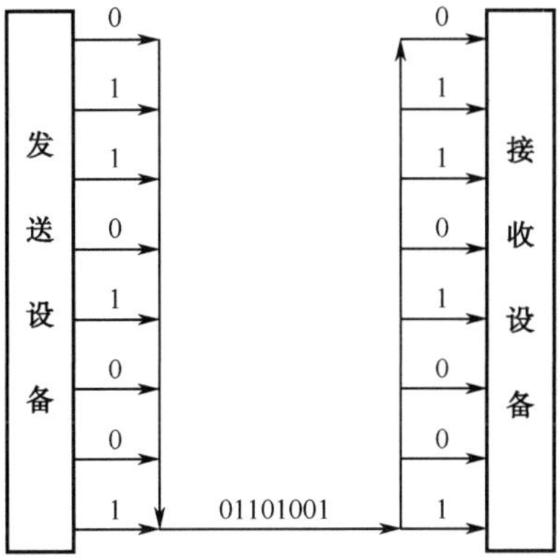

图 1-25 串行传输

串行传输相对并行传输而言，传输速度慢，但只需一条物理信道，线路投资小，易于实现，特别适合远距离传输。串行传输是目前数据传输的主要方式。

（2）数据在通信线路上传输是有方向的。根据数据在线路上的传输方向和特点，有单工通信、半双工通信和全双工通信 3 种通信方式。

单工通信：在通信线路上，数据只可按一个固定的方向传送而不能进行相反方向传送的通信方式，如图 1-26（a）所示，例如传呼机、收音机、广播等。

半双工通信：数据可以双向传输，但不能同时进行，在任一时刻只允许在一个方向上传输主信息的通信方式，如图 1-26（b）所示，例如对讲机等。

全双工通信：可同时双向传输数据的通信方式，如图 1-26（c）所示，例如电话等。

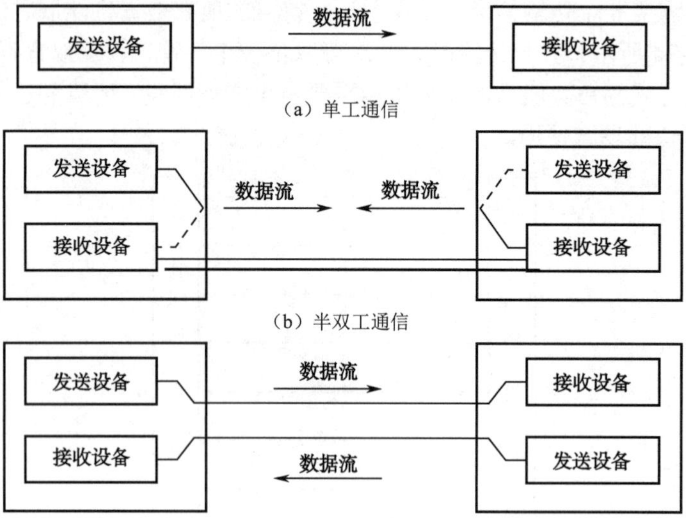

（a）单工通信

（b）半双工通信

（c）全双工通信

图 1-26　通信方式

（3）在数据通信系统中，由于数据在传输过程中，可以用数字信号和模拟信号两种方式表示。因此，它们在信道中的传输，也相应分为基带传输和频带传输。

计算机输出和输入的都是二进制数字信号，它是一种矩形的电脉冲信号。由于这种未经调制的电脉冲所占据的频段从直流和低频开始，因此把这种矩形电脉冲信号的固有频率称为“基带”。在一些传输距离不太远的情况下，例如在有线信道中，这种基带信号可以直接传输，因此称为“数字信号基带传输”。

基带传输是数据通信中一种非常重要的传输形式，但是它只能在信道上原封不动地传输二进制数字信号。但是对于远距离通信来说，目前经常使用的仍然是普通的电话线。传统的电话通信信道是为传输语音信号而设计的，它只适用于传输音频范围（300～3400Hz）的模拟信号，不适用于直接传输计算机的数字基带信号。为了利用电话交换网来传输计算机之间的数字信号，就必须将数字信号转换成模拟信号。为此，需要在发送端选取音频范围的某一频率的正（余）弦模拟信号作为载波，用它运载所要传输的数字信号，通过电话信道将其进行传送；在接收端再将数字信号从载波上取出来，恢复为原来的数字信号波形。这种利用模拟信道实现数字信号传输的方法称为“频带传输”。

（4）在网络通信过程中，通信双方要交换数据，需要高度的协同工作。为了正确地解释信号，接收方必须确切地知道信号应当何时接收和处理，因此定时是至关重要的。在计算机网络中，定时的因素称为位同步。同步要求接收方按照发送方发送的每个位的起止时刻和速率来接收数据，否则会产生误差。通常可以采用同步或异步的传输方式对位进行同步处理。

同步传输（Synchronous Transmission）是一种以数据块为传输单位的数据传输方式，该方式下数据块与数据块之间的时间间隔是固定的，必须严格地规定它们的时间关系。每个数据块的头部和尾部都要附加一个特殊的字符或比特序列，标记一个数据块的开始和结束，一般还要附加一个校验序列，以便对数据块进行差错控制。

异步传输（Asynchronous Transmission）将比特分成小组进行传送，小组可以是 8 位的 1 个字符或更长。发送方可以在任何时刻发送这些比特组，而接收方从不知道它们会在什么时候到达。一个常见的例子是计算机键盘与主机的通信。按下一个字母键、数字键或特殊字符键，就发送一个 8 比特位的 ASCII 代码。键盘可以在任何时刻发送代码，这取决于用户的输入速度，内部的硬件必须能够在任何时刻接收一个被输入的字符。

由以上所知，同步传输方式中发送方和接收方的时钟是统一的、字符与字符间的传输是同步无间隔的。异步传输方式并不要求发送方和接收方的时钟完全一样，字符与字符间的传输是异步的。异步传输是面向字符的传输，而同步传输是面向比特的传输。异步传输的单位是字符，而同步传输的单位是帧。异步传输通过字符起始和停止码抓住再同步的机会，而同步传输则是在数据中抽取同步信息。异步传输对时序的要求较低，同步传输往往通过特定的时钟线路协调时序。异步传输相对于同步传输效率较低。

简单来说，同步传输就是数据没有被对方确认收到，则调用传输的函数就不返回。接收时，如果对方没有发送数据，则线程就一直等待，直到有数据了才返回，然后继续执行其他指令；异步传输就是调用一个函数发送数据，马上返回，可以继续处理其他事，接收时，对方有数据来，接收到一个消息，或者相关接收函数会被调用。

3. 信息交换技术

网络交换技术共经历了 4 个发展阶段，即电路交换技术、报文交换技术、分组交换技术和 ATM 技术。

（1）公众电话网（PSTN 网）和移动网（包括 GSM 网和 CDMA 网）采用的都是电路交换技术，它的基本特点是采用面向连接的方式，在双方进行通信之前，需要为通信双方分配一条具有固定带宽的通信电路，通信双方在通信过程中将一直占用所分配的资源，直到通信结束，并且在电路的建立和释放过程中都需要利用相关的信令协议。这种方式的优点是，在通信过程中可以保证为用户提供足够的带宽，并且实时性强，时延小，交换设备成本较低；但同时带来的缺点是网络的带宽利用率不高，一旦电路被建立，不管通信双方是否处于通话状态，分配的电路都一直被占用。

（2）分组交换技术是针对数据通信业务的特点而提出的一种交换方式，它的基本特点是面向无连接而采用存储转发的方式，将需要传送的数据按照一定的长度分割成许多小段数据，并在数据之前增加相应的用于对数据进行选路和校验等功能的头部字段，作为数据传送的基本单元即分组。采用分组交换技术，在通信之前不需要建立连接，每个节点首先将前一节点送来的分组收下并保存在缓冲区中，然后根据分组头部中的地址信息选择适当的链路将其发送至下一个节点，这样在通信过程中就可以根据用户的要求和网络的能力来动态分配带宽。分组交换比电路交换的电路利用率高，但时延也较大。

（3）报文交换技术和分组交换技术类似，也是采用存储转发机制，但报文交换是以报文作为传送单元，由于报文长度差异很大，长报文可能导致很大的时延，并且对每个节点来说缓冲区的分配也比较困难，为了满足各种长度报文的需要并且达到高效的目的，节点需要分配不同大小的缓冲区，否则就有可能造成数据传送的失败。在实际应用中，报文交换主要用于传输报文较短、实时性要求较低的通信业务，如公用电报网。报文交换比分组交换产生的要早一些，分组交换是在报文交换的基础上，将报文分割成分组进行传输，在传输时延和传输效率上进行了平衡，从而得到广泛的应用。

4. 多路复用技术

数据通信系统或计算机网络系统中，传输媒体的带宽或容量往往会大于传输单一信号的需求，为了有效地利用通信线路，希望一个信道同时传输多路信号，这就是所谓的多路复用技术

(Multiplexing)。采用多路复用技术能把多个信号组合在一条物理信道上进行传输，在远距离传输时可大大节省电缆的安装和维护费用。频分多路复用 FDM（Frequency Division Multiplexing）和时分多路复用 TDM（Time Division Multiplexing）是两种最常用的多路复用技术。

常见的多路复用技术包括频分多路复用（FDM）、时分多路复用（TDM）、波分多路复用（WDM）和码分多路复用（CDMA）。

（1）频分多路复用的基本原理是在一条通信线路上设置多个信道，每路信道的信号以不同的载波频率进行调制，各路信道的载波频率互不重叠，这样一条通信线路就可以同时传输多路信号。

（2）时分多路复用以信道传输时间作为分割对象，通过多个信道分配互不重叠的时间片的方法来实现，因此时分多路复用更适用于数字信号的传输。它又分为同步时分多路复用和统计时分多路复用。

（3）波分多路复用是光的频分多路复用，它是在光学系统中利用衍射光栅来实现多路不同频率光波信号的合成与分解。

（4）码分多路复用也是一种共享信道的方法，每个用户可在同一时间使用同样的频带进行通信，但使用的是基于码型的分割信道的方法，即每个用户分配一个地址码，各个码型互不重叠，通信各方之间不会相互干扰，且抗干扰能力强。码分多路复用技术主要用于无线通信系统，特别是移动通信系统。它不仅可以提高通信的话音质量和数据传输的可靠性及减少干扰对通信的影响，而且增大了通信系统的容量。笔记本电脑或掌上电脑（Personal Data Assistant，PDA）及手持电脑（Handed Personal Computer，HPC）等移动性计算机的联网通信就是使用了这种技术。

5. 差错控制技术

（1）差错及差错控制概念。

差错就是在通信接收端收到的数据与发送端实际发出的数据不一致的现象。

差错控制为防止由于各种因素引起的信息传输错误或将错误限制在所允许的范围内而采取的措施。数据传输中的差错主要是由噪声引起的。

（2）差错控制方法。

检错重发方法 ARQ（Automatic Repeat reQuest）：由发送端发出能够发现（检测）错误的编码（检错码），接收端依据检错码的编码规则来判断编码中是否有差错，并通过反馈信道把判断结果用规定信号告知发送端。发送端根据反馈信息，把接收端认为有差错的信息再重新发送一次或多次，直至接收端正确接收为止。接收端认为正确的信息不再重发，继续发送其他信息。

前向纠错方法 FEC（Forward Error Correcting ）：由发送端发出能够纠错的码，接收端接收到这些码后，通过纠错译码器不仅能自动地发现错误，而且能自动地纠正传输中的错误，然后把纠错后的数据送到接收端。

反馈检错方法：接收端将接收到的信息码复制后原封不动地发回发送端，与发送端中的原发信息码相比较，如果不一致，发送端重发。如果一致，说明无错，发送端通知接收端，接收端就将原复制信息接收下来。

混合纠错方法：将反馈重发检错和前向纠错两种方法结合在一起可进行混合纠错。由发送端发出同时具有检错和纠错能力的编码，接收端接收到编码后检查差错情况，如差错在可纠正范围内，则自动纠正之；如差错很多，超出了纠错能力，则经反馈信道送回发送端要求重发。

（3）差错控制编码。

信道编码分为检错编码和纠错编码两种。检错编码是能够自动发现错误的编码，纠错编码是能够发现错误且又能自动纠错的编码。

常用的检错码主要有奇偶校验码和循环冗余校验码两种。

奇偶校验码是一种最简单的检错码。其检验规则是在原数据位后附加校验位（冗余位），使得在附加后的整个数据码中的“1”的个数成为奇数或偶数，就分别叫做奇校验或偶校验。

奇偶校验有水平奇偶校验（见表 1-4）、垂直奇偶校验、水平垂直奇偶校验。

表 1-4 水平奇偶校验码表

字母＼编码	信息比特 7 6 5 4 3 2 1	校验位
A	1 0 0 0 0 0 1	0
B	1 0 0 0 0 1 0	0
C	1 0 0 0 0 1 1	1
D	1 0 0 0 1 0 0	0
E	1 0 0 0 1 0 1	1
F	1 0 0 0 1 1 0	1
G	1 0 0 0 1 1 1	0
校验位	1 0 0 0 0 0 0	1

奇偶校验的特点：检错能力低，只能检测出奇数个码错，可以有部分纠错能力。这种检错方法所用设备简单，容易实现（可以用硬件和软件方法实现）。

循环冗余校验码也叫 CRC（Cyclic Redundancy Check）码。它是由要传送的 k 位信息后附加一个 r 位的校验序列构成的，并以该循环码进行发送和传输。CRC 码有着严密的数学基础，是在多项式代数运算基础上建立起来的。二进制码中的各位可看作是一个多项式的系数，如码 110101 的对应多项式为 $1x^5+1x^4+0x^3+1x^2+0x+1=x^5+x^4+x^2+1$。

应用 CRC 码时，要进行码多项式运算，码多项式运算是按系数异或运算规则进行的。

设 $K(x)$为 k 位信息码多项式，$G(x)$为 r 阶(r+1)位生成码多项式，$R(x)$为 r 位余式，就是校验码多项式。则最后得到的待传送的 CRC 码的 k+r 位多项式 $K(x)+R(x)$，其对应的二进制码即为 CRC 码。

CRC 码的编码过程：取 k 位信息码，再将其左移 r 位，得到 k+r 位二进制码；用生成码去模 2 除（异或）该二进制码，得到 r 为余数。该余数即为所得校验码；将该校验码加在原信息码后，就构成待传输的 k+r 位 CRC 码（信息码加校验码）。

CRC 码的译码过程：接收端译码要求有两个：检错和纠错。

检错：原理和操作都很简单。以生成多项式 $G(x)$对应的代码去模 2 除收到的代码，即 $T'(x)$对应的代码，若余数为 0，则说明传输过程无差错，否则有差错。

纠错：接收端的纠错操作也不复杂。如果有差错，要先确定一个差错模式 $e(x)$，则有：

$$T(x)=T'(x)+e(x)$$

$T(x)$和 $T'(x)$分别为发送码和接收码的多项式。$e(x)$即为 $T'(x)/G(x)$，求得 $e(x)$即可知道差错，进而就可以纠错了。

例：若待传输的信息序列为 1001001，生成多项式为 $G(x)=x^3+x^2+1$，求 CRC 码的检验序列码，并验证接收到的码字 1001001111 的正确性。

编码：信息序列 1001001 对应的码多项式为 $K(x)=x^6+x^3+1$；$x^r.K(x)=x^9+x^6+x^3$，对应的代码为 1001001000（相当于信息码左移 3 位），生成多项式 $G(x)=x^3+x^2+1$ 对应的代码为 1101。编码结果：得到检验序列 111，如图 1-27 所示。因此传输的代码序列为 1001001111，码多项式为 $T(x)$。

译码：如接收到的代码为 1001001111，则用其除以生成多项式对应的代码 1101，得余数为 0。这就说明信息在传输过程中没错，将最后的 r 位校验位码“111”去掉，就得到信息码 1001001。

译码并纠错：若收到的 $T(x)$代码为 1001001101，按原过程计算，将其除以生成多项式对应的代码 1101，得余数为 10，如图 1-28 所示。这就说明传输有差错，差错 $e(x)=x$，其代码为 10。因此将其纠正 1001001101+10=1001001111。

```
             1111011
1101 ) 1001001000
       1101
       ----
        1000
        1101
        ----
         1010
         1101
         ----
          1111
          1101
          ----
           0100
           0000
           ----
            1000
            1101
            ----
             1010
             1101
             ----
              111
```

图 1-27 检验码计算过程

```
             1111011
1101 ) 1001001000
       1101
       ----
        1000
        1101
        ----
         1010
         1101
         ----
          1111
          1101
          ----
           0100
           0000
           ----
            1000
            1101
            ----
             1010
             1101
             ----
              111
```

图 1-28 译码纠错计算过程

CRC 码的编码和译码过程可由软件方式实现，也可由硬件方式实现，如可用移位寄存器和半加器来实现。理论证明，循环冗余检验码能够检验出全部奇数位错、全部偶数位错和全部小于、等于冗余位数的突发性错误。只要选择足够的冗余位，就可以使得漏检率减少到任意小的程度。

广泛使用的生成码多项式主要有以下 4 种：

$CRC12=x^{12}+x^{11}+x^3+x^2+x+1$

$CRC16=x^{16}+x^{15}+x^2+1$ （IBM 公司）

$CRC16=x^{16}+x^{12}+x^5+1$ （ITU-T）

$CRC32=x^{32}+x^{26}+x^{23}+x^{22}+x^{16}+x^{11}+x^{10}+x^8+x^7+x^5+x^4+x^2+x+1$

1.4　习题

1. 填空题

（1）计算机网络中常用的 3 种有线通信介质是________、________、________。

（2）局域网的英文缩写为________，城域网的英文缩写为________，广域网的英文缩写为________。

（3）双绞线有________、________两种。

（4）计算机网络的功能主要表现在硬件资源共享、________、________。

（5）决定局域网特性的主要技术要素为________、________、________。

（6）计算机网络是现代________技术与________技术密切组合的产物。

（7）通信子网主要由________和________组成。

（8）局域网常用的拓扑结构有总线、________、________、________、________。

（9）光纤的规格有________和________两种。

（10）计算机网络按网络的作用范围可分为________、________和________3 种。

2. 选择题

（1）下列说法正确的是（　　）。

A．网络中的计算机资源主要指服务器、路由器、通信线路与用户计算机

B．网络中的计算机资源主要指计算机操作系统、数据库与应用软件

C．网络中的计算机资源主要指计算机硬件、软件、数据

D．网络中的计算机资源主要指 Web 服务器、数据库服务器与文件服务器

（2）拓扑设计是建设计算机网络的第一步。它对网络的影响主要表现在（　　）。

I. 网络性能　II. 系统可靠性　III. 通信费用　IV. 网络协议

A．I、II　　B．I、II 和 III　　C．I、II 和 IV　　D．III、IV

（3）下列说法正确的是（　　）。

A．互联网计算机必须是个人计算机

B．互联网计算机必须是工作站

C．互联网计算机必须使用 TCP/IP 协议

D．互联网计算机在相互通信时必须遵循相同的网络协议

（4）组建计算机网络的目的是实现网络计算机系统的（　　）。

A．硬件共享　　B．软件共享　　C．数据共享　　D．资源共享

（5）以下关于光纤特性的描述不正确的是（　　）。

A．光纤是一种柔软、能传导光波的介质

B．光纤通过内部的全反射来传输一束经过编码的光信号

C．多条光纤组成一束，就构成一条光缆

D．多模光纤的性能优于单模光纤

（6）一座大楼内的一个计算机网络系统，属于（　　）。

A．PAN　　B．LAN　　C．MAN　　D．WAN

（7）在星形局域网结构中，连接文件服务器与工作站的设备是（　　）。

A．调制解调器　B．交换器　C．路由器　D．集线器

（8）对局域网来说，网络控制的核心是（　　）。

A．工作站　B．网卡　C．网络服务器　D．网络互联设备

3．简答题

（1）什么是计算机网络？计算机网络由什么组成？

（2）计算机网络的发展分哪几个阶段？每个阶段各有什么特点？

（3）计算机多用户系统和网络系统有什么异同点？

（4）在计算机网络中，主要使用的传输介质是什么？

（5）常用计算机网络的拓扑结构有哪几种？

（6）计算机网络分成哪几种类型？试比较不同类型网络的特点。

（7）通信子网与资源子网分别由哪些主要部分组成？其主要功能是什么？

（8）UTP是什么传输介质？STP是什么传输介质？

（9）同轴电缆分为几类？有什么特点？

（10）在选择传输介质时需考虑的主要因素是什么？

第2章 网络规划

2.1 任务描述

张老师家的台式机和笔记本通过一个集线器（Hub）已经实现了物理连接，如图 2-1 所示。但是怎么去实现这两台 PC 终端的资源共享、互相访问呢？物理连接只是网络规划设计的一部分工作，一个完善的网络规划设计还包括终端计算机网络协议配置、互联设备选择、操作系统设置、应用软件安装等一系列工作。本章先从设置 IP 地址入手，然后了解计算机网络协议的相关内容。

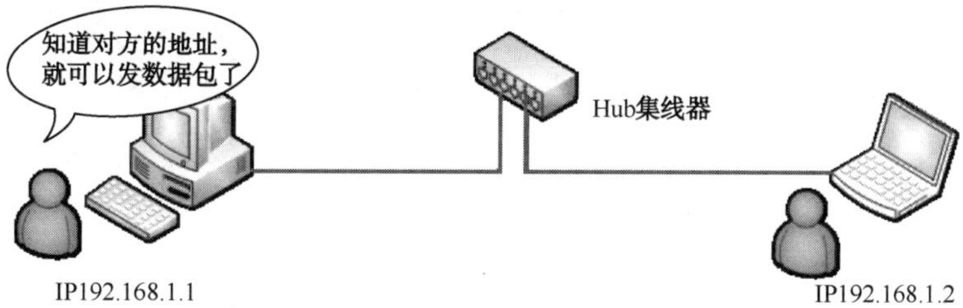

图 2-1 简单网络连接关系

可以把 IP 地址比喻为门牌号，只要知道了对方的门牌号，数据邮包就可以轻易地找到对方。这是一个最简单、最基本的网络连接关系，除了两台 PC 终端之外，网络硬件连接部分还有 PC 自带的网卡、双绞线电缆、一个集线器。这样搭建起来的小网络虽然简易，却是全世界数量最多的网络基础模型，在只有二三十人的小型公司、办公室、学校、研究所都能看到这样的小网络。事实上，这样的简单网络是更复杂网络的基本单位，把这些小的、简单的网络互连到一起，就形成了更复杂的局域网 LAN，再把局域网互连到一起，就组建出广域网 WAN，然后接入更大的 Internet，面对更多的资源、更多的终端，仍然是通过 IP 地址进行资源访问的。

2.2 设计与实施

2.2.1 设计

针对如图 2-1 所示的简单网络，两台 PC 终端已安装 Windows 7 操作系统，需要设置台式机 IP 地址为 192.168.1.1，笔记本 IP 地址设置为 192.168.1.2，并诊断网络连通性，为进一步的网络资源的互相访问奠定基础。

2.2.2 实施步骤

1. 所需仪器材料

如图 2-1 所示，台式机、笔记本各一台，均已安装 Windows 7 操作系统，集线器一台，已实现了物理连接。

2. 实施步骤

（1）设置固定 IP 地址。

① 在桌面上找到网上邻居图标，在上面点鼠标右键，选择属性，打开属性对话框，如图 2-2 所示。

图 2-2 网上邻居属性对话框

② 在出现的窗口中，单击左侧的更改适配器设置，如图 2-3 所示。

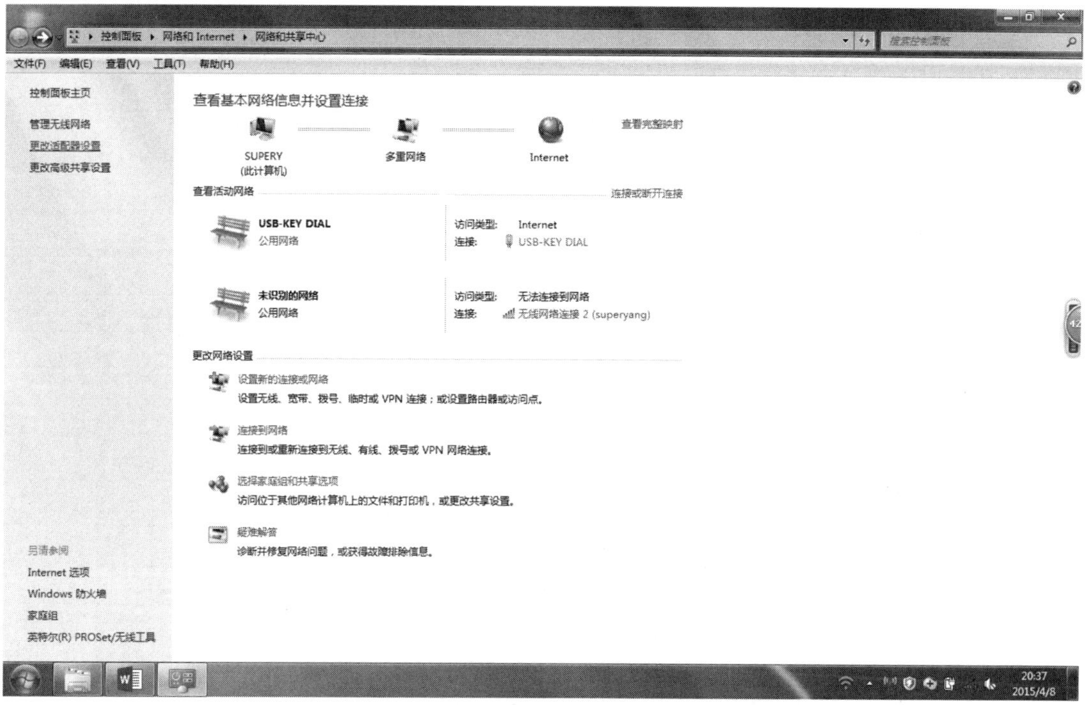

图 2-3　更改适配器的设置

③ 在本地连接状态对话框中，右键单击选择“属性”命令，打开“本地连接　属性”对话框，如图 2-4 所示。

图 2-4　选择“本地连接　属性”对话框

④ 在“本地连接 属性”对话框中，选择 Internet 协议（TCP/IPv4），单击“属性”按钮，打开 Internet 协议（TCP/IPv4）属性对话框，如图 2-5 所示。

⑤ 在 Internet 协议（TCP/IPv4）属性对话框中，填入分配的 IP 地址，如图 2-6 所示，台式机地址为 192.168.1.1，子网掩码填入 255.255.255.0，默认网关和 DNS 服务器暂不设置。

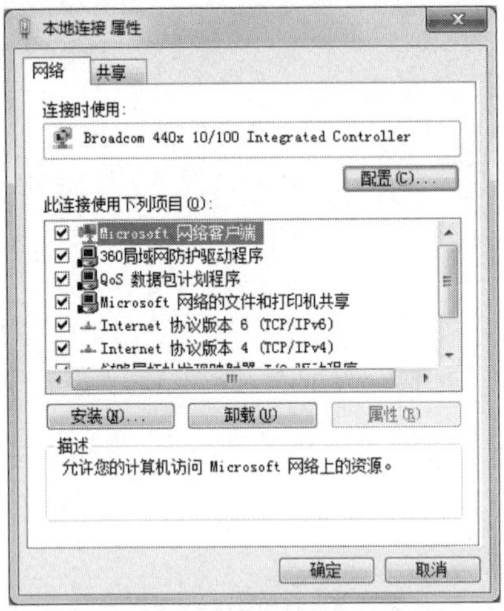

图 2-5　TCP/IP 属性对话框

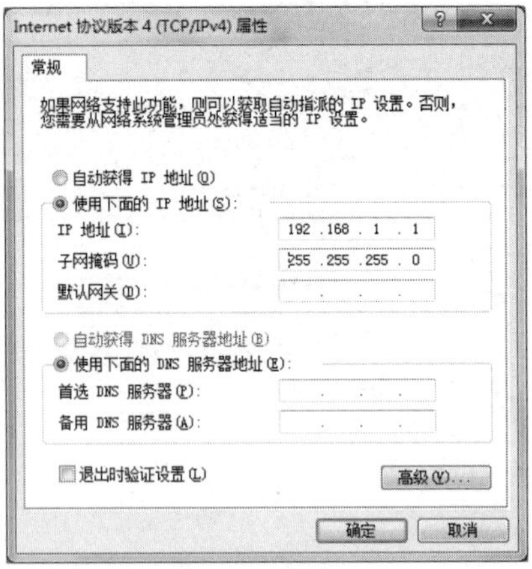

图 2-6　IP 地址的设置

⑥ 设置完成之后，单击“确定”按钮退出所有窗口即可。

（2）自动获取 IP 地址。

以上是固定 IP 地址的设置步骤，在配置了固定 IP 地址的网络后，若需要查询该计算机的 IP 地址，则按以上步骤①～⑤操作即可。

在需要自动获取 IP 地址的网络中，在第⑤步选择“自动获取 IP 地址”，系统将为该终端自动分配一个可以用的 IP 地址，如图 2-7 所示。

若想查询自动分配的 IP 地址，可以使用 ipconfig 命令获取。

① ipconfig 属于 DOS 命令，因为我们首先需要打开命令提示符（CMD）。打开“开始”菜单，找到“运行”选项，输入 cmd，然后按 Enter 键，这样我们就进入了命令提示符的输入界面，如图 2-8 所示。

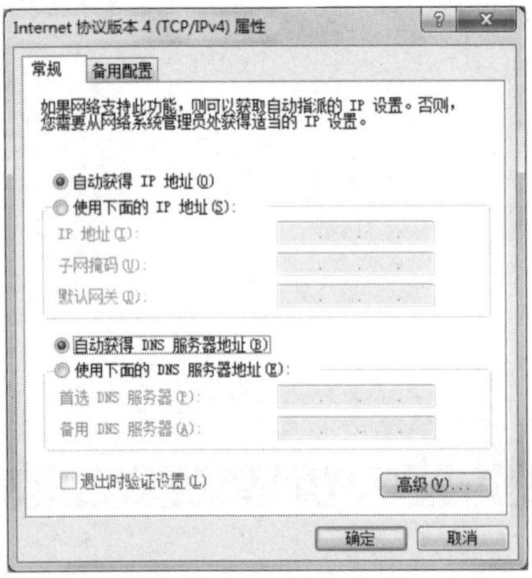

图 2-7　自动获取 IP 地址

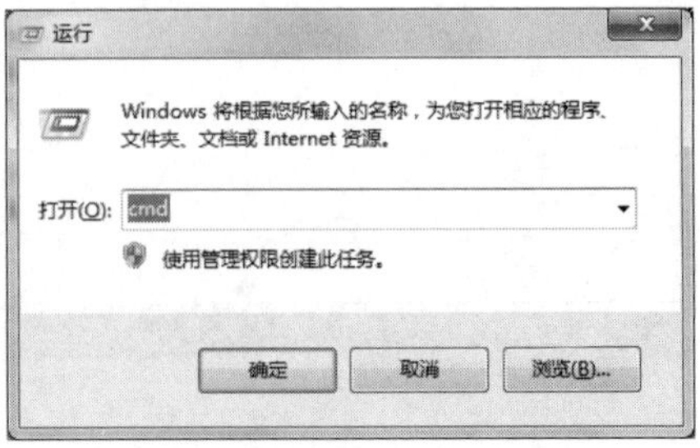

图 2-8　输入 cmd 命令

② 在命令提示行输入 ipconfig，然后按 Enter 键。

③ 当使用 ipconfig 时不带任何参数选项，那么它为每个已经配置了的接口显示 IP 地址、子网掩码和默认网关值。如果用户安装了虚拟机和无线网卡的话，它们的相关信息也会出现在这里，如图 2-9 所示。

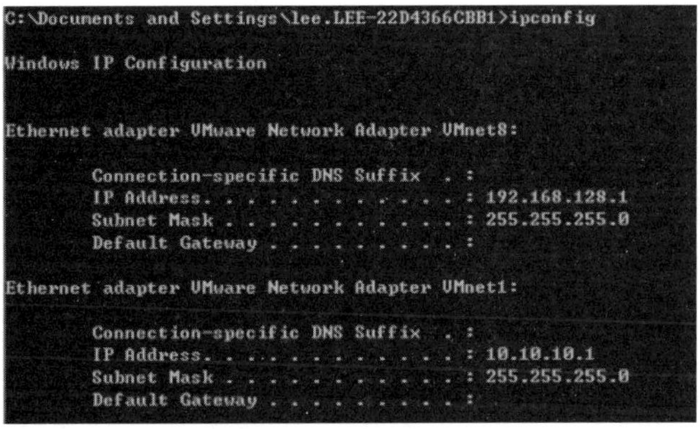

图 2-9　ipconfig 命令显示结果

（3）网络连通性测试。

① 按“Windows+R”组合键打开“运行”窗口，输入 cmd，按 Enter 键进入命令提示符窗口，如图 2-8 所示。

② 查看本地的 TCP/IP 协议是否设置好，输入 ping+本机 IP 地址。如果接收和发送的数据都相等，那么本地 IP 地址设置没有问题，如图 2-10 所示。

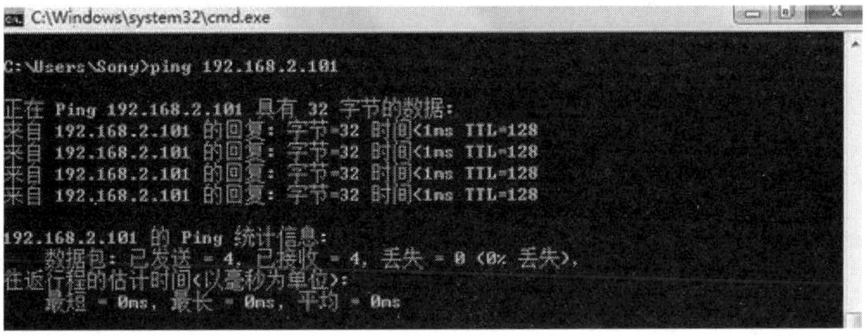

图 2-10　ping 命令执行窗口

③ 检验与对端计算机是否连通，输入 ping +对端计算机 IP 地址，若收发数据相等，代表网络正常连通。

ping 命令是 Windows 系列自带的一个可执行命令，利用它可以检查网络是否能够连通，用好它可以很好地帮助我们分析判定网络故障。应用格式：ping+IP 地址。该命令还可以加参数使用，ping 指的是端对端连通，通常用来作为可用性的检查。

2.3　相关知识

通过网络连通测试，可以知道连接在网络上的两台计算机，其实质需要在它们之间建立一条传送数据的通路，既要完成物理连接，又要完成数据流的传输规则约定。

2.3.1 计算机网络协议

计算机网络协议（Protocol），是计算机网络中的计算机为了进行数据交换而建立的规则，标准或约定。好像各种汽车、行人在公路上运行，特别是机动车行驶，更加需要按交通规则运行，否则交通会陷入瘫痪的局面。计算机网络的协议则主要规定了所交换数据的格式及有关同步与时序的问题。协议对计算机网络通信的数据流和通信全程进行约束，网络同样也制订了计算机网络接口等一系列硬件设备的标准。网络协议主要由以下 3 个要素组成。

（1）语法。规定通信双方“如何讲”，即规定数据与控制信息的结构或格式。

（2）语义。规定通信双方“讲什么”，即规定传输数据的类型及通信双方要发出什么样的控制信息，执行的动作及何种响应。

（3）时序。规定了信息交流的顺序，即事件实现顺序的详细说明。

协议是一种通信规约。从广义的角度来说，人们之间的交往就是一种信息交互的过程，每做一件事都必须遵循一种事先规定好的规则或约定。那么，为了保证计算机网络中大量计算机之间有条不紊地交换数据，就必须制订一系列的通信协议。因此，协议是计算机网络中一个重要与基本的概念。

2.3.2 OSI 参考模型

1. OSI 参考模型概述

在计算机网络产生之初，每个计算机厂商都有自己的一套网络体系结构的概念，它们之间互不兼容。为了解决这种问题，国际标准化组织（ISO）在 1979 年建立了一个分委员会来专门研究一种用于开放系统互连的体系结构，提出了开放系统互连参考模型（Open System Interconnection Reference Model，OSI/RM），简称 OSI 模型。由于 ISO 组织的权威性，OSI 参考模型成为广大厂商努力遵循的标准。OSI 参考模型为连接分布式应用处理的“开放”系统提供了基础。“开放”这个词表示：只要遵守 OSI 参考模型和有关标准，一个系统就可以与位于世界上任何地方的、也遵守 OSI 参考模型及有关标准的其他任何系统进行连接。国际标准组织所定义的 OSI 参考模型提供了连接各种计算机的标准框架。但是，没有一个厂家遵循 OSI 模型来开发网络产品。不论是网络操作系统还是网络设备，不是遵循厂家自己制订的协议（如 Novell 公司的 Novell 协议、苹果公司的 AppleTalk 协议、微软公司的 NetBEUI 协议、IBM 公司的 SNA 协议），就是遵循某个政府部门制订的协议（如美国国防部高级研究工程局 DARPA 的 TCP/IP 协议）。网卡和交换机这一级的产品则多是遵循电子电气工程师协会 IEEE 发布的 IEEE 802 规范。

尽管如此，各种其他协议的制订者，在开发自己的协议时都参考了 ISO 的 OSI 模型，并在 OSI 模型中能够找到对应的位置。因此，学习了 OSI 模型，再去解释其他协议就变得非常容易。

事实上，就像人体架构模型对医学院的学生一样，OSI 模型几乎成了网络课教学的必备工具。OSI 参考模型定义了开放系统的层次结构和各层所提供的服务。OSI 参考模型的一个成功之处在于，它清晰地分开了服务、接口和协议这三个容易混淆的概念：服务描述了每一层的功能，接口定义了某层提供的服务如何被高层访问，而协议则是每一层功能的实现方法。通过区分这些抽象概念，OSI 参考模型将功能定义与实现细节分开说明，概括性高，使它具有了普遍的适应能力。

OSI 参考模型本身并不是网络体系结构。按照定义，网络体系结构是网络层次结构和相关协议的集合。OSI 参考模型是具有 7 个层次的框架，如图 2-11 所示，自底向上的 7 个层次分别是物理层、数据链路层、网络层、传输层、会话层、表示层和应用层。

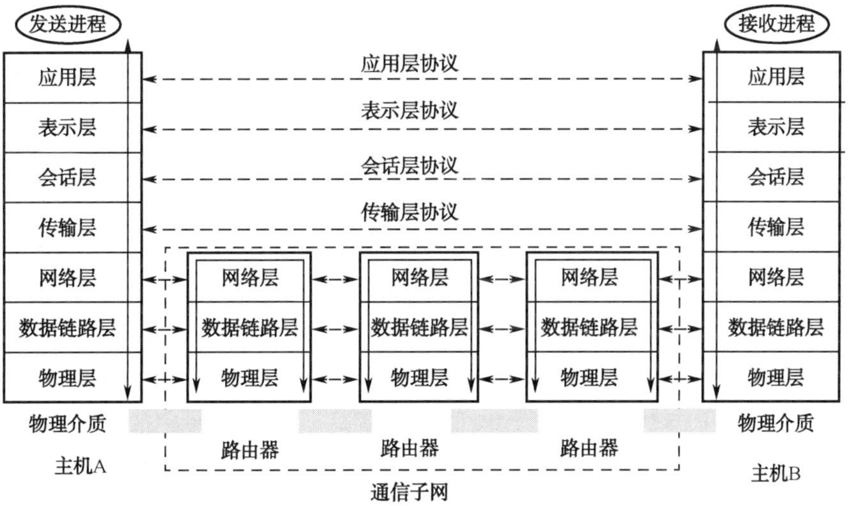

图 2-11　OSI 参考模型示意图

该模型有下面几个特点。

（1）每个层次的对应实体之间都通过各自的协议通信。

（2）各个计算机系统都有相同的层次结构。

（3）不同系统的相应层次有相同的功能。

（4）同一系统的各层次之间通过接口联系。

（5）相邻的两层之间，下层为上层提供服务，同时上层使用下层提供的服务。

图中的点画线框部分是通信子网，它和网络硬件的关系密切，而且通信手段是一个传一个的连接方式；而从传输层开始向上，不再涉及通信子网的细节，只考虑最终通信者之间端到端的通信问题。

2. OSI 参考模型各层功能

（1）物理层（Physical Layer）。

在 OSI 参考模型中，物理层是参考模型的底层，也是 OSI 模型的第一层。物理层的主要功能是利用传输介质为数据链路层提供物理连接，实现比特流的透明传输。

物理层的作用是实现相邻计算机节点之间比特流的透明传送，尽可能屏蔽掉具体传输介质和物理设备的差异。需要注意的是，物理层并不是指连接计算机的具体物理设备或传输介质，如双绞线、同轴电缆、光纤等，而是要使其上面的数据链路层感觉不到这些差异，这样可使数据链路层只需要考虑如何完成本层的协议和服务，而不必考虑网络具体的传输介质是什么。“透明传送比特流”表示经实际电路传送后的比特流没有发生变化，对传送的比特流来说，这个电路好像是看不见的，当然，物理层并不需要知道哪几个比特代表什么意思。

物理层协议是网络物理设备之间的接口，目的是在通信设备 DTE/DCE 之间提供透明的二进制位流传输。这里的物理设备是指两个相邻彼此通信的设备，按 ISO 及 CCITT 的术语分别称为数据终端设备（DTE）和数据电路终端设备（DCE）。所谓 DTE 是指用户端任何产生传输用的数据设备，如 CRT、PC、工作站、计算机等。DCE 是指在数据传输的两端负责通信的设备，它负责建立、维护和拆除物理连接，并在传输介质和 DTE 间进行信号转换和编码，故也常称作数据通信设备。该层设计涉及信号电平、信号宽度、传送方式（半双工或全双工）、线路连接的建立和拆除，接插件引脚的规格和作用等问题。总的说来，物理层提供建立、维护和拆除物理链路所需的机械、电气、功能和规程特性。

（2）数据链路层（Data Link Layer）。

数据链路层是 OSI 模型中极其重要的一层，为网络层提供服务，它的主要功能是在不可靠的物理线路上进行数据的可靠传输。数据链路层向网络层提供的功能有：为网络层提供设计良好的服务接口，如何将物理层的位组成帧，如何进行差错处理及如何进行流量控制等。

① 成帧。为了向网络层提供服务，数据链路层必须使用物理层提供给它的服务。物理层的工作是进行原始位流传输，不能保证位流无差错。数据链路层为保证数据的可靠传输，将数据组装成帧，按顺序传送各帧。

帧是用来移动数据的结构包，它不仅包括原始（未加工）数据，还包括发送方和接收方的网络地址及纠错和控制信息，地址信息确定帧将发送到何处，纠错和控制信息确保帧无差错到达。数据链路层把来自物理层的位流形式的数据组装成帧，发送到上层（网络层）；同时，把来自上层（网络层）的帧，拆分为位组，转发到物理层。把位流分成帧，常用的方法有以下几种：

- 字符计数法。
- 带字符填充的首尾界符法。
- 带位填充的首尾标志法。
- 物理层编码违例法。

关于位流分成帧，很多数据链路层协议通过把字符计数法与其他方法相结合来提高可靠性。

② 差错处理。数据链路层为了保证数据的可靠传输，必须提供差错控制功能。常采用的方法包括以下几种。

- 数据接收方向数据发送方提供反馈信息，协议要求接收方发回特殊的控制帧，作为数据接收肯定或否定的确认。如果发送方收到肯定确认，则知道发送正确，不需要重传；如果接收到否定确认，表示发送出了差错，发送方将相应的帧进行重传。
- 计时器。当发送方发出一帧时，启动计时器，在一定时间间隔内，如果帧被正确接收并返回确认帧，计时器清零；如果所传出的帧或者确认信息被丢失，计时器发出超时信号，提醒发送方可能出现了问题，将此帧进行重传。为了避免将同一帧多次传送给网络层，通常对发出的帧进行编号，接收方通过序号辨别是重复帧还是新帧。
- 流量控制。数据链路层要解决的另一个问题是如何防止高速发送方的数据把低速接收方“淹没”。当发送方在负载较轻的机器上运行，而接收方在负载较重的机器上运行时，容易出现“淹没”现象。解决办法是，提供流量控制来限制发送方所发出的数据流量，使其发送速率不要超过接收方能处理的速率，其中一种流量控制机制称为“滑动窗口协议”。

（3）网络层（Network Layer）。

数据链路层协议只能解决相邻节点间的数据传输问题，而不能解决两个主机之间的数据传输问题，因为两个主机之间的通信通常要包括许多段链路，涉及链路选择、流量控制等问题。当通信的双方经过两个或更多的网络时，还存在网络互联问题。

网络层是通信子网与用户资源子网之间的接口，也是高、低层协议之间的界面层。它涉及的是将本地端发出的分组经各种途径送到目的端，而从本地端至目的端可以经过许多中间节点，所以网络层是控制通信子网、处理端对端数据传输的底层。网络层的主要功能是路由选择、流量控制、传输确认、中断、差错及故障的恢复等。当本地端与目的端不处于同一网络中时，网络层将处理这些差异。

① 网络层的主要功能。网络层的主要功能是支持网络连接的实现，包括对点到点结构的网络连接，由具有不同特性的子网所支持的网络连接等。网络层的具体功能如下。

- 建立和拆除网络连接。指利用数据链路层提供的数据链路连接，构成两个传输实体间的网络连接，网络连接可有若干个通信子网所支持的网络连接等。
- 分段和组块。为了提高传输效率，当数据单元太长时，可对其进行分段，也可将几个较短的数据单元组成块后一起传输。无论哪种情况，都必须保留网络服务数据单元的分界符。
- 有序传输和流量控制。当传输实体需要有序传输网络服务数据单元时，网络层将在指定的网络连接上用有序传送的方法来实现。利用网络层提供的流量控制服务可对网络连接上传输的网络服务数据单元进行有效的控制，以免发生信息“堵塞”或“拥挤”现象。
- 路由选择和中继。在两个网络地址之间选择一条适当的路由。
- 差错的检测和恢复。差错检测利用数据链路层的差错报告，以及其他的差错检测能力来检测经网络连接所传输的数据单元是否出现异常情况。恢复功能是指从被检测到的出错状态中解脱出来。

② 网络层提供的服务。OSI 参考模型中规定，网络层中提供无连接和面向连接两种类型的服务，也称为数据报服务和虚电路服务。

- 数据报服务。多用于传输短报文的情况，一个或几个报文分组足以容纳所传送的数据信息。每个分组称为一个数据报。数据报服务类似于寄信或发电报，每封信或每个电报都可以单独发送给对方。每个数据报携带有足够的信息，可以从源端送到目的端。经过中间节点时，要进行存储转发，在整个传输过程中，不必建立连接，但在中间节点要为每个数据报做路由选择。如果数据报在传输过程中出错或丢失，网络将向源端发出一个“未发送成功指示”，通知源端重发。
- 虚电路服务。虚电路是在数据依次传送开始前，由发送方和接收方通过呼叫与确认的过程建立起来的。与实际的电路交换不同，虚电路是一种非专用的逻辑连接，是动态的，而电路交换则采用专用路由。

虚电路服务在传送数据时，发送方首先提供自己和接收方完整的网络地址，建立虚电路，然后按顺序传送报文分组，通信完成后拆除虚电路。虚电路一经建立就要赋予虚电路号，它反映分组的传送通道。这样报文分组中就不必再注明全程地址，相应地缩短了信息量。

（4）传输层（Transport Layer）。

传输层是资源子网与通信子网的接口和桥梁，它完成了资源子网中两节点间的直接逻辑通信，实现了通信子网端到端的可靠传输。传输层下面的物理层、数据链路层和网络层均属于通信子网，可完成有关的通信处理，向传输层提供网络服务；传输层上面的会话层、表示层和应用层完成面向数据处理的功能，并为用户提供与网络之间的接口。因此，传输层在 7 层网络模型中起到承上启下的作用，是整个网络体系结构中的关键部分，是唯一负责总体数据传输和控制的一层。传输层的两个主要功能如下：

- 提供可靠的端到端的通信。
- 向会话层提供独立于网络的运输服务。

由于通信子网向传输层提供通信服务的可靠性有差异，所以无论通信子网提供的服务可靠性如何，经传输层处理后都应向上层提交可靠的、透明的数据传输。为此，传输层协议要复杂得多，以适应通信子网中存在的各种问题。也就是说，如果通信子网的功能完善、可靠性高，则传输层的任务就比较简单；若通信子网提供的质量很差，则传输层的任务就比较复杂，以弥补会话层所要求的服务质量和网络层所能提供的服务质量之间的差别。传输层涉及以下几个概念。

- 传输服务。传输服务包括的内容有：服务的类型、服务的等级、数据的传输、用户的接口、连接管理、快速数据传输、状态报告、安全保密等。
- 服务质量。服务质量（Quality of Service，QOS）是指在传输两节点之间看到的某些传输连接的特征，是传输层性能的度量，反映了传输质量及服务的可用性。

服务质量可用一些参数来描述，如连接建立延迟、连接建立失败、吞吐量、输送延迟、残留差错率、连接拆除延迟、连接拆除失败概率、传输失败率等。

- 传输层协议等级。传输层的功能是要弥补从网络层获得的服务和向传输服务用户提供的服务之间的差距，它所关心的是提高服务质量，包括优化成本。

传输层的功能按级别划分，可以分为 5 个协议级别：级别 0（简单级）、级别 1（基本差错恢复级）、级别 2（多路复用级）、级别 3（差错恢复和多路复用级）和级别 4（差错检测和恢复级）。服务质量划分得较高的网络，仅需要较简单的协议级别；反之，服务质量划分得较低的网络，需要较复杂的协议级别。

- 传输服务原语。服务在形式上是一组原语（Primitive）的描述。原语被用来统治服务提供者采取某些行动，或报告某同层实体已经采取的行动。在 OSI 参考模型中，服务原语划分为 4 种类型。

请求（Request）：用户利用它要求服务提供者提供某些服务，如建立连接或发送数据等。

指示（Indication）：服务提供者执行一个请求以后，用指示原语通知收方的用户实体，告知有人想要与之建立连接或发送数据等。

响应（Response）：收到指示原语后，利用响应原语向对方作出反应。例如，同意或不同意建立连接等。

确认（Confirm）：请求对方可以通过接收确认原语来获悉对方是否同意接受请求。

（5）会话层（Session Layer）。

会话层的主要功能是在两个节点间建立、维护和释放面向用户的连接，并对会话进行管理和控制，保证会话数据可靠传送。

在会话层和传输层都提到了连接，那么会话连接和传输连接到底有什么区别呢？会话连接和传输连接之间有 3 种关系：一对一关系，即一个会话连接对应一个传输连接；一对多关系，一个会话连接对应多个传输连接；多对一关系，多个会话连接对应一个传输连接。

会话过程中，会话层需要决定使用全双工通信还是半双工通信。如果采用全双工通信，则会话层在对话管理中要做的工作就很少；如果采用半双工通信，会话层则通过一个数据令牌来协调会话，保证每次只有一个用户能够传输数据。当会话层建立一个会话时，先让一个用户得到令牌，只有获得令牌的用户才有权进行发送。如果接收方想要发送数据，可以请求获得令牌，由发送方决定何时放弃。一旦得到令牌，接收方就转变为发送方。

在进行大量的数据传输时，例如正在下载一个 100MB 的文件，当下载到 95MB 时，网络断线了，为了解决这个问题，会话层提供了同步服务，通过在数据流中定义检查点（Checkpoint）来把会话分割成明显的会话单元。当网络故障出现时，从最后一个检查点开始重传数据。

常见的会话层协议有：结构化查询语言（SQL）、远程进程呼叫（RPC）、X-Windows 系统、Apple Talk 会话协议、数字网络结构会话控制协议（DNA SCP）等。

（6）表示层（Presentation Layer）。

OSI 模型中，表示层以下的各层主要负责数据在网络中传输时不出错。但数据的传输没有出错，并不代表数据所表示的信息不会出错。表示层专门负责有关网络中计算机信息表示方式的问题。表示层负责在不同的数据格式之间进行转换操作，以实现不同计算机系统间的信息交换。

如图 2-12 所示，基于 ASCII 码的计算机将信息 HELLO 的 ASCII 编码发送出去。但因为接收方使用 EBCDIC 编码，所以数据必须加以转换。因此，传送的是十六进制字符 48454C4C4F，接收到的却是 C8C5D3D3D6。

图 2-12 两台计算机之间的信息交换

除了编码外，还包括数组、浮点数、记录、图像、声音等多种数据结构，表示层用抽象的方式来定义交换中使用的数据结构，并且在计算机内部表示法和网络的标准表示法之间进行转换。

表示层还负责数据的加密，以在数据的传输过程中对其进行保护。数据在发送端被加密，在接收端被解密，使用加密密钥来对数据进行加密和解密。

表示层负责文件的压缩，通过算法来压缩文件的大小，降低传输费用。例如，假设要传输一个包含 n 个字符的文件，采用 EBCDIC 编码，那就有 8n 个比特位。如果会话层重新定义代码，用 0 代表 A，1 代表 B，以此类推，一直到 25 代表 Z，那么用 5 位（存储 0～25 所需要的最少位数）就可以表示一个大写字母。这样一来，实际上可以少传送 38%的比特位。

（7）应用层（Application Layer）。

应用层是 OSI/RM 的最高层，它是计算机网络与最终用户间的接口，它包含了系统管理员管理网络服务所涉及的所有问题和基本功能。它在 OSI/RM 第 6 层提供的数据传输和数据表示等各种服务的基础上，为网络用户或应用程序提供完成特定网络服务功能所需要的各种应用协议。

常用的网络服务包括文件服务（FTP）、电子邮件（E-mail）、打印服务、集成通信服务、目录服务、网络管理服务、安全服务、多协议路由与路由互连服务、分布式数据库服务及虚拟终端服务等。网络服务由相应的应用协议实现，不同的网络操作系统提供的网络服务在功能、用户界面、实现技术、硬件平台支持及开发应用软件所需的应用程序接口 API 等方面均存在较大差异，而采纳的应用协议也各具特色，因此，应用协议的标准化非常重要。

3. OSI 参考模型优点

OSI 模型的设计目的是成为一个所有销售商都能实现的开放网络模型，来克服使用众多私有网络模型所带来的困难和低效性。这个模型把网络通信的工作分为 7 层，第 1 层到第 3 层属于 OSI 参考模型的低 3 层，负责创建网络通信连接的链路；第 4 层到第 7 层为 OSI 参考模型的高 4 层，具体负责端到端的数据通信。每层完成一定的功能，每层都直接为其上层提供服务，并且所有层次都互相支持，而网络通信则可以自上而下（在发送端）或者自下而上（在接收端）双向进行。当然并不是每一通信都需要经过 OSI 的全部 7 层，有的甚至只需要双方对应的某一层即可。物理接口之间的转接，以及中继器与中继器之间的连接就只需在物理层中进行即可；而路由器与路由器之间的连接则只需经过网络层以下的 3 层即可。总的来说，双方的通信是在对等层次上进行的，不能在不对称层次上进行通信。

OSI 标准制订过程中采用的方法是将整个庞大而复杂的问题划分为若干个容易处理的小问题，这就是分层的体系结构办法。在 OSI 中，采用了三级抽象，即体系结构、服务定义、协议规格说明。

2.3.3 TCP/IP 协议

尽管 OSI 参考模型是国际标准，但由于它出现的时间晚于已经具体实现的 SNA、DNA 及 TCP/IP 等协议，同时 OSI 参考模型自身存在的缺点，在它推出将近 20 年后，并没有出现一统天下的局面。

1. TCP/IP 体系

TCP/IP 协议是互联网中使用的协议，现在几乎成了 Windows、UNIX、Linux 等操作系统中唯一的网络协议了（微软似乎也在放弃自己的 NetBEUI 协议了）。也就是说，没有一个操作系统按照 OSI 协议的规定编写自己的网络系统软件，但却都编写了 TCP/IP 协议要求编写的所有程序。图 2-13 列出了 OSI 模型和 TCP/IP 模型协议集。

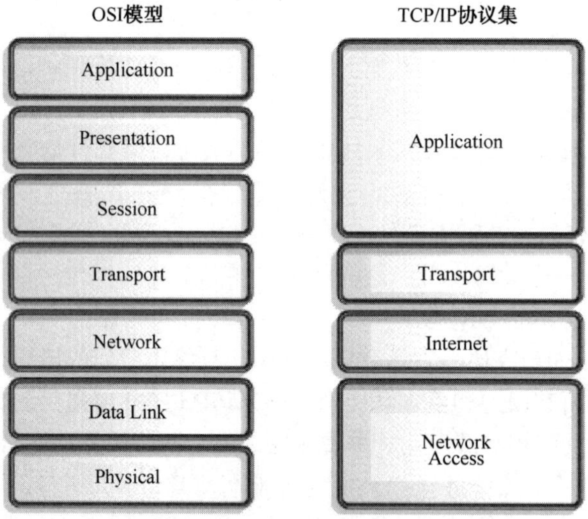

图 2-13　TCP/IP 协议集

TCP/IP 协议是一个协议集，它由十几个协议组成。从名字上可以看到其中的两个协议：TCP 协议和 IP 协议。

如图 2-14 所示是 TCP/IP 协议集中各个协议之间的关系。

TCP/IP 协议集给出了实现网络通信第三层以上的几乎所有协议，非常完整。今天，微软、HP、IBM、中软等几乎所有操作系统开发商都在自己的网络操作系统部分中实现 TCP/IP，编写 TCP/IP 要求编写的每一个程序。

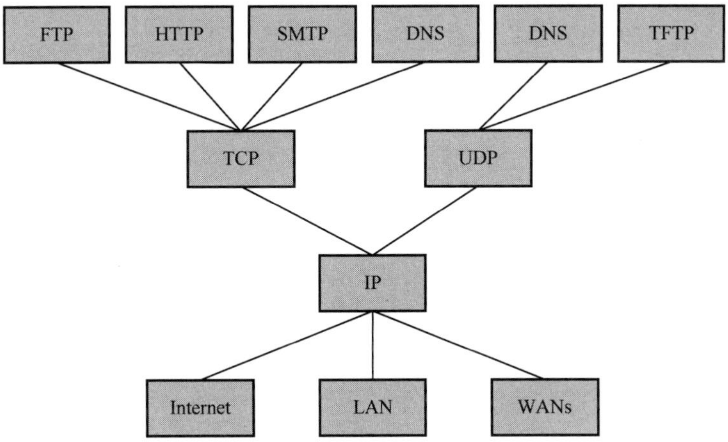

图 2-14　TCP/IP 协议集中的各个协议

主要的 TCP/IP 协议如下。

应用层：FTP、TFTP、HTTP、SMTP、POP3、SNMP、DNS、Telnet。

传输层：TCP、UDP。

网络层：IP、ARP（地址解析协议）、RARP（逆向地址解析协议）、DHCP（动态 IP 地址分配）、ICMP（Internet Control Message Protocol）、RIP、IGRP、OSPF（属于路由协议）。

POP3、DHCP、IGRP、OSPF 虽然不是 TCP/IP 协议集的成员，但都是非常知名的网络协议。把它们放到 TCP/IP 协议的层次中来，可以更清晰地了解网络协议的全貌。

2. 网络层协议

TCP/IP 协议集中最重要的成员是 IP 和 ARP。除了这两个协议外，网络层还有一些其他的协议，如 RARP、DHCP、ICMP、RIP、IGRP、OSPF 等。

（1）IP 协议。

网际协议（IP）是 TCP/IP 协议簇中最为核心的协议，所有的 TCP、UDP、ICMP、IGMP 数据都被封装在 IP 数据报中传送。IP 的功能是负责路由（路径选择），提供不可靠、无连接的服务，不负责保证传输可靠性、流量控制、包顺序等其他对于主机到主机协议的服务。

IP 数据报首部（报头）的格式如图 2-15 所示。

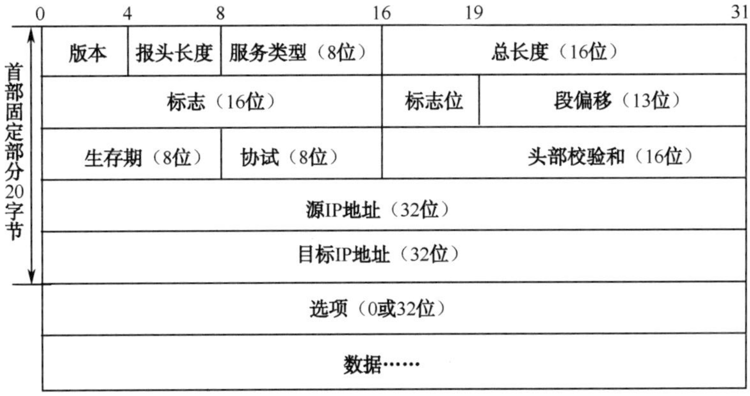

图 2-15　IP 数据报首部结构

其中各项说明如下。

版本：用来表明 IP 实现的版本号，当前一般为 IPv4，即 0100。

报头长度：头部占 32 位的数字，包括可选项。计数单位为 4 字节。

服务类型：其中前 3 位为优先权子字段，现已忽略，第 8 位保留未用，第 4～7 位分别代表延迟、吞吐量、可靠性和花费。当它们取值为 1 时，分别代表要求最小延迟、最大吞吐量、最高可靠性和最小费用。这 4 位的服务类型中只能置其中 1 位为 1，但可以全为 0。若全为 0，表示一般服务。

总长度：指明整个数据报的长度，以字节为单位，最大长度为 65535 字节。

标志：用来唯一标识主机发送的每一份数据报。通常每发送一份数据报，其值就会加 1。

标志位：标志一份数据报是否分段。

段偏移：如果一份数据报要求分段，则此字段指明该段偏移距原始数据报开始的位置。

生存期：用来设置数据报最多可以经过的路由器数。由发送数据的源主机设置，通常为 32、64、128 等。每经过一个路由器，其值减 1，直到 0 时该数据报被丢弃。

协议：指明 IP 层所封装的上层协议类型，如 ICMP（1）、IGMP（2）、TCP（6）、UDP（17）等。

头部校验和：内容是根据 IP 头部计算得到的校验和码。计算方法是对头部中每 16 位进行二进制反码求和。IP 不对头部后的数据进行校验。

源 IP 地址、目标 IP 地址：各占 32 位，用来标明发送 IP 数据报文的源主机地址和接收 IP 报文的目标主机地址。

选项：用来定义一些任选项，如记录路径、时间戳等。这些选项很少被使用。

（2）ARP 协议。

① 基本功能。在以太网协议中规定，同一局域网中的一台主机要和另一台主机进行直接通信，必须要知道目标主机的 MAC 地址。而在 TCP/IP 协议簇中，网络层和传输层只关心目标主机的 IP 地址。这就导致在以太网中使用 IP 时，数据链路层的以太网协议接到上层 IP 提供的数据中，只包含目的主机的 IP 地址。于是需要一种方法，根据目的主机的 IP 地址，获得其 MAC 地址，这就是 ARP 要做的事情。所谓地址解析（address resolution），就是主机在发送帧前将目标 IP 地址转换成目标 MAC 地址的过程。

另外，当发送主机和目的主机不在同一个局域网中时，即便知道目的主机的 MAC 地址，两者也不能直接通信，必须经过路由转发才可以。所以此时，发送主机通过 ARP 获得的将不是目的主机的真实 MAC 地址，而是一台可以通往局域网外的路由器的某个端口的 MAC 地址。于是此后发送主机发往目的主机的所有帧，都将发往该路由器，通过它向外发送。这种情况称为 ARP 代理。

② 工作原理。在每台安装有 TCP/IP 的计算机中都有一个 ARP 缓存表，表中的 IP 地址与 MAC 地址是一一对应的。

以主机 A（192.168.1.5）向主机 B（192.168.1.1）发送数据为例。当发送数据时，主机 A 会在自己的 ARP 缓存表中寻找是否有目标 IP 地址。如果找到了，也就知道了目标 MAC 地址，直接把目标 MAC 地址写入帧中发送即可；如果在 ARP 缓存表中没有找到目标 IP 地址，主机 A 就会在网络上发送一个广播，这表示向同一网段内的所有主机发出这样的询问：“我是 192.168.1.5，我的硬件地址是主机 A 的 MAC 地址，请问 IP 地址为 192.168.1.1 的 MAC 地址是什么？”网络上其他主机并不响应 ARP 请求，只有主机 B 接收到这个帧时，才向主机 A 做出响应：“192.168.1.1 的 MAC 地址是 00-aa-00-62-c6-09”。

这样，主机 A 就知道了主机 B 的 MAC 地址，因此可以向主机 B 发送信息了。A 和 B 还同时都更新了自己的 ARP 缓存表（因为主机 A 在询问时把自己的 IP 地址和 MAC 地址一起告诉了主机 B），下次主机 A 再向主机 B 或者主机 B 向主机 A 发送信息时，直接从各自的 ARP 缓存表中查找就可以了。ARP 缓存表采用了老化机制（设置了生存时间 TTL），在一段时间内（一般 15～20 分钟）如果表中的某一行没有被使用，就会被删除，这样可以大大减少 ARP 缓存表的长度，加快查询速度。

③ ARP 格式。ARP 通常应用于局域网，以太网中的 ARP 报文格式，如图 2-16 所示。

以太网首部			以太网ARP字段								
			ARP首部								
目的MAC地址	源MAC地址	帧类型	硬件类型	协议类型	硬件地址长度	协议地址长度	操作类型	发送者硬件地址	发送者IP地址	目标硬件地址	目标IP地址
6字节	6	2	2	2	1	1	2	6	4	6	4

图 2-16 以太网中的 ARP 报文格式

ARP 报文中各个字段的含义如下。

硬件类型：标明 ARP 实现在何种类型的网络上。

协议类型：表示解析协议（上层协议），一般是 0800，即 IP。

硬件地址长度：MAC 地址长度，此处是 6 字节，即 48 位。

协议地址长度：IP 地址长度，此处为 8 位。

操作类型：表示 ARP 数据包类型。0 表示 ARP 请求数据包，1 表示 ARP 应答数据包。

发送者硬件地址：发送端 MAC 地址。

发送者 IP 地址：发送端 IP 地址。

目标硬件地址：目的端 MAC 地址（等待接收端填充）。

目标 IP 地址：目的端 IP 地址。

3. 传输层协议

传输层是 TCP/IP 协议集中协议最少的一层，只有两个协议：传输控制协议 TCP 和用户数据报协议 UDP。

TCP 协议要完成 5 个主要功能：端口地址寻址，连接的建立、维护与拆除，流量控制，出错重发，数据分段。

（1）端口地址寻址。

网络中的交换机、路由器等设备需要分析数据报中的 MAC 地址、IP 地址，甚至端口地址。也就是说，网络要转发数据，就会需要 MAC 地址、IP 地址和端口地址的三重寻址。因此在数据发送之前，需要把这些地址封装到数据报的报头中。

那么，端口地址做什么用呢？可以想象数据报到达目标主机后的情形。当数据报到达目标主机后，链路层的程序会通过数据报的帧报尾进行 CRC 校验。校验合格的数据帧被去掉帧报头向上交给 IP 程序。IP 程序去掉 IP 报头后，再向上把数据交给 TCP 程序。待 TCP 程序把 TCP 报头去掉后，它把数据交给谁呢？这时，TCP 程序就可以通过 TCP 报头中由源主机指出的端口地址，了解到发送主机希望目标主机的什么应用层程序接收这个数据报。

因此端口地址寻址是对应用层程序寻址的。

图 2-17 表明了常用的端口地址。

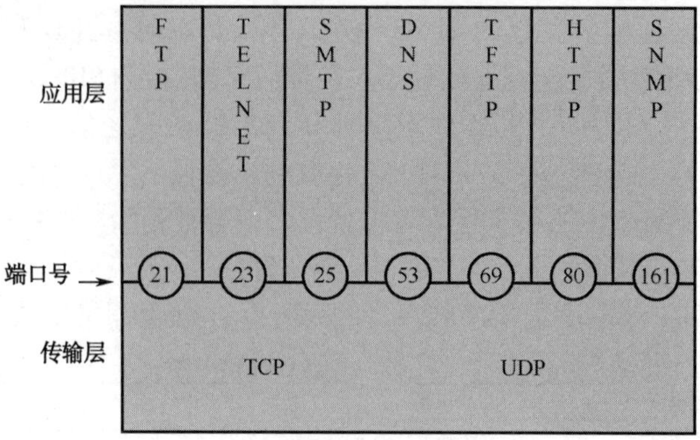

图 2-17　常用的端口地址

从图 2-17 中我们注意到，WWW 所用 HTTP 协议的端口地址是 80。另外一个在互联网中频繁使用的应用层协议 DNS 的端口号是 53。TCP 和 UDP 的报头中都需要支持端口地址。

目前，应用层程序的开发者都接受 TCP/IP 对端口号的编排。详细的端口号编排可以在 TCP/IP 的注释 RFC1700 中查到。

TCP/IP 规定端口号的编排方法如下。

低于 255 的编号：用于 FTP、HTTP 这样的公共应用层协议。

255～1023 的编号：提供给操作系统开发公司，为市场化的应用层协议编号。

大于 1023 的编号：用于普通应用程序。

可以看到，除了社会公认度很高的应用层协议，才能使用 1023 以下的端口地址编号。一般的应用程序通信，需要在 1023 以上进行编号。例如用户开发的审计软件中，涉及两个主机审计软件之间的通信，可以自行选择一个 1023 以上的编号。知名的游戏软件 CS 的端口地址设定为 26350。

端口地址的编码范围为 0～65535。其中，1024～49151 的地址范围需要注册使用，49152～65535 的地址范围可以自由使用。

端口地址被源主机在数据发送前封装在其 TCP 报头或 UDP 报头中。

通过 TCP 报头格式（见图 2-18）中，可以看出端口地址使用两个字节 16 位二进制数来表示，被放在 TCP 报头的最前面。

0　　　　　　　　　　16　　　　　　　　　　31

<table>
<tr><td colspan="3">源端口地址</td><td colspan="2">目标端口地址</td></tr>
<tr><td colspan="5">本数据段序号</td></tr>
<tr><td colspan="5">对方应该发来的下一个数据段的序号</td></tr>
<tr><td>报头长度</td><td>保留</td><td>报文性质码</td><td colspan="2">要求对方发送窗口的大小</td></tr>
<tr><td colspan="3">校验和</td><td colspan="2">紧急指针</td></tr>
<tr><td colspan="4">可选项</td><td>填充</td></tr>
<tr><td colspan="5">数据</td></tr>
<tr><td colspan="5">……</td></tr>
</table>

图 2-18　TCP 的报头格式

计算机网络中约定，当一台主机向另外一台主机发出连接请求时，这台机器被视为客户机，而那台机器被视为这台机器的服务器。通常，客户机在给自己的程序编端口号时，随机使用一个大于 1023 的编号。例如一台主机要访问 WWW 服务器，在其 TCP 报头中的源端口地址封装为 1391，目标端口地址则需要为 80，指明与 HTTP 通信，如图 2-19 所示。

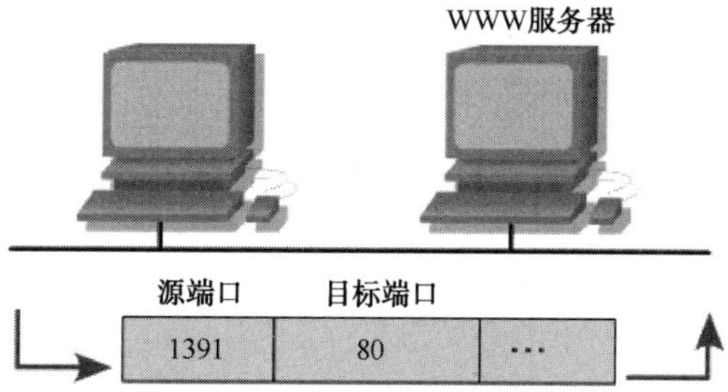

图 2-19　端口地址的使用

（2）TCP 连接的建立、维护与拆除。

TCP 协议是一个面向连接的协议。所谓面向连接，是指一个主机需要和另外一台主机通信时，需要先呼叫对方，请求与对方建立连接。只有对方同意，才能开始通信。

这种呼叫与应答的操作非常简单。所谓呼叫，就是连接的发起方发送一个“建立连接请求”的报文包给对方。对方如果同意这个连接，就简单地发回一个“连接响应”的应答包，连接就建立起来了。

TCP 建立连接的过程如图 2-20 所示。

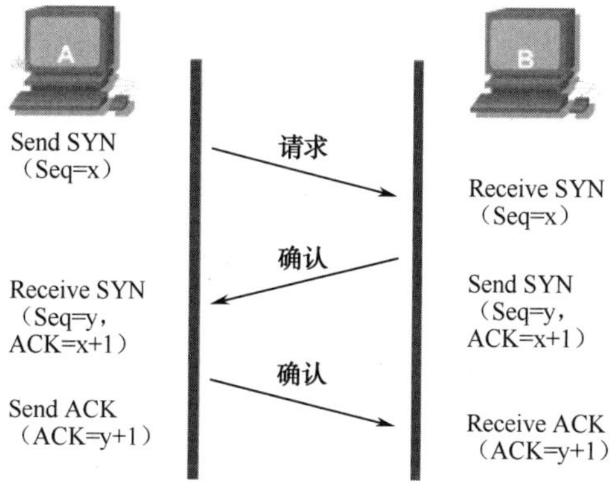

图 2-20　建立连接

主机 A 希望与主机 B 建立连接以交换数据，它的 TCP 程序首先构造一个请求连接报文包给对方。请求连接包的 TCP 报头中的报文性质码标志为 SYN（见图 2-21），声明是一个“连接请求包”。主机 B 的 TCP 程序收到主机 A 的连接请求后，如果同意这个连接，就发回一个“确认连接包”，应答 A 主机。主机 B 的确认连接包的 TCP 报头中的报文性质码标志为 ACK。

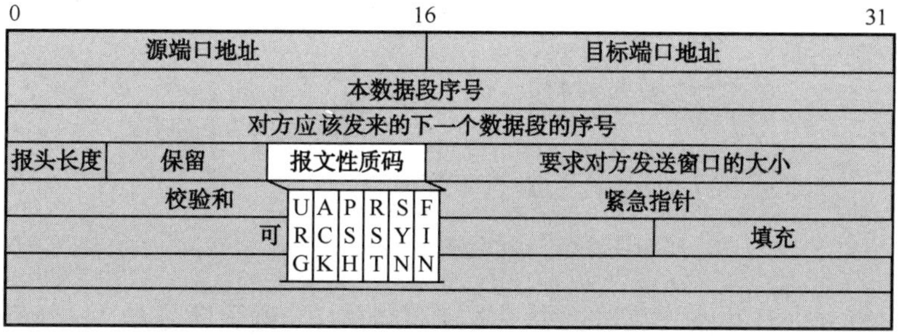

图 2-21　SYN 标志位和 ACK 标志位

SYN 和 ACK 是 TCP 报头中报文性质码的连接标志位。建立连接时，SYN 标志置 1，ACK 标志置 0，表示本报文包是个同步 synchronization 包。确认连接的包，ACK 置 1，SYN 置 1，表示本报文包是个确认 acknowledgment 包。

从图 2-20 可以看到，建立连接有第三个包，是主机 A 对主机 B 的连接确认。主机 A 为什么要发送第三个包呢？

考虑这样一种情况：主机 A 发送一个连接请求包，但这个请求包在传输过程中丢失。主机 A 发现超时仍未收到主机 B 的连接确认，会怀疑到有包丢失。主机 A 再重发此连接请求包。第二个连接请求包到达主机 B，保证了连接的建立。

但是如果第一个连接请求包没有丢失，而只是网络慢而导致主机 A 超时就会使主机 B 收到两个连接请求包，使主机 B 误以为第二个连接请求包是主机 A 的又一个请求。第三个确认包就是为防止这样的错误而设计的。

这样的连接建立机制被称为三次握手。

（3）TCP 报头中的报文序号。

TCP 是将应用层交给的数据分段后发送的。为了支持数据出错重发和数据段组装，TCP 程序为每个数据段封装的报头中，设计了两个数据报序号字段，分别称为发送序号和确认序号。

出错重发是指一旦发现有丢失的数据段，就可以重发丢失的数据，以保证数据传输的完整性。如果数据没有分段，出错后源主机就不得不重发整个数据。为了确认丢失的是哪个数据段，报文就需要安装序号。

另一方面，数据分段可以使报文在网络中的传输非常灵活。一个数据的各个分段，可以选择不同的路径到达目标主机。由于网络中各条路径在传输速度上的不一致性，有可能前面发出的数据段后到达，而后发出的数据段先到达。为了使目标主机能够按照正确的次序重新装配数据，也需要在数据段的报头中安装序号。

TCP 报头中的第三、第四字段是两个基本点序号字段。发送序号是指本数据段是第几号报文包。接收序号是指对方应该发来的下一个数据段是第几号段。确认序号实际上是已经接收到的最后一个数据段加 1。

如图 2-22 所示，左方主机发送 telnet 数据，目标端口号为 23，源端口号为 1028。发送序号 Sequencing Numbers 为 10，表明本数据是第 10 段。确认序号 Acknowledgement Numbers 为 1，表明左方主机收到右侧主机发来的数据段为 0，右侧主机应该发送的数据段是 1。

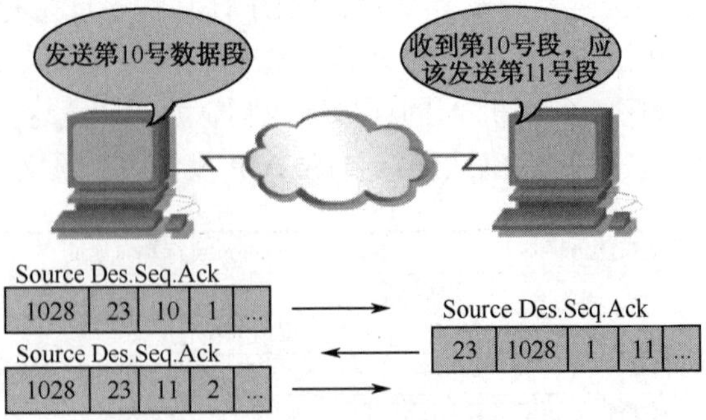

图 2-22　发送序号与确认序号

右侧主机向左方主机发送的数据报中，发送序号是 1，确认序号是 11。确认序号是 11 表明右侧主机已经接收到左方主机第 10 号包以前的所有数据段。

TCP 协议设计在报头中安装第 2 个序号字段是很精彩的。这样，对方数据的确认随着本主机的数据发送而载波过去，而不是单独发送确认包，大大节省了网络带宽和接收主机的 CPU 时间。

（4）PAR 出错重发机制。

在网络中有两种情况会丢失数据包。如果网络设备（交换机、路由器）的负荷太大，当其数据包缓冲区满的时候，就会丢失数据包。另外一种情况是，如果在传输中因为噪声干扰、数据碰撞或设备故障，数据包就会受到损坏，从而导致在接收主机的链路层接受校验时就会被丢弃。

发送主机应该发现丢失的数据段，并重发出错的数据。

TCP 使用称为 PAR 的出错重发方案（Positive acknowledgment and retransmission），这个方案是许多协议都采用的方法。

TCP 程序在发送数据时，先把数据段都放到其发送窗口中，然后再发送出去。PAR 会为发送窗口中每个已发送的数据段启动定时器。被对方主机确认收到的数据段，将从发送窗口中删除。如果某数据段的定时时间到，仍然没有收到确认，PAR 就会重发这个数据段。

如图 2-23 所示，发送主机的 2 号数据段丢失。接收主机只确认了 1 号数据段。发送主机从发送窗口中删除已确认的 1 号包，放入 4 号数据段（发送窗口=3，没有地方放更多的待发送数据段），将数据段 2、3、4 号发送出去。其中，数据段 2、3 号是重发的数据段。

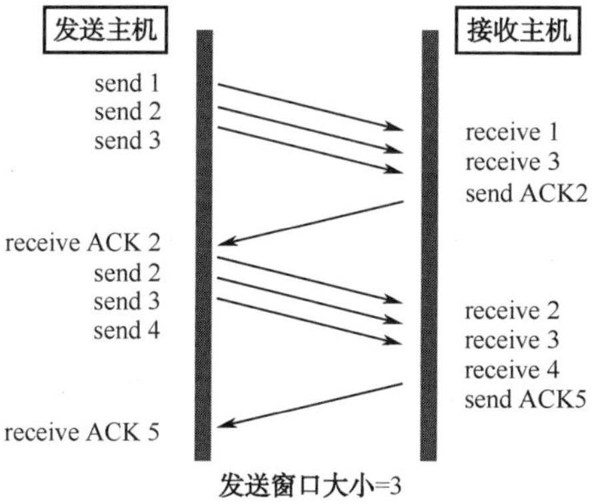

图 2-23 PAR 出错重发机制

尽管数据段 3 已经被接收主机收到，但是仍然被重发，这显然是一种浪费。但是 PAR 机制只能这样处理。那为什么不能通知源主机哪个数据段丢失呢？如果通知源主机可以一目了然，只需要发送丢失的数据段。但如果连续丢失了十几个段，甚至更多，而 TCP 报头中只有一个确认序号字段，则应该通知源主机重发哪个丢失的数据段呢？如果单独设计一个数据包，用来通知源主机所有丢失的数据段也不行。因为如果通知源主机应该重发哪些段的包也丢失了该怎么办呢？

PAR 出错重发机制 Positive acknowledgment and retransmission 中的“主动 Positive”一词，是指发送主机不是消极地等待接收主机的出错信息，而是会主动地发现问题，实施重发的。虽然 PAR 机制有一些缺点，但是比起其他的方案，PAR 仍然是最科学的。

（5）TCP 进行流量控制的方法。

如果接收主机同时与多个 TCP 通信，接收的数据包的重新组装需要在内存中排队。如果接收主机的负荷太大，因为内存缓冲区满，就有可能丢失数据。因此，当接收主机无法承受发送主机的发送速度时，就需要通知发送主机放慢数据的发送速度。

事实上，接收主机并不是通知发送主机放慢发送速度，而是直接控制发送主机的发送窗口大小。接收主机如果需要对方放慢数据的发送速度，就减小数据报中 TCP 报头里“发送窗口”字段的数值。对方主机必须服从这个数值，减小发送窗口的大小，从而降低发送速度。

如图 2-24 所示，发送主机开始的发送窗口大小是 3，每次发送 3 个数据段。接收主机要求窗口大小为 1 后，发送主机调整了发送窗口的大小，每次只发送一个数据段，因此降低了发送速度。

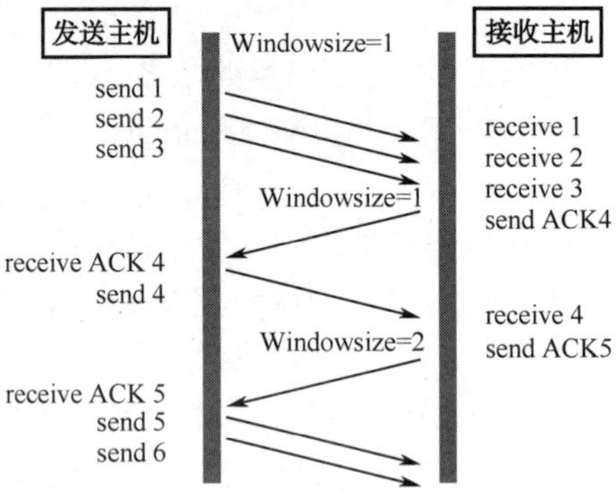

图 2-24 流量控制

极端的情况，如果接收主机把窗口大小字段设置为 0，发送主机将暂停发送数据。

有趣的是，尽管发送主机接受接收主机的窗口设置降低了发送速度，但是，发送主机自己却会渐渐扩大窗口。这样做的目的是尽可能地提高数据发送的速度。

在实际中，TCP 报头中的窗口字段不是用数据段的个数来说明大小的，而是以字节数为大小的单位的。

（6）UDP 协议。

在 TCP/IP 协议集中设计了另外一个传输层协议：无连接数据传输协议 Connectionless Data Transport Protocol。这是一个简化了的传输层协议。UDP 去掉了 TCP 协议中 5 个功能的 3 个功能：连接建立、流量控制和出错重发，只保留了端口地址寻址和数据分段两个功能。

UDP 通过牺牲可靠性换得通信效率的提供。对于那些数据可靠性要求不高的数据传输，可以使用 UDP 协议来完成，例如 DNS、SNMP、TFTP、DHCP。

UDP 报头的格式非常简单（见图 2-25），核心内容只有源端口地址和目标端口地址两个字段。DHCP 的详细描述见 RFC768。

0	16　　　　　　　　　　31
源端口地址	目标端口地址
长度	校验和
数据	
……	

图 2-25 UDP 报头的格式

UDP 程序需要与 TCP 一样完成端口地址寻址和数据分段两个功能。但是它不能知道数据包是否到达目标主机，接收主机也不能抑制发送主机发送数据的速度。由于数据报中不再有报文序号，一旦数据包沿不同路由到达目标主机的次序出现变化，目标主机也无法按正确的次序纠正这样的错误。

TCP 是一个面向连接的、可靠的传输；UDP 是一个非面向连接的、简易的传输。

4. 应用层协议

TCP/IP 的主要应用层程序有：FTP、TFTP、SMTP、POP3、Telnet、DNS、SNMP、NFS、HTTP 等。

FTP：文件传输协议。用于主机之间的文件交换。FTP 使用 TCP 协议进行数据传输，是一个可靠的、面向连接的文件传输协议。FTP 支持二进制文件和 ASCII 文件。

TFTP：简单文件传输协议。它比 FTP 简易，是一个非面向连接的协议，使用 UDP 进行传输，速度更快。该协议多用在局域网中，像交换机和路由器这样的网络设备都用它把自己的配置文件传输到主机上。

SMTP：简单邮件传输协议。

POP3：这也是个邮件传输协议，本不属于 TCP/IP 协议。POP3 比 SMTP 更科学，微软等公司在编写操作系统的网络部分时，也在应用层编写了相应的程序。

Telnet：远程终端仿真协议。可以使一台主机远程登录到其他机器上，成为那台远程主机的显示和键盘终端。由于交换机和路由器等网络设备都没有自己的显示器和键盘，为了对它们进行配置，就需要使用 Telnet。

DNS：域名解析协议。根据域名，解析出对应的 IP 地址。

SNMP：简单网络管理协议。网管工作站搜集、了解网络中交换机、路由器等设备的工作状态所使用的协议。

NFS：网络文件系统协议。允许网络上其他主机共享某机器目录的协议。

HTTP：超文本传输协议，是客户端浏览器或其他程序与 Web 服务器之间的应用层通信协议。在 Internet 上的 Web 服务器上存放的都是超文本信息，客户机需要通过 HTTP 传输所要访问的超文本信息。HTTP 包含命令和传输信息，不仅可用于 Web 访问，也可用于其他因特网/内联网应用系统之间的通信，从而实现各类应用资源超媒体访问的集成，本节重点介绍 HTTP 协议。

（1）统一资源定位符。

在浏览器的地址栏里输入的网站地址叫做统一资源定位符（Uniform Resource Locator，URL）。就像每家每户都有一个门牌地址一样，每个网页也都有一个 Internet 地址。当用户在浏览器的地址栏中输入一个 URL 或是单击一个超级链接时，URL 就确定了要浏览的地址。浏览器通过超文本传输协议（HTTP），将 Web 服务器上站点的网页代码提取出来，并翻译成直观的网页。因此，在认识 HTTP 之前，有必要先弄清楚 URL 的组成。

例如，http://www.abc.com/china/index.htm，它的含义如下。

http://：代表超文本传输协议，通知 abc.com 服务器显示 Web 页，通常不用输入。

www：代表一个 Web（万维网）服务器。

abc.com/：这是装有网页的服务器的域名，或站点服务器的名称。

china/：为该服务器上的子目录，类似于计算机中的文件夹。

index.htm：是文件夹中的一个 HTML 文件（网页）名称。

（2）HTTP 的主要特点。

HTTP 的主要特点如下。

- 支持客户/服务器模式。

- 简单快速：客户向服务器请求服务时，只需传送请求方法和路径。请求方法常用的有GET、HEAD、POST。每种方法规定的客户与服务器联系的类型不同。由于 HTTP 简单，使得 HTTP 服务器的程序规模小，因而通信速度很快。
- 灵活：HTTP 允许传输任意类型的数据对象。
- 无连接：无连接的含义是限制每次连接只处理一个请求。服务器处理完客户的请求，并收到客户的应答后，即断开连接。采用这种方式可以节省传输时间。
- 无状态：HTTP 是无状态协议。无状态是指协议对于事务处理没有记忆能力。缺少状态意味着如果后续处理需要前面的信息，则它必须重传，这样可能导致每次连接传送的数据量增大。

（3）HTTP 的工作过程。

在 WWW 中，“客户”与“服务器”是一个相对的概念，只存在于一个特定的连接期间，即在某个连接中的客户在另一个连接中可能作为服务器。

基于 HTTP 的客户/服务器模式的信息交换过程分为 4 个过程：建立连接、发送请求信息、发送响应信息、关闭连接。

其实简单说就是任何服务器除了包括 HTML 文件以外，还有一个 HTTP 驻留程序，用于响应用户请求。用户的浏览器是 HTTP 客户，向服务器发送请求，当用户在浏览器中输入一个开始文件或单击了一个超级链接时，浏览器就向服务器发送 HTTP 请求，此请求被送往由 IP 地址指定的 URL。驻留程序接收到请求，在进行必要的操作后回送所要求的文件。在这一过程中，在网络上发送和接收的数据已经被分成一个或多个数据包（packet），每个数据包都包括要传送的数据和控制信息，即告诉网络怎样处理数据包。

TCP/IP 决定了每个数据包的格式。如果事先不告诉用户，用户可能不会知道信息被分成用于传输和再重新组合起来的许多小块。

（4）HTTP 格式。

HTTP 有两类报文。

- 请求报文：从客户向服务器发送请求报文，其格式如图 2-26（a）所示。
- 响应报文：从服务器到客户的回答，其格式如图 2-26（b）所示。由于 HTTP 是面向正文的，报文中的每一个字段都是一些 ASCII 码串，因而每个字段的长度都是不确定的。

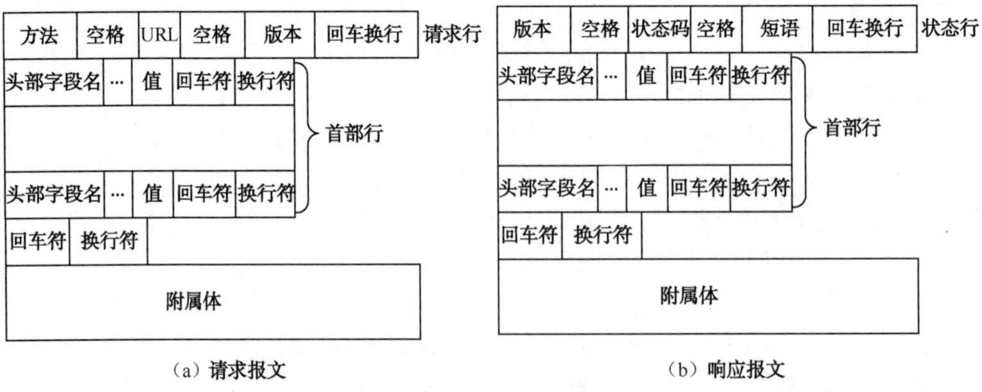

图 2-26　HTTP 请求报文和响应报文

HTTP 请求报文和响应报文都是由以下 3 部分组成的。这两个报文格式的区别就是开始行不同。

开始行：用于区别是请求报文还是响应报文。在请求报文中的开始行叫做请求行，响应报文中的开始行叫做状态行。

首部行：用来说明服务器、服务器或报文主体的一些信息。

附属体行：在请求报文中一般都不用这个字段，而在响应报文中也可能没这个字段，该字段的内容为 HTML 数据实体。

TCP/IP 协议的应用层协议有可能使用 TCP 协议进行通信，也有可能使用更简易的传输层协议 UDP 完成数据通信。

2.4 习题

1. 填空题

（1）一个网络协议主要由语法、________及________三要素组成。

（2）常用的 IP 地址有 A、B、C 三类，128.11.3.31 是一个________类地址，其网络标识为________，主机标识为________。

（3）OSI 模型有________、________、________、运输层、会话层、表示层和应用层 7 个层次。

（4）在 OSI 参考模型中，上层使用下层所提供的________。

（5）一般来说，协议由________、语法和________3 部分组成。

（6）TCP/IP 体系结构的传输层上定义的两个传输协议为________和________。

（7）在 TCP/IP 层次模型的网络层中包括的协议主要有 IP、IMCP、________和________。

（8）TCP/IP 体系共有 4 个层次，它们是________、________、________和________。

（9）HTTP 有________和________两种报文格式。

（10）物理层并不是指连接计算机的具体的物理________，或具体的________，而是指在物理媒体之上的为上一层________提供一个传输原始比特流的物理________。

2. 选择题

（1）传输层可以通过（　　）标识不同的应用。

A. 物理地址　　B. 端口号　　C. IP 地址　　D. 逻辑地址

（2）在 Internet 中用于远程登录的服务是（　　）。

A. FTP　　B. E-mail　　C.Telnet　　D. WWW

（3）以下 IP 地址中，属于 B 类地址的是（　　）。

A. 112.213.12.23　　B. 210.123.23.12

C. 23.123.213.23　　D. 156.123.32.12

（4）Internet 技术主要由一系列的组件和技术构成，Internet 的网络协议核心是（　　）。

A. ISP/SPX　　B. PPP　　C. TCP/IP　　D. SLIP

（5）下面不是 Web 工作部分的是（　　）。

A. 客户机　　B. 服务器　　C. HTTP 协议　　D. FTP 协议

（6）ARP 协议是 TCP/IP 参考模型中（　　）层的协议。

A. 网络接口层　　B. 网络互连层　　C. 传输层　　D. 应用层

（7）在 Internet 中用于文件传送的服务是（　　）。

A．FTP　　B．E-mail　　C．Telnet　　D．WWW

（8）在电子邮件地址“12345678@QQ.COM”中@符号后面的部分是指（　　）。

A．POP3 服务器地址　　B．SMTP 服务器地址

C．域名服务器地址　　D．WWW 服务器地址

（9）HTTP 是一种（　　）。

A．超文本传输协议　　B．高级程序设计语言

C．网址　　D．域名

（10）目前世界上最大的计算机互联网络是（　　）。

A．ARPA 网　　B．IBM 网　　C．Internet　　D．Intranet

3．思考题

（1）TCP/IP 体系包括了哪 4 个层次，每层主要的协议有哪些？

（2）开放系统互连的基本参考模型 OSI/RM 中“开放”的含义是什么？

（3）简要说明 TCP / IP 参考模型 4 个层次的名称（从下往上）。各层的信息传输格式是什么？各层使用的设备是什么？（最低 3 层）

（4）TCP/IP 各层的作用是什么？

（5）列举 OSI 参考模型和 TCP/IP 协议的共同点及不同点。

第3章 组建局域网

3.1 任务描述

张老师所在的单位是某高校信息工程系，目前办公室所用的计算机有 20 台。有时候因工作需要会遇到两位老师互传文件，或者是需要大家相互共享文件，所以计划将这些计算机连接起来，组成一个局域网。

3.2 设计与实施

3.2.1 组建对等网络

应该说，两台计算机相连是很小的一种网络，但这种联网的需求还是不少的。例如 SOHO（Small Office Home Office）族一般只需要两台计算机办公。家庭里有两台计算机的也不算少数；大学生宿舍里如果有两台计算机也都希望连网运行。连网后可以共享文件、打印机、光驱等资源，还可以共享上网等，从而为工作和学习提供很多方便，为生活增添很多乐趣。

由两台计算机直接相连而形成的对等网是最简单的局域网。对等网是相对基于服务器的网络来说的。在基于服务器的网络中，客户机与服务器的地位是不对等的，客户机提出访问请求，服务器提供访问服务，这些都是单方面的请求与服务的关系。而在对等网中，计算机之间的地位是对等的关系。

两台计算机直接相连形成的对等网的安装包括两部分，一是网络硬件的连接；二是网络软件的安装。硬件的连接包括网络线的制作和网卡的安装。软件的安装主要指网络协议的安装。

两台计算机连网有很多方法，可以使用两块以太网卡，通过非屏蔽双绞线（UTP）连接；也可以通过串口或并口直接连接，或使用 USB 接口连接；还可以利用计算机的红外线接口无线连接，以及通过两台 Modem 通过拨号实现远程共享，等等。在这些方法中，用两块网卡通过双绞线连接是最简单方便同样也是最常用的一种连接方式，如图 3-1 所示。

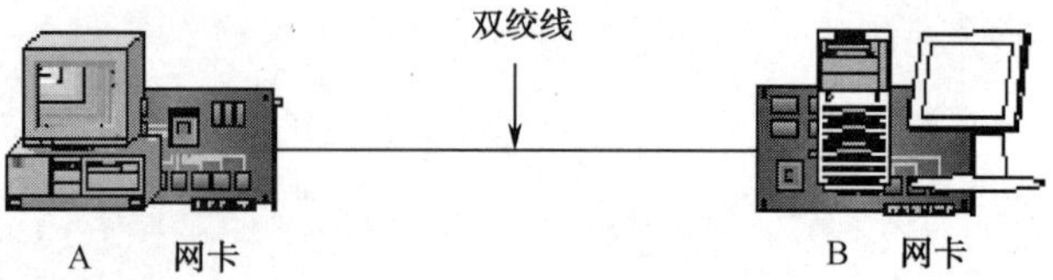

图 3-1　网卡直接连接

1. 网线的制作

在连接网络之前，首先应该考虑的是网线的制作。一般使用双绞线组建网络，需要一个集线器（Hub），通过集线器联网时，双绞线的夹线方法非常容易，只需按照 568B 标准（白橙、橙、白绿、蓝、白蓝、绿、白棕、棕）把两头的网线一一对应就可以了，夹线顺序是两边一致。如果不用集线器而用网线直接把两台计算机连接起来，这时就要有一些小小的改变，通过改变网线的顺序来实现不用集线器的双机互连。具体的做法是一端采用上述的 568B 标准不变，另一端采用 568A 标准（白绿、绿、白橙、蓝、白蓝、橙、白棕、棕），一根适用于两台计算机直接连接的网线就做好了。

2. 安装网卡

网卡又称为网络接口卡（NIC），或称为网络适配卡，是计算机主板与外部网络之间的接口。安装网卡之前首先关闭主机电源，然后打开机箱，把网卡插在主板扩展槽中。完成了硬件的连接，还必须为网卡安装驱动程序。重新启动 Windows 操作系统，之后系统将提示找到新硬件，进入硬件安装向导，开始搜索驱动程序，选择“指定一个位置”，然后找到网卡驱动程序所在的路径，选定后单击“确定”按钮，此时系统将开始复制所需文件，完成后系统将提示是否重新启动，单击“确定”按钮后系统重启，这时网卡的安装过程就顺利完成了。

3. 安装和配置协议

（1）Windows 默认的安装协议是 NetBEUI。网卡安装完成后一般只安装了默认协议，如果要安装其他的协议，需要自动添加。在网络的“属性”窗口，如图 3-2 所示，单击“添加”按钮，出现如图 3-3 所示对话框。选中“协议”选项后，双击或者单击“添加”按钮，出现如图 3-4 所示对话框。选择厂商，在右侧选择 TCP/IP 的协议。单击“确定”按钮后，协议添加完成，回到原来的网络对话框。

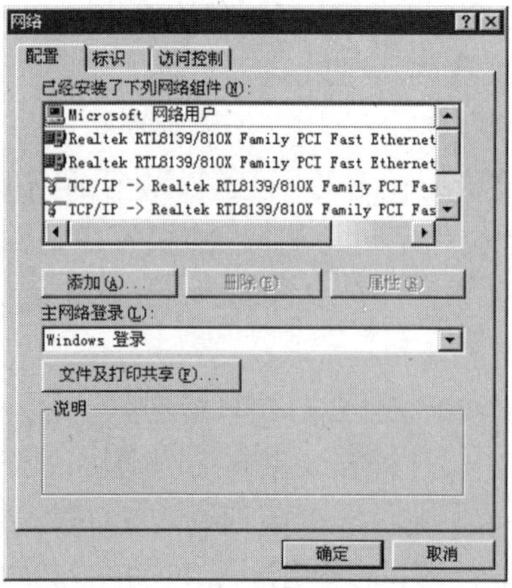

图 3-2　网络对话框

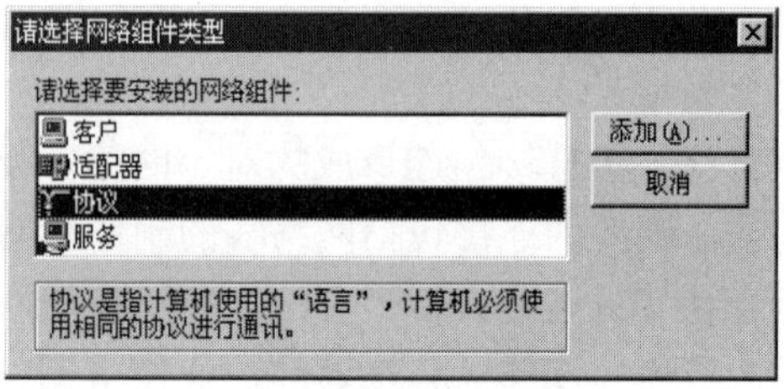

图 3-3　组件类型

（2）对 TCP/IP 协议进行配置。如图 3-5 所示，选择 TCP/IP 协议（已经绑定了网卡驱动程序），单击“属性”按钮，出现如图 3-6 所示对话框。选择“指定 IP 地址”，并填写 IP 地址及子网掩码。也可以选择“自动获取 IP 地址”，如图 3-7 所示。

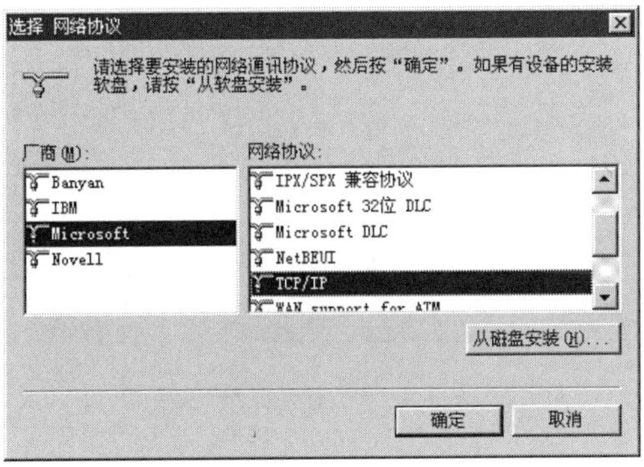

图 3-4　选择网卡驱动程序

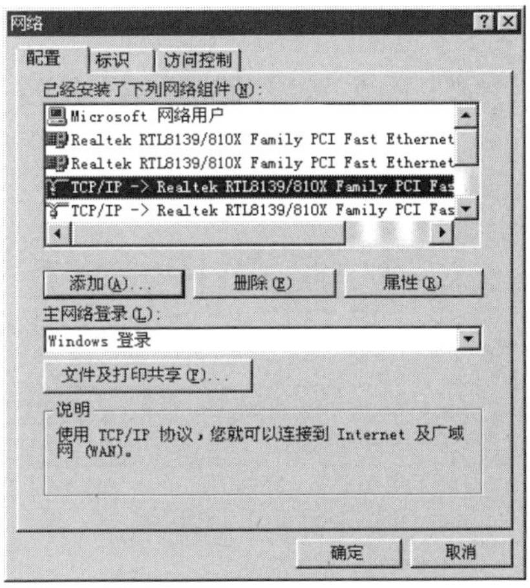

图 3-5　选择 TCP/IP 协议

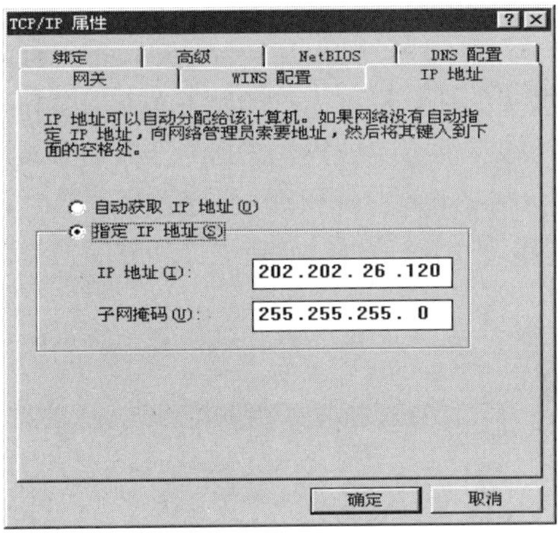

图 3-6　指定 IP 地址配置

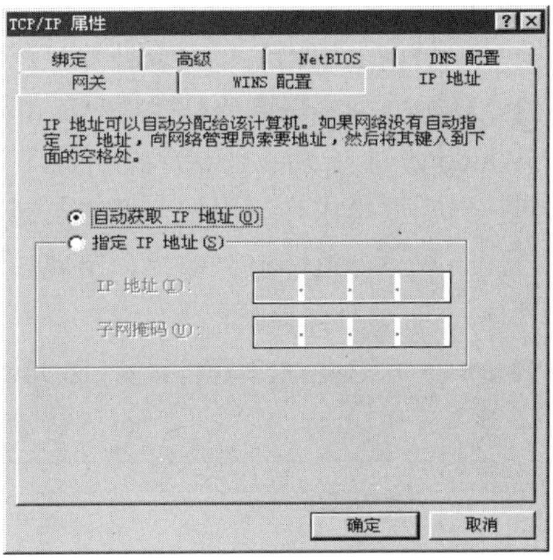

图 3-7　自动获取 IP 地址

网络组建时，可以在网络上配置一台计算机提供 DHCP（动态主机地址配置协议）服务，网络上的主机不用再手工设置 IP 地址，由 DHCP 自动分配 IP 地址，这时可以设置自动获取 IP 地址。单击“确定”按钮。要求重新启动，所作的配置才能起作用。

（3）IP 网络连通性测试。

IP 地址设置完成后可以在操作系统的命令提示符状态下进行测试。对于 Windows 操作系统可以用两个命令测试：一个是 winipcfg 命令，可以查看有关 IP 设置的参数，包括 IP 地址、DNS 地址、网卡物理地址等；另一个是测试连通性的 ping 命令。运行“开始→程序→MS-DOS 方式”命令，进入提示符窗口，在提示符下输入 winipcfg，然后按 Enter 键，出现如图 3-8 所示对话框。

单击“详细信息”，并单击“Ethernet 适配器信息”下的下拉列表按钮，从中选择网卡驱动程序名，出现如图 3-9 所示对话框，它显示了与所选网卡有关的详细配置信息。

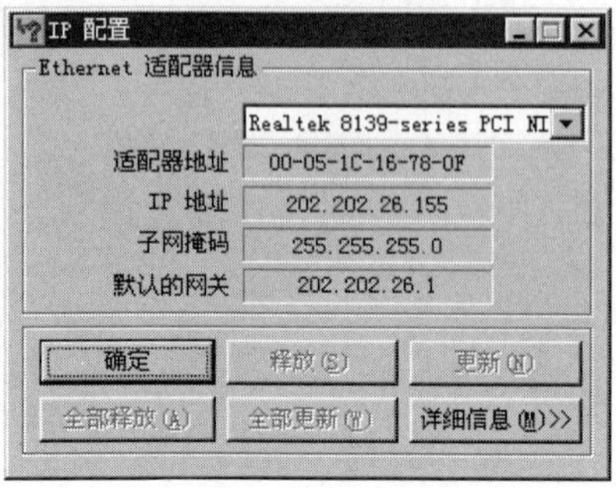

图 3-8　查看 IP 配置

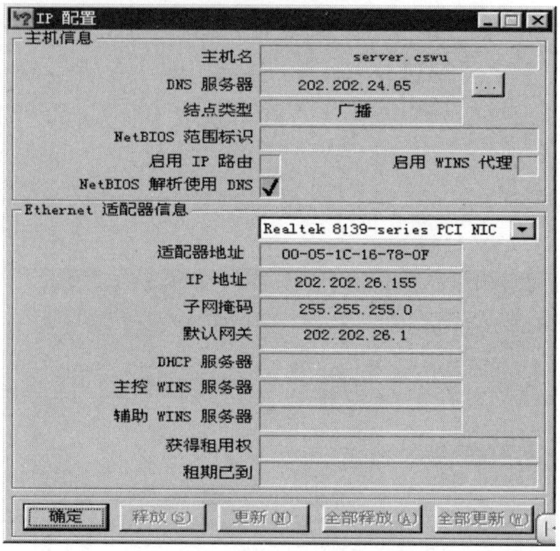

图 3-9　IP 配置详细信息

在提示符下输入 winipcfg 和 ping hhy 命令，这时显示该计算机的 IP 地址，并显示通信的情况，表示 IP 网络是连通的。

4. 打印机共享

在一个局域网上不用给每一台计算机都配置一台打印机，只为某一台计算机配置打印机服务，其他计算机就可共享这台打印机。提供打印服务的计算机称为打印服务器，下面介绍的环境是在 Windows 上安装一台共享打印机，并向网络提供打印服务。在别的计算机上如果要使用打印机，只需要请求打印服务，方法是连接这台网络共享打印机即可。在 Windows 系统中运行“程序→设置→打印机”命令，出现如图 3-10 所示对话框。双击“添加打印机”图标，出现如图 3-11 所示对话框。

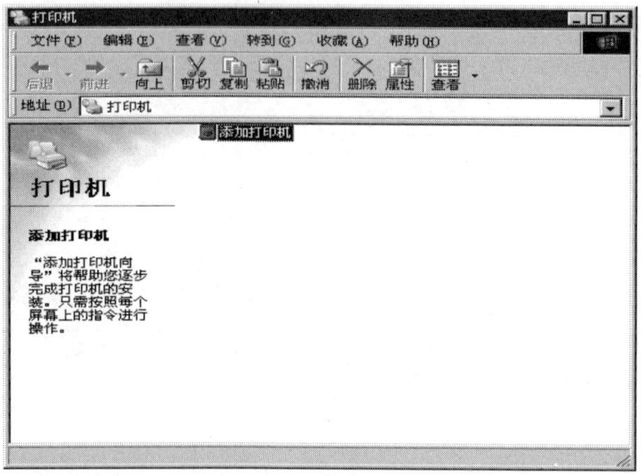

图 3-10　打印机窗口

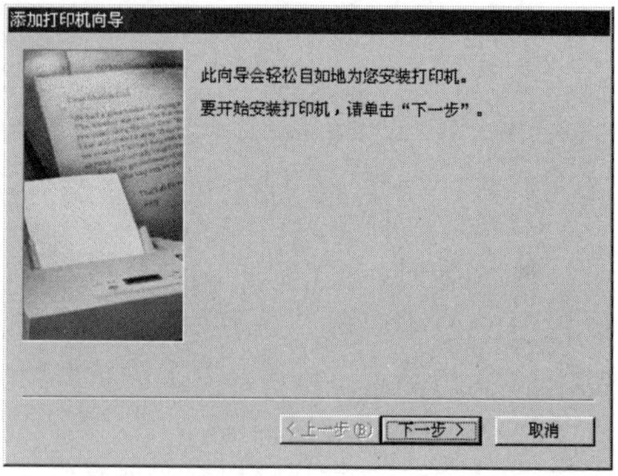

图 3-11　添加打印机向导

单击“下一步”按钮，出现如图 3-12 所示对话框。

单击选中“本地打印机”单选按钮，单击“下一步”按钮，出现如图 3-13 所示对话框。

在左侧列表中选择打印机生产厂商，在右侧打印机列表中选择具体的打印机型号，单击“下一步”按钮，出现如图 3-14 所示对话框。

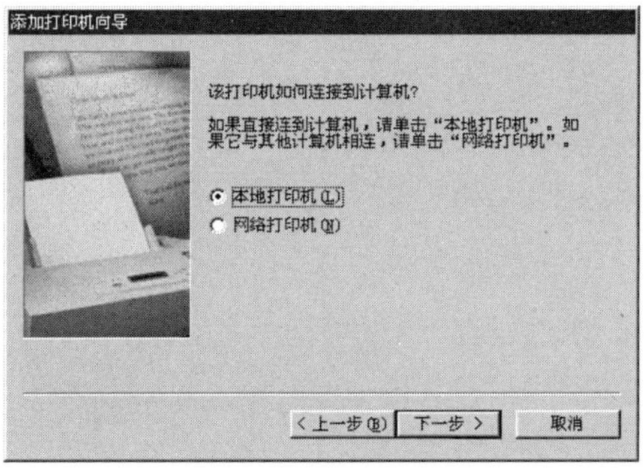

图 3-12　选择本地打印机

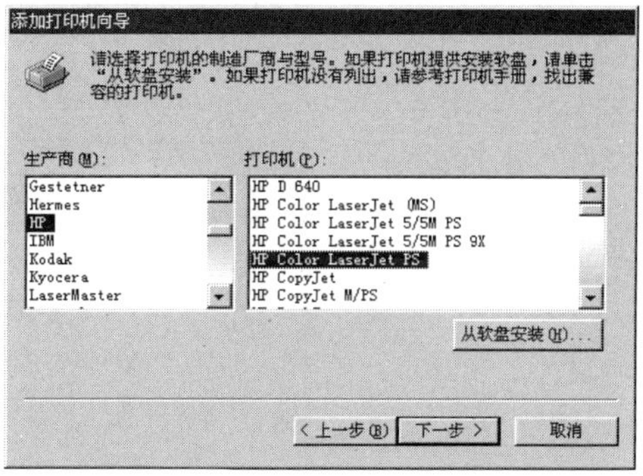

图 3-13　选择打印机

在这个对话框中为打印机选择一个打印机端口，一般选择 LPT1。单击“下一步”按钮，出现如图 3-15 所示对话框。

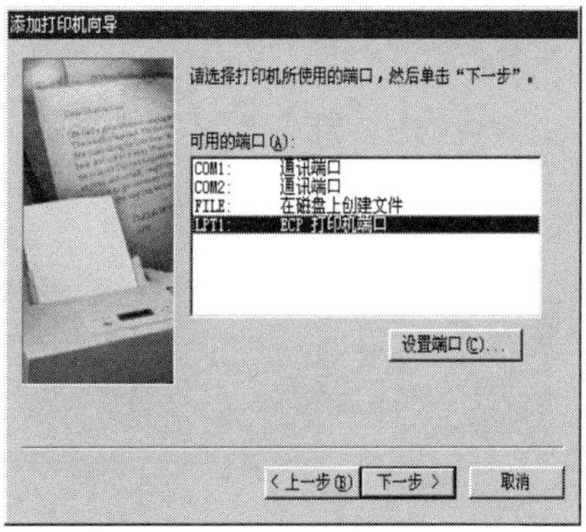

图 3-14　选择端口

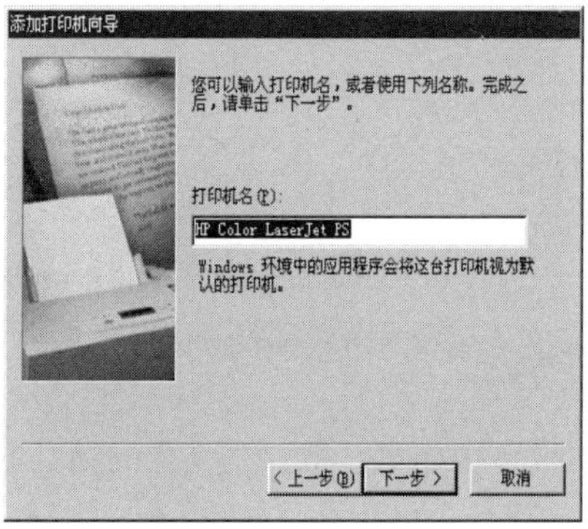

图 3-15　打印机名设置

现在给出了这台打印机的默认名字，也可以更改。下面的选项询问是否把这台打印机设置为计算机上的默认打印机。如果选“是”，那么每当本地客户打印时自动发送到这台打印机上。现在选“否”，单击“下一步”按钮，出现如图 3-16 所示对话框。

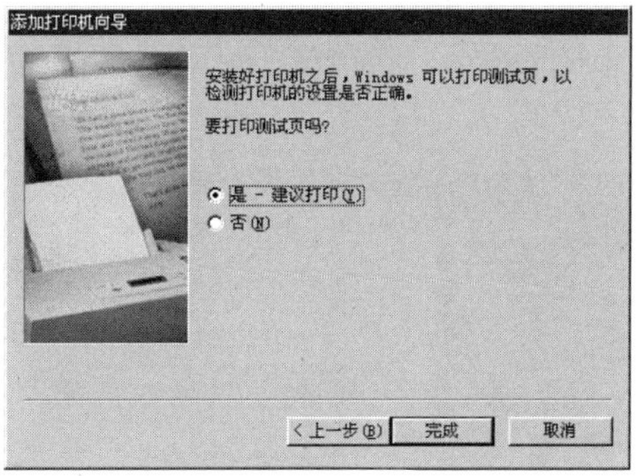

图 3-16　是否打印测试页

不打印测试页，单击“完成”按钮完成安装。安装完成后的打印机窗口如图 3-17 所示。

在配置打印服务器时，首先应该在网络对话框中添加打印共享服务功能，然后再把打印机设置为共享。右键单击打印机图标，出现如图 3-18 所示对话框。

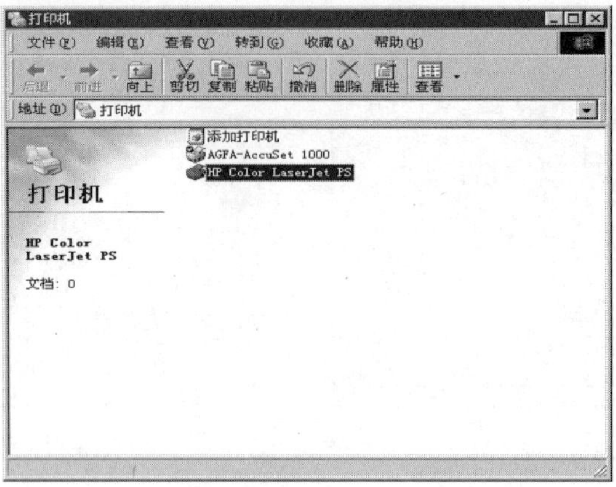

图 3-17 添加后的结果

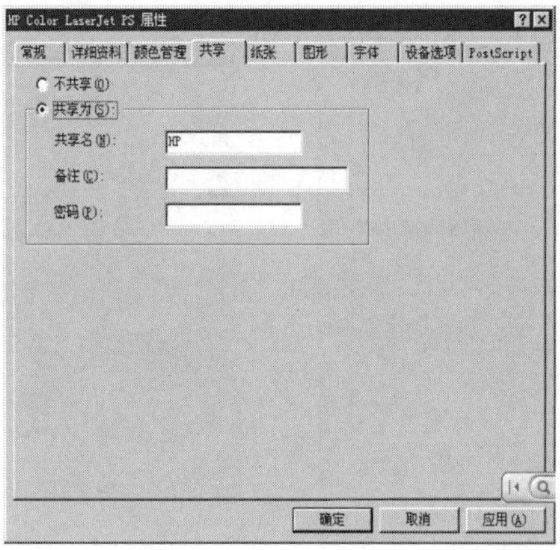

图 3-18 设置打印机共享

选择“共享”为选项时，在共享名处出现一个默认的共享名，可以更改。单击“确定”按钮完成共享服务的设置。

5. 设置其他计算机以获取打印机共享

运行“开始→设置→打印机”命令，在出现的对话框中双击打印机图标，出现如图 3-19 所示对话框。

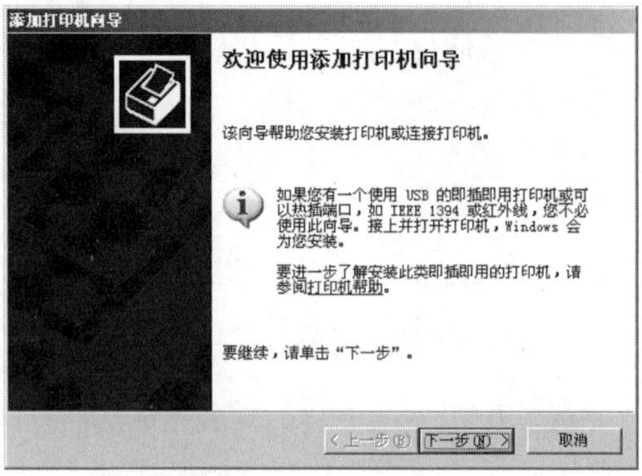

图 3-19 打印机添加向导

开始运行打印机安装向导，单击“下一步”按钮，出现如图 3-20 所示对话框。

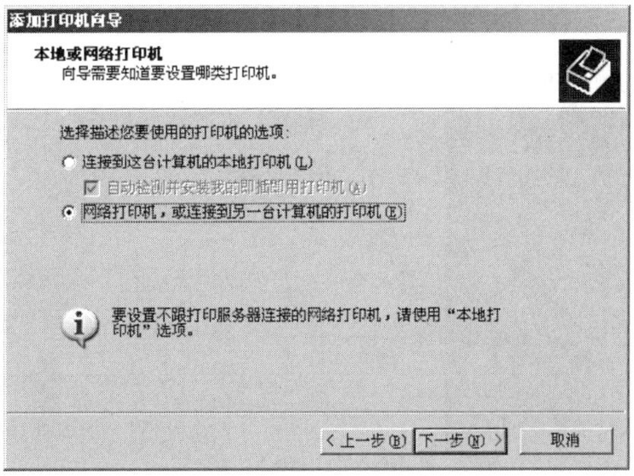

图 3-20　选择网络打印机

选择“网络打印机”选项，单击“下一步”按钮，出现如图 3-21 所示对话框。

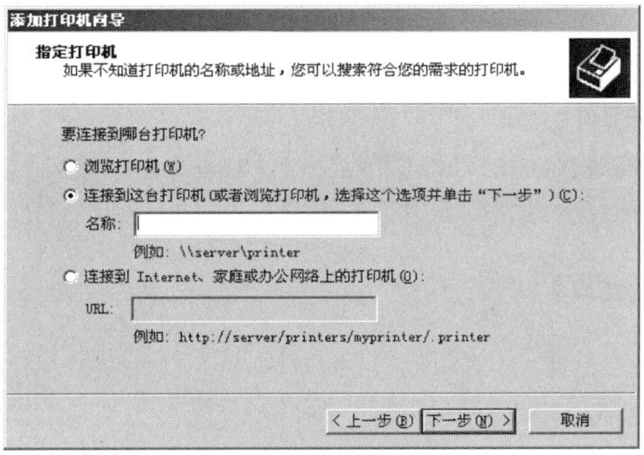

图 3-21　输入打印机名

单击“下一步”按钮，开始在网络上搜索网络共享打印机，因为在 HHY 计算机上已经配置了网络打印机，所以，稍后出现如图 3-22 所示对话框，表示找到了网络打印机。

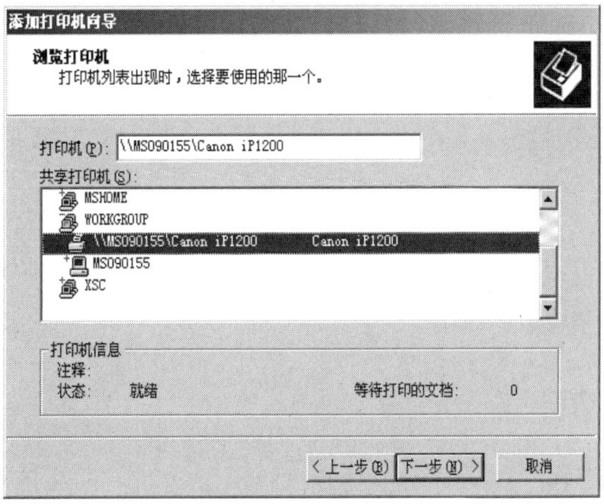

图 3-22　找到打印机

单击“下一步”按钮，出现如图 3-23 所示对话框。

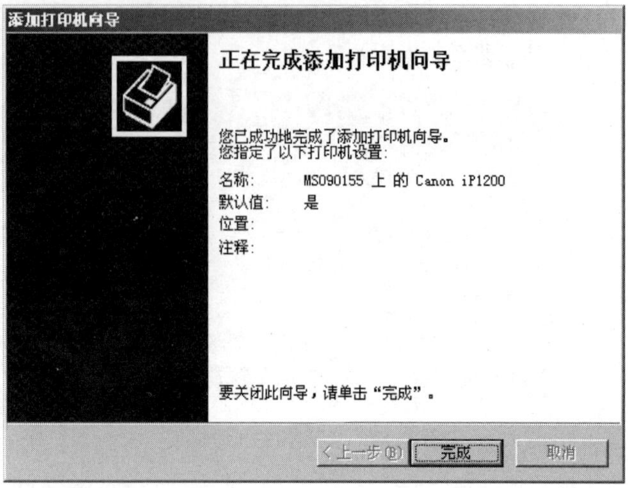

图 3-23　安装完成

安装完成的结果如图 3-24 所示。可以看到，这台打印机是在 HHY 的共享打印机，与本地打印机的不同之处是在打印机下有一条小线段。

图 3-24　共享后的窗口

实际上，在这台计算机上只安装了网络打印机，当用户需要打印软件（如 Word）时，打印的内容将发送到网络打印机打印出来。

3.2.2　组建小型局域网

1. 组网所需设备和工具

在动手组装以太网之前，需要准备计算机、RJ-45 端口的 10/100M 网卡、10/100M 集线器、

RJ-45 水晶头、5 类非屏蔽双绞线等，同时还需要准备必要的工具，最基本的工具包括制作网线使用的剥线/夹线钳及测量电缆连通性的电缆检测仪。

2. 制作双绞线

（1）剥线。

用剥线/夹线钳剪线刀口将线头剪齐，再将双绞线端头伸入剥线刀口，使线头触及前挡板，然后适度握紧剥线/夹线钳，同时慢慢旋转双绞线，让刀口划开双绞线的保护胶皮，取出端头从而剥下保护胶皮。注意，握剥线/夹线钳力度不能过大，否则会剪断芯线；剥线的长度为 13～15mm，不宜太长或太短。

（2）理线。

双绞线由 8 根有色导线两两绞合而成，按照标准 568B：橙白、橙、绿白、蓝、蓝白、绿、棕白、棕的次序将其整理并平行排列，整理完毕用剪线刀口将前端修齐。

（3）插线。

一只手捏住水晶头，将水晶头有弹片一侧向下，另一只手捏平双绞线，稍稍用力将排好的线平行插入水晶头内的线槽中，8 条导线顶端应插入线槽顶端。

（4）压线。

确认所有导线都到位后，将水晶头放入剥线/夹线钳夹槽中，用力捏几下剥线/夹线钳，压紧线头即可。重复上述方法制作双绞线的另一端，即制作完成一条直通线。

（5）测试。

利用电缆检测仪器检测制作完成的电缆，保证全部接通。具体方法是，把双绞线分别插入两个部件，打开电源开关，观察信号的接收情况。如果接收部件的 4 个指示灯依次发出绿光，表示连接正确。如果有的灯不发光或发光的次序不对，则说明连接有问题，这时需要重新制作。

3. 安装网卡

目前，大部分以太网卡都支持即插即用的配置方式，如果计算机使用的操作系统也支持即插即用（如 Windows 系列操作系统），那么，系统将对参数进行自动配置，不需要手动配置。其安装步骤如下：

（1）关闭机器，将网卡插入机箱的某个合适的空闲扩展槽口中。

（2）网线一头插入网卡的 RJ-45 接口，另一头插入网络插座。然后拧上固定网卡的螺钉，再重新装好机箱。

（3）利用制作好的直通双绞线将计算机与集线器连接起来，形成一个如图 3-25 所示的简单以太网。

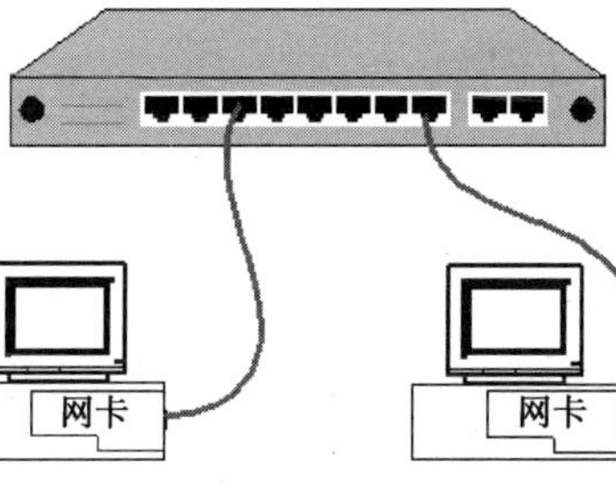

图 3-25 简单的以太网示意图

（4）启动计算机，系统提示“发现了新硬件”，让系统自动安装驱动。

（5）按提示重启计算机。用鼠标右键单击“我的电脑”，左键单击“属性”→“硬件”，左键双击“网络适配器”→“网卡型号”，在“常规”项中显示“这个设备运转正常”，表示网卡已经安装好。如果“网络适配器”不可见或者在前面显示有黄色惊叹号，表示该网卡没有安装好或存在故障，需要重新安装或者更换新网卡。

（6）检查本机网卡。在配置网络之后，用鼠标左键单击“开始”→“运行”命令，在对话框中输入 ping+本机 IP 地址。如图 3-26 所示，显示诸如“Reply from 192.168.0.86：bytes=32 time<10ms TTL=128”的字样，表明网络连通。

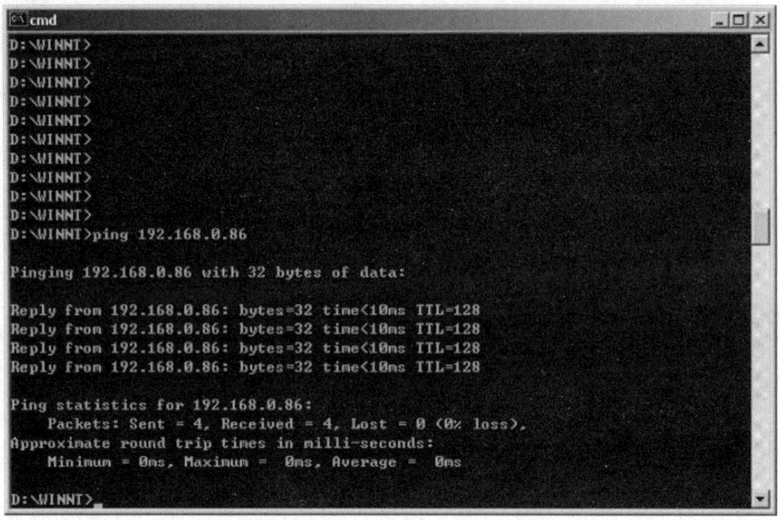

图 3-26　利用 ping 命令测试连通性

4. 集线器级联

如果有两台相同速率的集线器，那么就可以尝试一下集线器的级联。集线器的级联应严格遵守多集线器级联的配置规则。

如果集线器具有级联端口，那么就可以通过直通 UTP 双绞线将一台集线器的级联端口连入另一台集线器的普通端口。这条直通 UTP 双绞线与计算机接入集线器的 UTP 双绞线相同，如图 3-27 所示。由于集线器级联使用的直通 UTP 双绞线与计算机接入集线器的 UTP 双绞线相同，因此，在安装过程中不容易产生混乱，管理较为方便。如果可能，建议尽量采用这种方式进行级联。

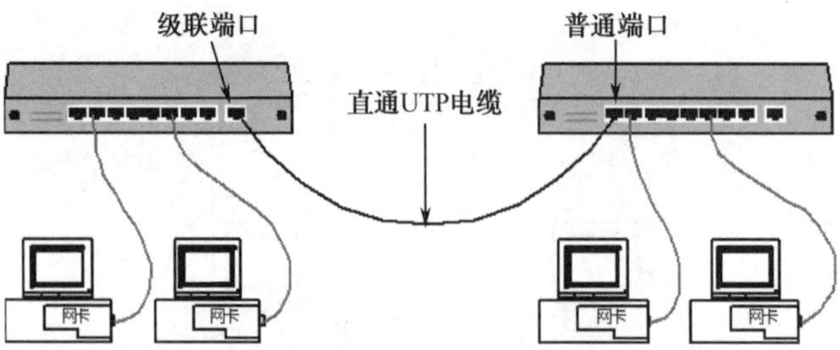

图 3-27　使用直通 UTP 双绞线级联集线器

如果集线器没有级联端口，那么可以使用两台集线器上的普通端口进行级联。使用普通端口进行级联，必须采用交叉 UTP 双绞线，如图 3-28 所示。由于该交叉 UTP 双绞线与计算机接入集线器使用的直通 UTP 双绞线不同，因此，如果采用这种方式进行级联，一定要将级联使用的交叉 UTP 双绞线做好标记，以免与计算机接入集线器使用的直通 UTP 双绞线混淆。

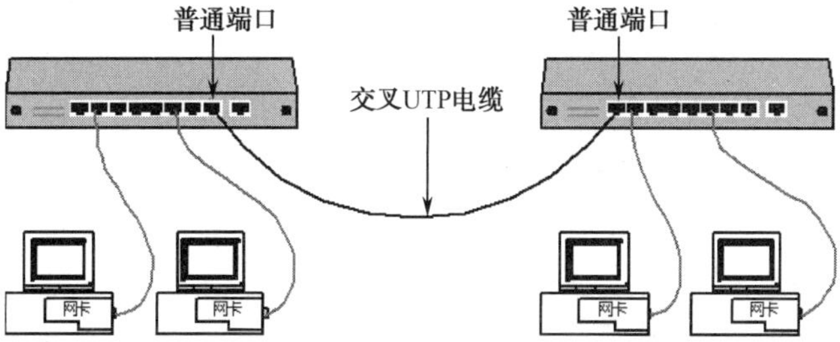

图 3-28　使用交叉 UTP 双绞线级联集线器

在完成集线器的级联后，可以用 ping 命令测试网络的连通性。不过这两台计算机进行连通性测试时需要分别连接在两台级联的集线器上。

3.3　知识拓展

计算机局域网是当今正迅速发展的新兴信息科学技术之一，是计算机应用中一个空前活跃的重要领域，同时也是计算机、通信、电子、光电子和多媒体技术相互渗透、发展而形成的一门新兴学科分支，其理论方法和实践手段仍处在不断发展和逐步完善之中。

目前，局域网技术已经在企业、机关、学校乃至家庭中得到了广泛的应用，因此，学习和掌握局域网的基本知识，对人们的学习和工作显得十分重要。

3.3.1　局域网的主要特点

局域网 LAN 是指在较小的地理范围内，将有限的通信设备互连起来的计算机通信网络。从功能的角度来看，局域网具有以下几个特点。

（1）共享传输信道。在局域网中，多个系统连接到一个共享的通信媒体上。

（2）地理范围有限，用户个数有限。通常局域网仅为一个单位服务，只在一个相对独立的局部范围内联网，如一座楼或集中的建筑群内。一般在几千米范围之内，最多不超过 25km。

（3）传输速率高。传输率一般在 10Mbps 至几百兆比特每秒之间，支持高速数据通信，所以时延较低。

（4）误码率低。传输方式通常为基带传输，并且传输距离短，故误码率低，一般在 10^{-8}～10^{-11} 范围内。

（5）LAN 通常属于某一个单位所有，被一个单位或部门控制、管理和应用。

（6）便于安装、维护和扩充，建网成本低、周期短。

3.3.2　局域网的拓扑结构

计算机网络拓扑是通过网络中的节点与通信线路之间的几何关系来表示网络结构的，它反映了网络各实体间的结构关系。换句话说，网络拓扑描述了通信线路和网络设备的布局及数据传输时可以通过的路径。拓扑设计是建设计算机网络的第一步，它对网络性能、系统的可靠性与通信费用都有重大影响。常用的局域网的拓扑结构主要有总线型、环形和星形结构 3 种。

1. 总线型拓扑结构

总线型拓扑结构采用一条单根线缆作为传输介质，所有的站点都通过相应的硬件接口直接连接到传输介质上，或称总线上。任何一个节点信息都可以沿着总线向两个方向传播扩散，并且能被总线中任何一个节点所接收，所有的节点共享一条数据通道，一个节点发出的信息可以被网络上的多个节点接收，如图 3-29 所示。

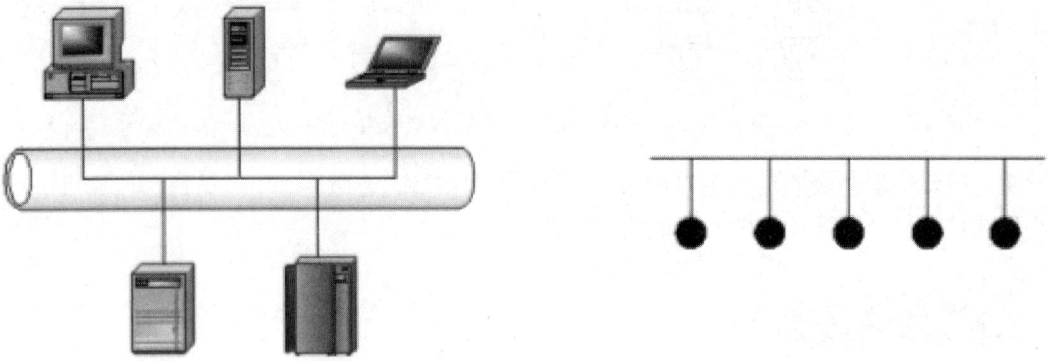

（a）总线型局域网的计算机连接　　（b）总线型局域网的拓扑结构

图 3-29　总线型局域网的拓扑结构

总线型拓扑结构具有以下几方面的特点。

（1）结构简单，但是安装操作复杂，网络扩展不够灵活。

（2）连接节点的数目有限，并且因为所有节点是共享总线带宽，所以数据传输速度会随着接入网络的节点数的增加而下降。

（3）故障诊断困难，故障点的检测和维修可能会影响网络中的其他正常节点，如果发生总线故障则会殃及全网。

（4）由于只有一个公共传输通道，因而一个时刻仅能允许一个节点发送数据，其他节点必须等待。

2. 环形拓扑结构

环形拓扑结构中各节点通过环路接口连在一条首尾相连的闭合环形通信线路中，环路中各节点地位相同，环路上任何节点均可请求发送信息，请求一旦被批准，便可以向环路发送信息，如图 3-30 所示。

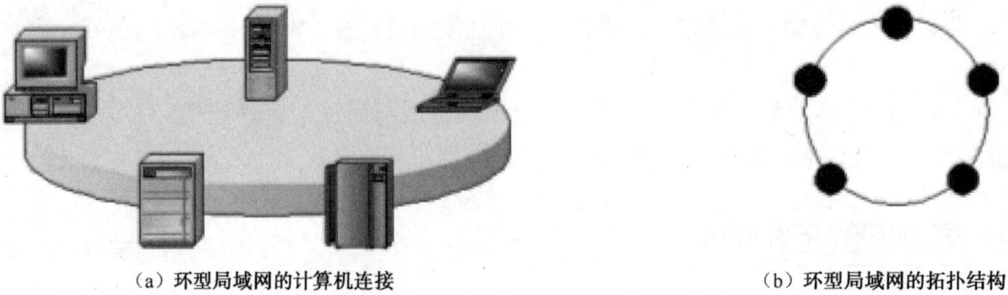

（a）环型局域网的计算机连接　　（b）环型局域网的拓扑结构

图 3-30　环形局域网的拓扑结构

环形局域网主要有以下几个特点。

（1）结构简单。

（2）任何一个节点或一段线路出现故障，都有可能造成整个网络的中断，并且故障点的诊断非常困难，因此也会造成维护上的不便。

（3）扩展性不好，如果要新添加或移动节点，就必须中断整个网络，在环的两端做好连接器才能连接。

3. 星形拓扑结构

在星形拓扑结构中，网络中的各节点通过点到点的方式连接到一个中央节点（又称中央转接站，一般是集线器或交换机）上，由该中央节点向目的节点传送信息。中央节点执行集中式通信控制策略，因此中央节点相当复杂，负担比各节点重得多。在星形网中任何两个节点要进行通信都必须经过中央节点控制，如图 3-31 所示。

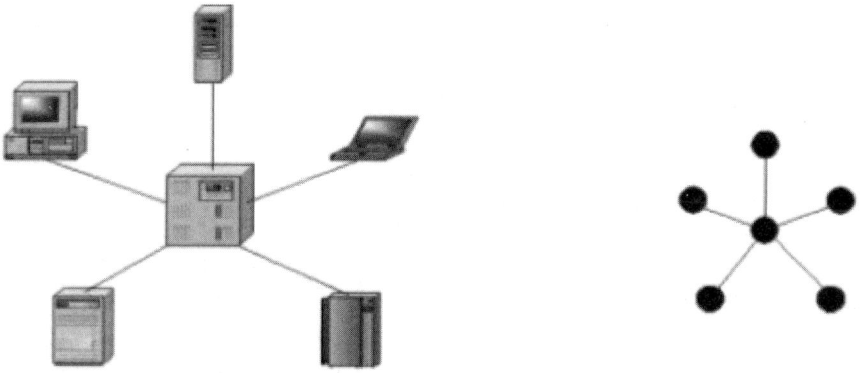

（a）星型局域网的计算机连接　　（b）星型局域网的拓扑结构

图 3-31　星形局域网的拓扑结构

星形局域网的基本特点如下。

（1）每个分节点通过独立的线缆连接，单个分节点或线缆不会影响网络中其他节点的正常工作。

（2）网络性能依赖于中央节点，一旦中央节点出现故障便会危及全网。

（3）安装操作简单，节点移动简单，网络扩展性好。

交换局域网是一种典型的星形拓扑结构局域网。目前，交换局域网技术正在迅速发展之中。

3.3.3 局域网的传输介质

典型的局域网传输介质有双绞线、基带同轴电缆和光纤，另外还有微波和卫星等。

双绞线介质有非屏蔽式双绞线 UTP 和屏蔽式双绞线 STP。其中 UTP 在共享介质局域网和交换式局域网中得到广泛的应用。

同轴电缆可用于基带系统，也可以用于宽带系统。基带同轴电缆在几千米距离内可提供 10Mbps 的传输速率；宽带同轴电缆与有线电视网的传输介质相同，可以提供 50Mbps 的传输速率。

光纤有单模光纤和多模光纤，在局域网领域，主要用于较大范围的局域网和基于高速交换机的高速局域网。

此外，在某些场合，由于移动性要求，不便采用以上有线介质，则可采用微波、红外线、卫星等传输介质连接局域网。

3.3.4 局域网的分类

1. 按网络的拓扑结构划分

可分为星形网络、总线型网络、环形网络和树形网络等。目前常用的是星形网络和总线型网络。

2. 按线路中传输的信号形式划分

可分为基带网络和宽带网络。基带网络传输数字信号，信号占用整个频带，传输距离较短；宽带网络可传输模拟信号，距离较远，达几千米以上。目前使用最多的是基带网络。

3. 按网络的传输介质划分

可分为双绞线网络、同轴电缆网络、光纤网络和无线局域网等。目前使用最多的是双绞线网络和同轴电缆网络。

4. 按网络的介质访问方式划分

可分为以太网（Ethernet）、令牌环网和令牌总线网等。目前使用最多的是以太网。

3.3.5 介质访问控制方法

在局域网中，经常是在一条传输介质上连有多台计算机，如总线型和环形局域网，大家共享一条传输介质，而一条传输介质在某一时间内只能被一台计算机所使用，那么在某一时刻到底谁能使用或访问传输介质呢？如图 3-32 中的“冲突”现象。为了避免这样的冲突，就需要有一个共同遵守的方法或原则来控制、协调各计算机对传输介质的同时访问，这种方法就是协议或称为介质访问控制方法。

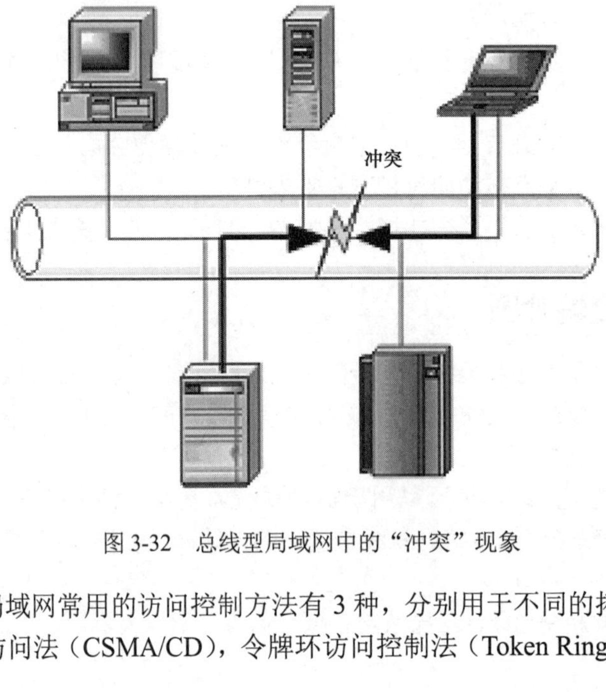

图 3-32　总线型局域网中的“冲突”现象

目前，计算机局域网常用的访问控制方法有 3 种，分别用于不同的拓扑结构：带有冲突检测的载波侦听多路访问法（CSMA/CD），令牌环访问控制法（Token Ring），令牌总线访问控制法（Token Bus）。

1. 带有冲突检测的载波侦听多路访问（CSMA/CD）

最早的 CSMA 方法起源于美国夏威夷大学的 ALOHA 广播分组网络，1980 年美国 DEC、Intel 和 Xerox 公司联合宣布 Ethernet 网采用 CSMA 技术，并增加了检测碰撞功能，称之为 CSMA/CD。这种方法适用于总线型和树形拓扑结构，主要解决如何共享一条公用广播传输介质问题。其简单原理是在网络中，任何一个工作站在发送信息前，都要侦听一下网络中有无其他工作站在发送信号，如无则立即发送，如有，即信道被占用，则此工作站要等一段时间才能争取发送权。等待时间可由两种方法确定，一种是某工作站检测到信道被占用后，继续检测，直到信道出现空闲；另一种是检测到信道被占用后，等待一个随机时间进行检测，直到信道出现空闲后再发送。

CSMA/CD 要解决的另一主要问题是如何检测冲突。当网络处于空闲的某一瞬间，有两个或两个以上工作站要同时发送信息时，同步发送的信号就会引起冲突，现由 IEEE 802.3 标准确定的 CSMA/CD 检测冲突的方法是当一个工作站开始占用信道进行发送信息时，再用碰撞检测器继续对网络检测一段时间，即一边发送，一边监听，把发送的信息与监听的信息进行比较，如结果一致，则说明发送正常，抢占总线成功，可继续发送；如结果不一致，则说明有冲突，应立即停止发送。等待一随机时间，再重复上述过程进行发送。

CSMA/CD 介质访问控制方法的工作原理，可以概括如下：

先听后说，边听边说；

一旦冲突，立即停说；

等待时机，然后再说；

听，即监听、检测之意；

说，即发送数据之意。

CSMA/CD 介质访问控制方法的优点是原理比较简单，技术上易实现，网络中各工作站处于平等地位，不需集中控制，不提供优先级控制。但在网络负载增大时，发送时间增长，发送效率急剧下降。

2. 令牌环访问控制（Token Ring）

IEEE 802.5 标准协议规定了令牌环访问控制方法和物理层技术规范，采用 IEEE 802.5 标准协议的网络称为令牌环网（Token-Ring）。令牌环访问控制方法最初是在 1984 年由 IBM 公司推出来的，后来由 IEEE 将其确定为国际标准，也就是 IEEE 802.5 标准。

令牌环只适用于环形拓扑结构的局域网。其主要原理是使用一个称之为“令牌”的控制标志（令牌是一个二进制数的字节，它由“空闲”与“忙”两种编码标志来实现，既无目的地 址，也无源地址），当无信息在环上传送时，令牌处于“空闲”状态，它沿环从一个工作站到另一个工作站不停地进行传递。当某一工作站准备发送信息时，就必须等待，直到检测并捕获到经过该站的令牌为止，然后，将令牌的控制标志从“空闲”状态改变为“忙”状态，并发送出一帧信息。其他的工作站随时检测经过本站的帧，当发送的帧目的地址与本站地址相符时，就接收该帧，待复制完毕再转发此帧，直到该帧沿环一周返回发送站，并收到接收站指向发送站的肯定应签信息时，才将发送的帧信息进行清除，并使令牌标志又处于“空闲”状态，继续插入环中。当另一个新的工作站需要发送数据时，按前述过程，检测到令牌，修改状态，把信息装配成帧，进行新一轮的发送。

从以上描述可以看出，令牌环网中的数据传输过程主要有 3 个步骤。

（1）获取令牌并发送数据帧。

（2）接收和转发数据帧。

（3）撤销数据帧并释放令牌。

令牌环控制方法的优点是它能提供优先权服务，有很强的实时性，在重负载环路中，“令牌 ”以循环方式工作，效率较高。其缺点是控制电路较复杂，令牌容易丢失。

下面，用一个具体的例子进一步说明令牌环网的工作过程。此例中站点 A、B 均有数据帧要发送，它们分别需要发送到站点 C 和 D。

数据传输过程如图 3-33 所示，该图中共有 4 个站点，环路空闲时，令牌一直绕环运行。当站点 A 捕获到令牌后，首先向环上发送一个帧 F1，紧跟着释放令牌 T，F1 帧的目的地址是站点 C，站点 B 先转发站点 A 的数据帧，在捕获到由站点 A 发出的令牌 T 后，因其有数据要求发送，于是就将令牌 T 吸收，同时发送一个帧 F2（F2 发往 D 站点），然后再将令牌 T 释放回环上，站点 C 在接收到帧后，将属于自己的数据帧 F1 复制下来，并把 F1，F2 转发到下一站 D；站点 D 接收到帧后，先转发 F1，再复制 F2，并将 F2 转发至站点 A；站点 A 接收到帧后，先将数据帧 F1 吸收，再将后面的 F2 转发给下一站点 B；站点 B 接收到数据帧 F2 后，也把它从环上删除掉，但令牌仍然放回环上继续绕行。

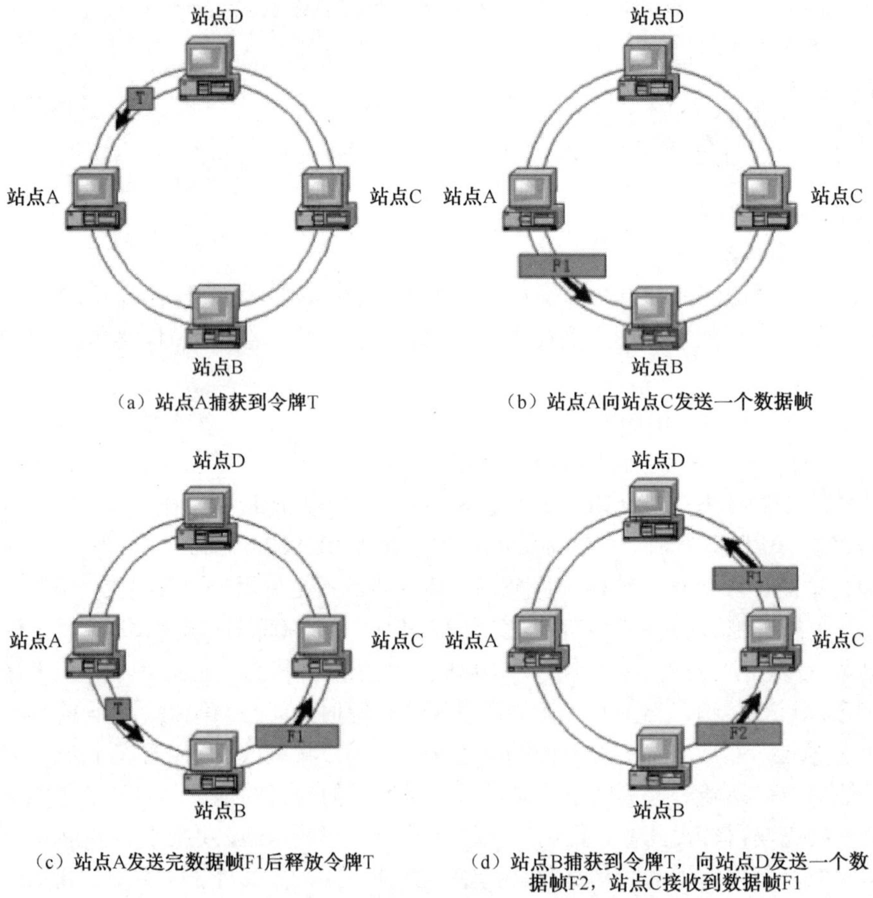

（a）站点A捕获到令牌T　（b）站点A向站点C发送一个数据帧

（c）站点A发送完数据帧F1后释放令牌T　（d）站点B捕获到令牌T，向站点D发送一个数据帧F2，站点C接收到数据帧F1

图 3-33　令牌环中数据的传输过程

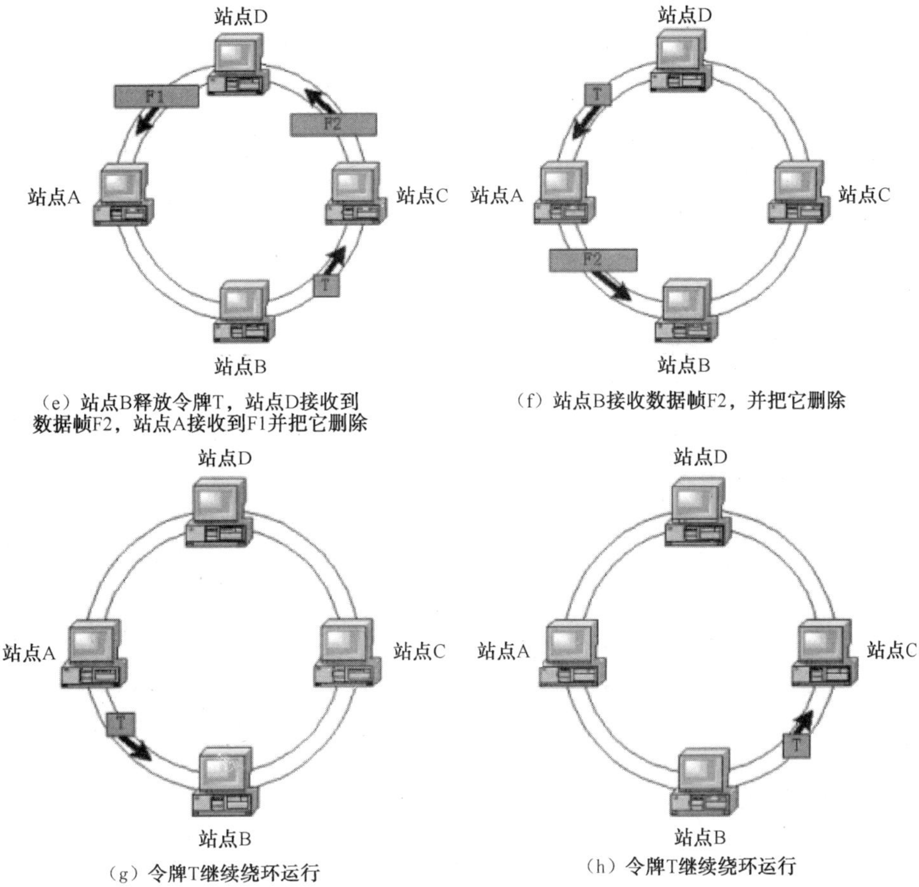

图 3-33 令牌环中数据的传输过程（续）

3. 令牌总线访问控制

IEEE 802.4 标准协议规定了令牌总线访问方法和物理层技术规范，采用 IEEE 802.4 标准协议的网络称为令牌总线网（Token-Bus）。

令牌总线主要用于总线型或树形网络结构中。令牌总线访问控制是将局域网物理总线的站点构成一个逻辑环，每一个站点都在一个有序的序列中被指定一个逻辑位置，序列中最后一个站点的后面又跟着第一个站点。每个站点都知道在它之前的前趋站和在它之后的后继站标识，如图 3-34 所示。

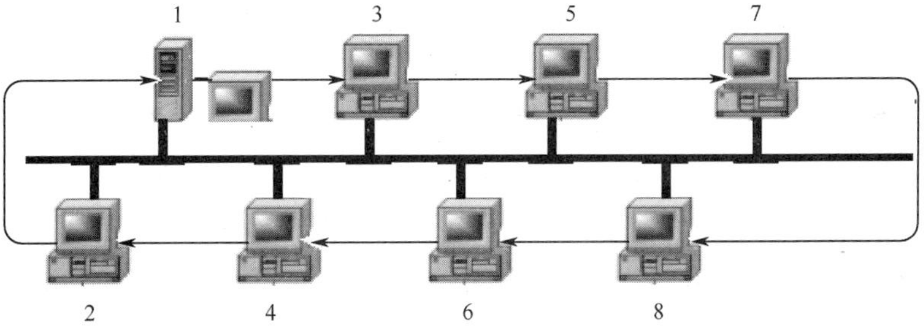

图 3-34 令牌总线局域网

从图 3-34 中可以看出，在物理结构上它是一个总线型结构局域网，但是在逻辑结构上，又成了一种环形结构的局域网。和令牌环一样，站点只有取得令牌，才能发送帧，而令牌在逻辑环上依次 1→3→5→7→8→6→4→2→1 循环传递。

在正常运行时，当站点做完该做的工作或者时间终了时，它将令牌传递给逻辑序列中的下一个站点。从逻辑上看，令牌是按地址的递减顺序传送至下一个站点；但从物理上看，带有目的地址的令牌帧是广播到总线上所有的站点，当目的站点识别出符合它的地址，即把该令牌帧接收。应该指出，总线上站点的实际顺序与逻辑顺序并无对应关系。

只有收到令牌帧的站点才能将信息帧送到总线上，信息是双向传送的，每个站都可检测到其他站点发出的信息。在令牌传递时，都要加上目的地址，所以只有检测到并得到令牌的工作站，才能发送信息，它不同于 CSMA/CD 方法，可在总线型和树形结构中避免冲突。由于令牌总线不可能产生冲突，令牌总线的信息帧长度只需根据要传送的信息长度来确定，就没有最短帧的要求。而对于 CSMA/CD 访问控制，为了使最远距离的站点也能检测到冲突，需要在实际的信息长度后添加填充位，以满足最短帧长度的要求。

令牌总线控制的另一个特点是站点间有公平的访问权。因为取得令牌的站点有信息要发送则可发送，随后，将令牌传递给下一个站点；如果取得令牌的站点没有信息要发送，则立刻把令牌传递到下一站点。由于站点接收到令牌的过程是顺序依次进行的，因此对所有站点都有公平的访问权。当然也可以设置优先级，也可以不设。另外，令牌总线控制还有较好的吞吐能力，吞吐量随数据传输速率增高而加大，联网距离较 CSMA/CD 方式大。其缺点是控制电路较复杂、成本高，轻负载时，线路传输效率低。

3.3.6 局域网的组成

一般来讲，局域网由两部分组成：网络硬件和网络软件。

1. 网络硬件

通常组建局域网需要的网络硬件主要是服务器、网络工作站、网络适配器（网卡）、集线器（Hub）及传输介质等。

（1）服务器。

LAN 中至少有一台服务器，允许有多台服务器。对服务器的要求是速度快、硬盘和内存容量大、处理能力强。服务器是 LAN 的核心，网络中共享的资源大多都集中在服务器上。

由于服务器中安装有网络操作系统的核心软件，它便具有了网络管理、共享资源、管理网络通信和为用户提供网络服务的功能。服务器中的文件系统具有容量大和支持多用户访问等特点。

根据服务器在网络中所起的作用，可分为文件服务器、打印服务器、异步通信服务器和数据库服务器等。

文件服务器常采用高档微机，它给用户提供了操作系统、文件系统的各种功能，例如生成文件、删除文件等。

打印服务器是安装了打印服务程序的文件服务器或专用微机。用户共享的打印机连在打印服务器上，在网络环境下，网上用户可将打印数据送到打印服务器的打印队列中，将数据从打印机输出。

异步通信服务器是装有相应通信软件的文件服务器或专用微机。利用调制解调器（MODEM，一种实现数字信号和模拟信号转换的设备）通过电话线或专用的通信线路连接远程工作站。在网络环境下，网上用户可通过异步通信服务器与远程工作站通信。

一个数据库服务器是指运行在局域网中的一台或多台服务器计算机上的数据库管理系统软件，数据库服务器为客户应用提供服务，这些服务是查询、更新、事务管理、索引、高速缓存、查询优化、安全及多用户存取控制等。

另外，在局域网中，按照信息量的多少和用户的组网要求，可以安装多个服务器，终端用户可根据需要通过一定的命令来存取指定服务器中的数据。

（2）网络工作站。

网络工作站（简称工作站 WorkStation，WS），也叫客户机。工作站是为本地用户访问本地资源和网络资源，提供服务的配置较低的微型计算机。在局域网中，它可由计算机担任，也可由输入输出终端担任。它通过插在扩展槽中的外置网卡或内置网卡经过传输介质连接到网络服务器上。

工作站是网络的前端窗口，用户通过它来访问网络的共享资源。对工作站性能的要求主要是根据用户的需求而定的。

根据实际要求，工作站分带盘（磁盘）工作站和无盘工作站两种类型。

带盘工作站是带有硬盘（本地盘）的微机，硬盘可称为系统盘。加电启动带盘工作站，与网络中的服务器连接后，盘中存放的文件和数据不能被网上其他工作站共享。通常可将不需要共享的文件和数据存放在工作站的本地盘中，而将那些需要共享的文件夹和数据存放在文件服务器的硬盘中。有盘工作站的特点是设有磁盘驱动器，使用方便。

无盘工作站是不带硬盘的微机，其引导程序存放在网络适配器的 EPROM 中，加电后自动执行，与网络中的服务器连接。这种工作站不仅能防止计算机病毒通过工作站感染文件服务器，还可以防止非法用户复制网络中的数据。无盘工作站的特点是成本低，有部分的防病毒功效，但加重了服务器的处理负担。

（3）网络适配器（网卡）。

网络适配器又称网络接口卡（Network Interface Card，NIC），简称网卡，如图 3-35 所示，是构成网络的基本部件。它是一块插件板，插在计算机主板的扩展槽中，通过网卡上的接口与网络的电缆系统连接。它负责将数据从计算机传输到传输介质或由传输介质传输到计算机，在计算机和传输介质之间提供数据传输功能。

图 3-35　网卡

在局域网系统中，每台计算机中都要有网卡被插入计算机的扩展槽中，利用介质连接器件将传输介质与网卡连接起来，就构成了简单的局域网。

网卡有多种分类，可以按总线、数据传输率、接口、数据宽度等各种方法进行分类。通过了解分类，就可以了解网卡的性能，同时也学会了选择网卡。

① 按网卡的总线接口类型来分，一般可分为 ISA 总线网卡、PCI 总线网卡、PCI-X 总线网卡、PCMCIA 总线网卡和 USB 总线接口网卡。

早期的主机主板扩展槽以 ISA 总线为主，而近些年的主板 ISA 总线已经不多见了。ISA 总线传输速度慢，数据宽度为 16 位。PCI 总线传输数据的速度高且数据宽度为 32 位。所以，目前 PCI 总线的网卡居多，这也适应了主板以 PCI 总线为主的情况。

PCI-X 总线网卡是目前最新的一种在服务器开始使用的网卡类型，它与原来的 PCI 相比在 I/O 速度方面提高了一倍，比 PCI 接口具有更快的数据传输速度。目前这种总线类型的网卡在市面上还很少见，主要是由服务器生产厂商随机独家提供的。

PCMCIA 总线网卡是笔记本电脑专用的，如图 3-36 所示是 D-Link 公司的一款 PCMCIA 网卡，它受笔记本电脑的空间限制，体积远不可能像 PCI 接口网卡那么大。这种网卡在使用时，需要一根转换线把笔记本网卡的接口转换为 RJ-45 接口。

图 3-36　笔记本网卡

USB（Universal Serial Bus，通用串行总线）接口网卡作为一种新型的总线技术，已经被广泛应用于鼠标、键盘、打印机等各种设备。由于其传输速率远远大于传统的并行口和串行口，设备安装简单并且支持热插拔，所以 USB 接口网卡为局域网的连接也提供了很多方便。

② 按照传输速度分，主要有 10Mbps 网卡、100Mbps 快速网卡、10M/100Mbps 自适应网卡和 1Gbps 网卡。随着网络技术的发展，网络传输速度也在不断提高，但是不同速度的网卡所应用的环境也有所不同，当然价格也完全不一样了。10Mbps 与 100Mbps 网卡的价格已经贴近，而其性能相差甚多，所以 10Mbps 网卡已经逐渐退出市场。1Gbps 网卡的应用需求还不高，价格又很昂贵，主要用于服务器。10M/100Mbps 自适应网卡是目前的首选网卡，这种网卡可以检测网上数据传输速率，自动在 10Mbps 与 100Mbps 速率中进行调整，非常适用于升级换代。

③ 按照网卡的网络接口分，可以分为 RJ-45 接口网卡、BNC 接口网卡、AUI 接口网卡、FDDI 接口网卡和 ATM 接口网卡。

RJ-45 接口网卡应用于以双绞线为传输介质的以太网中，它是最为常见的一种网卡。BNC 接口网卡应用于以细同轴电缆为传输介质的以太网或令牌网中，目前这种接口类型的网卡较少见。近年来，由于双绞线以太网应用的普及和交换机设备价格的下降，市场上网卡的接口几乎都被 RJ-45 接口所代替。而且 100Mbps 快速以太网不支持 BNC 接口，所以目前市场上见到的网卡几乎都支持 RJ-45 接口。

AUI 接口网卡应用于以粗同轴电缆为传输介质的以太网或令牌网中，这种接口类型的网卡目前更是少见，因为用粗同轴电缆作为传输介质的网络更是少之又少。

FDDI 接口网卡适应于 FDDI 网络中，这种网络具有 100Mbps 的带宽，但它所使用的传输介质是光纤，所以这种 FDDI 接口网卡的接口也是光纤接口。随着快速以太网的出现，它的速度优越性已不复存在，但它需采用昂贵的光纤作为传输介质的缺点并没有改变，所以目前也非常少见。

ATM 接口网卡应用于 ATM 光纤（或双绞线）网络中。它能提供物理的传输速度达 155Mbps。

④ 按网卡所应用的计算机类型来分，可以将网卡分为应用于工作站的网卡和应用于服务器的网卡。前面所介绍的基本上都是工作站网卡，其实通常也应用于普通的服务器上。但是在大型网络中，服务器通常采用专门的网卡。它相对于工作站所用的普通网卡来说在带宽（通常在 100Mbps 以上，主流的服务器网卡都为 64 位千兆网卡）、接口数量、稳定性、纠错等方面都有比较明显的提高。还有的服务器网卡支持冗余备份、热插拔等服务器专用功能。

除了上述介绍的网卡外，另外还有一些非主流分类方式，如现在非常流行的无线网卡，它支持无线上网。

正规厂家生产的网卡上都标注了该网卡的 MAC 地址（Media Access Control address，介质访问控制地址），如图 3-37 所示。MAC 地址长度为 48bit，为方便起见，通常使用一组 12 位的 16 进制表示（如 52-54-ab-31-ac-c6）。其前 6 位为厂商 ID，后 6 位是厂商分配给网卡的唯一的 ID（有的网卡只标注了后 6 位），为了保证 MAC 地址的唯一性，世界上有一个专门的组织负责为网卡的生产厂商分配 MAC 地址，从而保证了连入网络的每台计算机或终端都有一个唯一的物理地址。

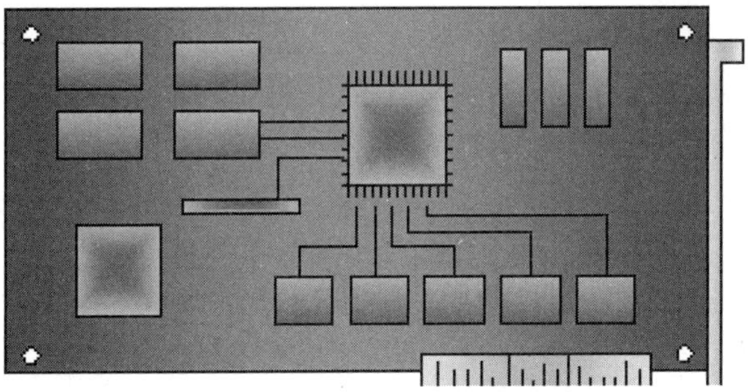

图 3-37 网卡的 MAC 地址

（4）集线器（Hub）。

集线器属于局域网中的网络基础设备，主要功能是对接收到的信号进行再生整形放大，以扩大网络的传输距离，同时把所有节点集中在以它为中心的节点上。

（5）传输介质。

传输介质在网络中充当数据传输的通道。传输介质决定了局域网的数据传输速率、网络段的最大长度、传输的可靠性及网卡的复杂性。局域网的传输介质主要是双绞线、同轴电缆和光纤。早期的局域网中使用最多的是同轴电缆。伴随着技术的发展，双绞线和光纤的应用越来越广泛，尤其是双绞线。目前在局部范围内的中、高速局域网中使用双绞线，在较远范围内的局域网中使用光纤已很普遍。

在同轴电缆、双绞线及光纤 3 种传输介质中，双绞线的价格最低且安装、维护方便；同轴电缆造价界于双绞线和光纤之间，维护方便；光纤的价格高于同轴电缆和双绞线，但光纤具有低损耗、高数据传输速率、低误码率、安全保密性好的特性，因此是一种有前途的传输介质。

2. 网络软件

局域网软件系统是局域网正常工作的“精神”基础，如果没有软件系统的支持，无论多高的网络硬件配置也没有实际意义。局域网软件系统主要包括网络操作系统、网络设备驱动程序、网络应用软件和管理软件及工作站软件。

网络操作系统（NOS）是网络的心脏和灵魂，是向网络计算机提供网络通信和网络资源共享功能的操作系统。它是负责管理整个网络资源和方便网络用户的软件的集合。

目前，世界上较流行的网络操作系统有 Novell 公司的 NetWare、Microsoft 公司的 Windows Server、SCO 公司的 UNIX 和 RedHat 公司的 Linux 等。它们在技术、性能、功能方面各有所长，支持多种工作环境，支持多种网络协议，能够满足不同用户的需要，为局域网的广泛应用奠定了良好的基础。

网络设备驱动程序专门为网络硬件设备开发，用于支持网络设备的正常工作。网络应用软件和管理软件则是用户借助局域网进行资源共享、数据传输、系统办公和管理维护网络所必需的软件平台。另外，工作站上使用的软件其实也可以称为网络软件系统的一部分，主要用以辅助用户完成各种局域网应用。

3.4 习题

1. 填空题

（1）最基本的网络拓扑结构有 3 种，它们是________、________和________。

（2）3 种常用的传输介质是________、________和________。

（3）每块网卡上都有一个全球唯一的固化地址，又称为________地址，或称为物理地址，________地址是一个________位（bit）地址。

2. 单项选择题

（1）MAC 地址通常存储在计算机的（　　）。

A．内存中　　B．网卡中　　C．硬盘上　　D．高速缓冲区中

（2）在以太网中，冲突（　　）。

A．是由介质访问控制方法的错误使用造成的

B．是由网络管理员的失误造成的

C．是一种正常现象

D．是一种不正常现象

（3）下面关于以太网的描述正确的是（　　）。

A．数据是以广播方式发送的

B．所有节点可以同时发送和接收数据

C．两个节点相互通信时，第 3 个节点不检测总线上的信号

D．网络中有一个控制中心，用于控制所有节点的发送和接收

3. 简答题

（1）局域网的主要特点是什么？

（2）CSMD/CA 的工作原理是什么？

（3）局域网的组成有哪些？

第4章 组建以太网

4.1 任务描述

某企业在写字楼租了一层楼（六楼）作为办公使用，有计算机 60 台，需要将计算机全部连接起来，组成一个局域网。随着企业规模扩大，在本写字楼租了另一楼层（十二楼）（距离<100m），增加了 40 台计算机，要求两个办公区域实现资源共享。

4.2 设计与实施

4.2.1 组建多交换小型网络

1. 方案设计

当单一交换机所能够提供的端口数量不足以满足网络中计算机数量的需求时，必须要有两个及两个以上的交换机提供相应数量的接口，这就涉及交换机之间的连接。交换机的连接有两种方式：级联和堆叠。

堆叠需要专门的交换机，而且价格昂贵，最简单、最经济的就是用线缆把两台及多台交换机通过以太网接口连接起来。依据本项目的概况及需求，可使用 5 台 24 口二层交换机进行级联（可提供 117 个可用接口），来实现计算机的接入。

2. 实施步骤

组建如图 4-1 所示的网络环境。所需设备及材料为 24 口二层交换机 5 台；计算机共 100 台，超 5 类非屏蔽双绞跳线（直通线）100 条；超 5 类非屏蔽双绞跳线（交叉线）4 条。

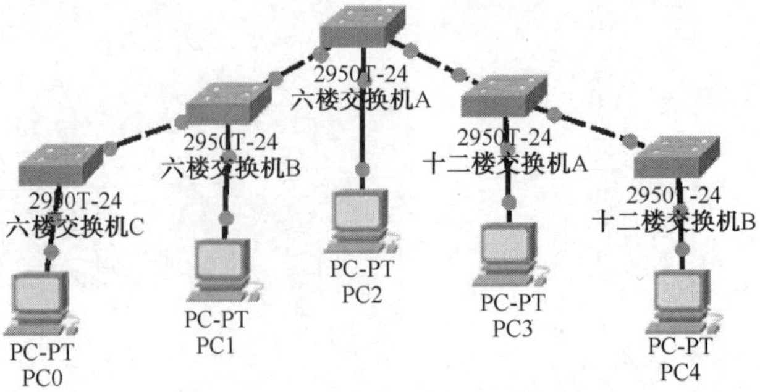

图 4-1　多交换机级联网络拓扑结构

（1）使用 4 条交叉线连接 5 台交换机的以太网接口，其连接规划如表 4-1 所示。

表 4-1　交换机互连接口分配

交换机名称	接 口 编 号	说　　明
六楼交换机 A	F0/24	连接到十二楼交换机 A 的 F0/24 接口
	F0/23	连接到六楼交换机 B 的 F0/24 接口
六楼交换机 B	F0/24	连接到六楼交换机 A 的 F0/23 接口
	F0/23	连接到六楼交换机 C 的 F0/24 接口
六楼交换机 C	F0/24	连接到六楼交换机 B 的 F0/23 接口
十二楼交换机 A	F0/24	连接到六楼交换机 A 的 F0/24 接口
	F0/23	连接到十二楼交换机 B 的 F0/24 接口
十二楼交换机 B	F0/24	连接到十二楼交换机 A 的 F0/23 接口

（2）使用直通线将计算机连接到交换机的以太网接口，六楼交换机共连接 60 台计算机，十二楼交换机共连接 40 台计算机。这里以 5 台计算机为例。

（3）规划网络的 IP 地址段，使用一个 C 类地址 192.168.1.0/24。IP 地址范围分配如下：六楼 IP 地址区间 192.168.1.1～192.168.1.80，子网掩码为 255.255.255.0；十二楼 IP 地址区间 192.168.1.90～192.168.1.140，子网掩码为 255.255.255.0。

（4）配置各计算机的 IP 地址和子网掩码。

（5）网络连通性测试。

可在命令提示行中使用 ping 命令来进行测试，其基本格式为 ping+IP 地址，如 ping 192.168.1.10，可测试本机与 IP 地址为 192.168.1.10 的计算机的通信是否正常，如图 4-2 所示为连通正常的显示。

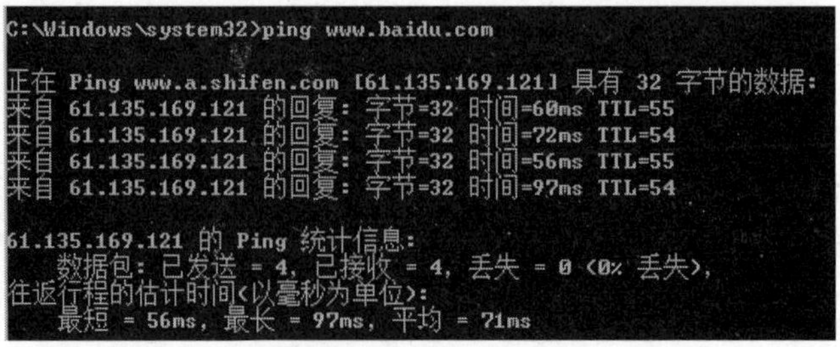

图 4-2　连通性测试结果

分别在 PC0、PC1、PC2、PC3、PC4 上使用 ping 命令测试各计算机之间的连通性，并将测试结果填入表 4-2 中。

表 4-2 计算机网络连通性测试结果

	PC0	PC1	PC2	PC3	PC4
PC0	/				
PC1		/			
PC2			/		
PC3				/	
PC4					/

4.2.2 跨区域小型网络的组建

1. 方案设计

根据 4.2.1 方案发现，同一局域网内的计算机数量太多，易形成广播风暴，并且所有计算机都可以互访，信息不安全。针对这一问题，可将六楼与十二楼的计算机划分到不同的网段，以减小广播域及保护信息安全。为了保证网络速度及后期加入更多的应用系统，可以考虑使用光缆对两个楼层的交换机进行连接。

2. 设备选型

根据项目需求及任务要求，共有计算机 100 台，并分属两个楼层，由于连接距离不远，但需要保证两个楼层之间的数据传输速率，所以同楼层的二层交换机使用交换机的以太网接口进行连接，需要 24 口的接入层交换机（二层交换机）5 台，带千兆以太网接口的汇聚层交换机（三层交换机）1 台，计算机 100 台，三层交换机与一台二层交换机之间使用 2 芯多模光纤通过 2 个光电转换装置进行连接。其拓扑结构如图 4-3 所示。

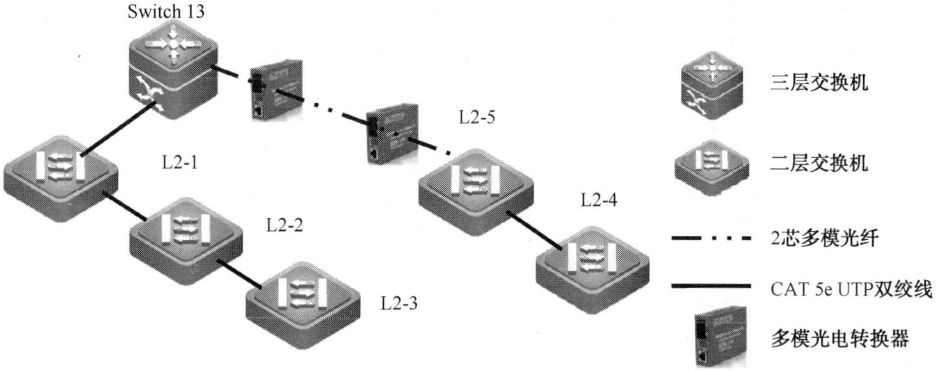

图 4-3 网络拓扑结构图

3. 实施步骤

（1）使用 4 条交叉线连接 5 台交换机的以太网接口，其连接规划如表 4-3 所示。

（2）使用直通线将计算机连接到交换机的以太网接口，六楼交换机共连接 60 台计算机，十二楼交换机共连接 40 台计算机。

表 4-3 交换机互连接口分配

交换机名称	接口编号	说明
六楼交换机 L3	F0/24	连接到十二楼交换机 L2-5 的 F0/24 接口
	F0/23	连接到六楼交换机 L2-1 的 F0/24 接口
六楼交换机 L2-1	F0/24	连接到六楼交换机 L3 的 F0/23 接口
	F0/23	连接到六楼交换机 L2-2 的 F0/24 接口
六楼交换机 L2-2	F0/24	连接到六楼交换机 L2-1 的 F0/23 接口
	F0/23	连接到六楼交换机 L2-3 的 F0/24 接口
六楼交换机 L2-3	F0/24	连接到六楼交换机 L2-2 的 F0/23 接口
十二楼交换机 L2-5	F0/24	连接到六楼交换机 L3 的 F0/24 接口
	F0/23	连接到十二楼交换机 L2-4 的 F0/24 接口
十二楼交换机 L2-4	F0/24	连接到十二楼交换机 L2-5 的 F0/23 接口

（3）使用 2 芯多模光纤、多模光电转换器和 2 条超 5 类非屏蔽双绞跳线（直通线）连接六楼的三层交换机和十二楼的二层交换机。

（4）规划网络的 IP 地址段，由于使用了一个三层交换机工业化划分广播域，从而需要使用 2 个 C 类地址 192.168.1.0/24（六楼）和 192.168.2.0/24（十二楼）。IP 地址分配及接口规划如表 4-4 所示。

表 4-4 IP 地址及接口对应表

序号	设备	接口编号	IP 地址	子网掩码
1	L3-1	F0/1	192.168.1.1	255.255.255.0
2	L3-1	G0/1	192.168.2.1	255.255.255.0

IP 地址范围分配如下：六楼 IP 地址区间 192.168.1.1～192.168.1.254，子网掩码为 255.255.255.0；十二楼 IP 地址区间 192.168.2.1～192.168.2.254，子网掩码为 255.255.255.0。

（5）配置三层交换机命令如下。

```
Switch>enable                                         //进入交换机的特权模式
Switch#configure terminal                             //进入交换机的全局模式
Switch(config)#interface f0/23                        //进入接口配置模式
Switch(config-if)#no switchport                       //启用接口的三层功能
Switch(config-if)#ip address 192.168.1.1 255.255.255.0 //为接口配置 IP 地址
Switch(config-if)no shutdown                          //重新激活接口
Switch(config-if)exit                                 //返回上层
Switch(config)#interface G0/1
Switch(config-if)#no switchport
Switch(config-if)#ip address 192.168.2.1 255.255.255.0
Switch(config-if)no shutdown
Switch(config-if)exit
Switch(config)#ip routing                             //启用三层交换机的内部路由功能
Switch(config)#end
```

（6）配置各计算机的 IP 地址、子网掩码及网关。

（7）网络连通性测试。

可在命令提示行中使用 ping 命令来进行测试，其基本格式为 ping+IP 地址，如 ping 192.168.1.10，可测试本机与 IP 地址为 192.168.1.10 的计算机的通信是否正常，如图 4-2 所示为连通正常。可参考前面的测试方法。

注：由于使用了 2 个网段，如果要实现 2 个网段内的计算机相互访问，必须设置网关地址。

4.3　相关知识

以太网（Ethernet）指的是由 Xerox 公司创建并由 Xerox、Intel 和 DEC 公司联合开发的基带局域网规范，是当今现有局域网采用的最通用的通信协议标准。以太网络使用 CSMA/CD（载波监听多路访问及冲突检测）技术，并以 10Mbps 的速率运行在多种类型的电缆上，以太网与 IEEE 802.3 系列标准相类似。

以太网从出现至今，经过近 40 多年的发展时间，其运行速度从 10Mbps 到 1000Mbps，乃至近年来出现的 10Gbps 的以太网原型。而以太网低廉的端口价格和优越的性能，从而使得在局域网中居于统治地位，也使得以太网成了局域网的代名词。

包括标准的以太网（10Mbps)、快速以太网（100Mbps）和 10G（10Gbps）以太网，它们都符合 IEEE 802.3。

4.3.1　以太网技术

1. 以太网发展历程

- 1973 年，Xerox 公司提出以太网技术并将其实现，从而以太网产生，最初以太网传输速率只有 2.94Mbps。
- 1979 年，DEC、Intel、Xerox 成立联盟，联合推出 DIX 以太网规范。
- 1980 年，IEEE 成立了 802.3 工作组。
- 1983 年，第一个 IEEE 802.3 标准通过并正式发布。
- 1990 年，基于双绞线介质的 10Base-T 标准和 IEEE 802.1D 网桥标准发布。
- 1992 年，出现了 100Mbit/s 快速以太网。
- 1995 年，IEEE 正式通过了 100Base-T 标准，即 IEEE 802.3u。
- 1998 年，千兆以太网标准 IEEE 802.3z/ab 发布。
- 1999 年，1000Base-T 标准 IEEE 802.3ab 发布。
- 2002 年，IEEE 通过了 802.3ae，即 10Gbps 万兆以太网标准。
- 2004 年，IEEE 批准屏蔽双绞线 10Gbps 以太网标准 802.3ak。
- 2006 年，IEEE 批准 10GBase-LRM 光纤标准 802.3aq。
- 2007 年，IEEE 发布了 802.3ap 万兆背板以太网标准。
- 2010 年，IEEE 宣布符合 IEEE 802.3ba 标准的下一代 40Gbps 与 100Gbps 新型以太网。

2. IEEE 802.3 协议

IEEE 是电气和电子工程师协会（Institute of Electrical and Electronics Engineers）的简称，

IEEE 组织主要负责有关电子和电气产品的各种标准的制订。IEEE 于 1980 年 2 月成立了 IEEE 802 委员会，专门研究和指定有关局域网的各种标准。IEEE 802 委员会由 6 个分委员会组成，其编号分别为 802.1 至 802.6，其标准分别称为标准 802.1 至标准 802.6，目前它已增加到 12 个委员会，这些分委员会的职能如下。

802.1——高层及其交互工作，提供高层标准的框架，包括端到端协议、网络互连、网络管理、路由选择、桥接和性能测量。

802.2——连接链路控制 LLC，提供 OSI 数据链路层的高子层功能，提供 LAN 、MAC 子层与高层协议间的一致接口。

802.3——以太网规范，定义 CSMA/CD 标准的媒体访问控制（MAC）子层和物理层规范。

802.4——令牌总线网，定义令牌传递总线的媒体访问控制（MAC）子层和物理层规范。

802.5——令牌环线网，定义令牌传递环的媒体访问控制（MAC）子层和物理层规范。

802.6——城域网 MAN，定义城域网（MAN）的媒体访问控制（MAC）子层和物理层规范（DQDB 分布队列双总线）。

802.7——宽带技术咨询组，为其他分委员会提供宽带网络技术的建议和咨询。

802.8——光纤技术咨询组，为其他分委员会提供使用有关光纤网络技术的建议和咨询。

802.9——综合话音/数据局域网（IVD LAN），定义综合话音/数据终端访问综合话音/数据局域网（包括 IVD LAN、MAN、WAN）的媒体访问控制（MAC）子层和物理层规范。

802.10——可互操作局域网安全标准（SILS），定义局域网互连安全机制。

802.11——无线局域网，定义自由空间媒体的媒体访问控制（MAC）子层和物理层规范。

802.12——按需优先（100VG-ANYLAN），定义使用按需优先访问方法的 100Mbps 的以太网标准。

802.3 协议簇描述了以太网的相关规范，包括：

802.3——定义 CSMA/CD 标准的媒体访问控制 MAC 和物理层规范。

802.3u——定义 100M 的以太网技术标准，为 802.3 的一部分。

802.3z——定义 1000M 的以太网技术标准，为 802.3 的一部分。

该协议描述物理层和数据链路层的 MAC 子层的实现方法，在多种物理媒体上以多种速率采用 CSMA/CD（带冲突检测的载波监听多路访问协议）访问方式。

为了使数据链路层能更好地适应多种局域网标准，802 委员会就将局域网的数据链路层拆成两个子层：

- 逻辑链路控制 LLC（Logical Link Control）子层。
- 媒体接入控制 MAC（Medium Access Control）子层。

与接入传输媒体有关的内容都放在 MAC 子层，而 LLC 子层则与传输媒体无关，不管采用何种协议的局域网对 LLC 子层来说都是透明的。

MAC 子层的数据封装所包括的主要内容有：数据封装分为发送数据封装和接收数据封装两部分，包括成帧、编制和差错检测等功能。

在 1995—1996 年间，IEEE 802.3x 任务组为支持全双工操作对已有标准作了补充。其中一部分工作就是开发了流量控制算法。

其中帧格式方面的最大变化是 MAC 控制协议使用 DIX 以太网风格的类型域来唯一区分 MAC 控制帧与其他协议的帧。IEEE 802.3x 在 1997 年成为 IEEE 通过的协议。这使原来“以太网使用类型域而 IEEE 802.3 使用长度域”的差别消失。IEEE 802.3 经过 IEEE 802.3x 标准的补充，支持这个域作为类型域和长度域两种解释。其以太网帧结构如图 4-4 所示。

前导码 （8B）	DA （6B）	SA （6B）	类型 （2B）	数据 （46-1500B）	FCS （4B）

图 4-4 以太网的帧格式

该帧包含 6 个域：前导码（preamble），包含 8 个字节，表示数据链路层帧的开始；目的地址（DA），包含 6 个字节，标识了帧的目的地址，可以是单播地址或组播地址；源地址（SA），包含 6 个字节，标识了帧的源地址，通常是单播地址；类型域，包含 2 个字节，标识了在以太网上运行的客户端协议；数据域，包含 46～1500 个字节，封装了通过以太网传输的高层协议信息；帧校验序列（FCS），包含 4 个字节，用于检测传输错误的帧校验序列。

3. 标准以太网

标准以太网即传统以太网，传统以太网是以前广泛应用的一类局域网络，其典型的传输速率是 10Mbps。在其物理层上定义了多种传输介质和拓扑结构，形成了一个 10Mbps 以太网标准系列：IEEE 802.3 的 10Base-2、10Base-5、10Base-T 和 10Base-F 标准。由此可见，10Mbps 以太网组网灵活，既可以使用细、粗同轴电缆组成总线型网络，也可以使用 CAT 3 UTP 双绞线组成星形网络，还可以组成总线型网络等结构。

（1）10Base-5 以太网。

该标准用于使用粗同轴电缆、速度为 10Mbps 的基带局域网络，在总线型网络中，最远传输距离为 500m。网络节点装有收发器，该收发器插在网卡上的 15 针 AUI（连接单元接口）中，并接到电缆上，这一标准已被 10Base-2 所淘汰。

指的是使用标准的 50Ω 基带同轴电缆（粗缆）的 10Mbps 的基带以太网规范。它是 IEEE 802.3 基带物理层规范的一部分，在每个网段上的距离限制是 500m，整个网络最大跨度为 2500m，每个网段最多终端数量为 100 台，每个工作站间隔距离为 2.5m 的整数倍。

10 代表传输速度为 10Mbps，Base 指的是基带传输，5 指的是最远的传输距离不会超过 500m。

（2）10Base-2 以太网。

10Base-2，也叫做便宜网络或细缆，是一个 10Mbps 基带以太网标准，其使用 50Ω的细同轴电缆作为传输介质。10Base-2 被定义在 IEEE 802.3a 标准中，每段有 185m 的长度限制。10Base-2 基于曼彻斯特信号编码通过细同轴电缆进行传输。

其中的 10 代表传输速率 10Mbps，Base 代表基带传输，2 表示最大传输距离不超过 200m。

（3）10Base-T 以太网

1991 年下半年，IEEE 802.3 标准中增加了 10Base-T 网络类型，是 IEEE 802.3 标准的扩充。这种网络不采用总线型拓扑结构，而是采用星形拓扑结构。10Base-T 以太网也采用基带传输，传输速率为 10Mbps，T 表示使用非屏蔽双绞线作为传输介质。10Base-T 技术的特点是使用已有的 802.3MAC 层，通过一个介质连接单元 MAU 与 10Base-T 物理介质相连接。典型的 MAU 设备有网卡和集线器（Hub）。常用的 10Base-T 物理介质是 2 对 CAT 3 UTP，所允许的最大 UTP 缆线长度为 100m，网络拓扑结构为星形。

与采用同轴电缆的以太网相比，10Base-T 网络更适合在已铺设布线系统的办公大楼环境中使用。10Base-T 网络采用的是与电话交换系统相一致的星形结构，可容易地实现数据网络与电话语音网络的综合布线。

（4）10Base-F 以太网。

10Base-F 以太网是指采用光纤介质和基带传输，传输速率为 10Mbps。10Base-F 网络系统结构不同于由粗、细同轴电缆组成的以太网，因为光信号传输的特点是单方向的，适合于端到端的通信，因此 10Base-F 以太网呈星形或放射状结构。光缆具有传输速率高、网段距离远、抗外界干扰能力强等优于同轴电缆的性能，特别适合于楼宇间的远距离连网，其通信距离可达 2km。

4. 高速以太网

世界上使用最普遍的局域网就是以太网，但传统以太网 10Mbps 的传输速率在很多方面都限制了其应用，特别是进入 20 世纪 90 年代，随着多媒体信息技术的成熟和发展，对网络的传输速率和传输质量提出了更高的要求。于是，国际上一些著名的大公司便联合起来研究和开发新的高速网络技术，相继开发并公布的高速以太网技术有 100Mbps 以太网、1000Mbps 以太网和 10Gbps 以太网技术，IEEE 802 委员会对这些技术分别进行了标准化工作。

2007 年 7 月，以太网联盟宣布 IEEE 802.3 高速网络工作组 HSSG 已经就下一代以太网传输速率标准提出了新的建议。HSSG 的新建议支持 40Gbps 传输速率和 100Gbps 传输速率混合标准。

（1）100Mbps 以太网。

具有代表性的 100Mbps 以太网络技术有两个：一个是由 3Com、Intel、Sun 和 Bay Networks 等公司开发的 100Base-T 技术；另一个是由 HP、AT&T 和 IBM 等公司开发的 100Base-VG 技术。前者在 MAC 子层仍采用 CSMA/CD 协议，而在物理层则提供 100Mbps 的传输速率，是名副其实的快速以太网；而后者在 MAC 子层采用一种新的轮询优先访问协议，但仍支持 IEEE 802.3 帧格式，也支持 IEEE 802.5 帧格式，在物理层提供 100Mbps 的传输速率，可以把它视为一种变形的快速以太网。

① 100Base-T 技术。

100Base-T 的 MAC 层采用 CSMA/CD 协议。由于 MAC 层与传输速率无关，因此 100Base-T 中的帧格式、帧长度、差错控制及有关管理信息均与 10Base-T 相同。100Base-T 定义了 3 种物理层标准：100Base-T4、100Base-TX 和 100Base-FX，它们分别支持不同的传输介质。

- 100Base-TX。

100Base-TX 介质规范基于 ANSI TP-PMD 物理介质标准。100Base-TX 介质接口在两对双绞线电缆上运行，其中一对用于发送数据，另一对用于接收数据。由于 ANSI TP-PMD 规范既包括屏蔽双绞线电缆，也包括非屏蔽双绞线电缆，所以 100Base-TX 介质接口支持两对 5 类以上非屏蔽双绞线电缆和两对 1 类屏蔽双绞线电缆。

100Base-TX 链路与介质相关的接口有两种：对非屏蔽双绞线电缆，MDI 连接器必须是兼容 5 类及 5 类以上的 8 脚 RJ-45 连接器；对屏蔽双绞线电缆，MDI 连接器必须是 IBM 的 STP 连接器，使用屏蔽 DB-9 型连接器。

如果是 5 类 UTP 及 5 类以上 UTP，100Base-TX 的 UTP 介质接口使用两对 MDI 连接器线来将信号传出和传入，这意味着 RJ-45 连接器 8 个管脚中的 4 个是被占用的。为使串音和可能的信号失真最小，另外 4 条线不应传输任何信号。每对的发送和接收信号是极化的，一条线传输正（+）信号，而另一条线传输负（−）信号。对 RJ-45 连接器，正确的配线对分配是管脚[1，2]和管脚[3，6]。应尽量在 MDI 管脚分配中使用正确的彩色编码线对。如表 4-5 所示为 100Base-TX 的 UTP MDI 连接器引脚分配情况。

表 4-5 100Base-TX 的 UTP MDI 连接器引脚分配表

引 脚 号	信 号 名	电 缆 编 码
1	发送+	白色/橙色
2	发送-	橙色/白色
3	接收+	白色/绿色
4	保留	
5	保留	
6	接收-	绿色/白色
7	保留	
8	保留	

100Base-TX 标准也支持特征阻抗为 150Ω 的 1 类屏蔽双绞线电缆。屏蔽双绞线电缆使用 D 型连接器并按 ANSITP-PMD 对屏蔽双绞线架设的规范来布线。在 DB-9 连接器上正确的配线对分配是管脚[1，6]和管脚[5，9]。如表 4-6 所示为 100Base-TX 的 STP MDI 连接器引脚分配情况。

表 4-6 100Base-TX 的 STP MDI 连接器引脚分配表

引 脚 号	信 号 名	电 缆 编 码
	公共地	电缆外壳
1	接收+	橙色
2	保留	
3	保留	
4	保留	
5	发送+	红色
6	接收-	黑色
7	保留	
8	保留	
9	发送-	绿色

当两个节点在网段上连到一起时，一个 MDI 连接器的发送对连到第二个节点的 MDI 的接收对。当两个节点连到一起单机应用时，必须提供一条外部交叉电缆，将电缆一端 8 脚 RJ-45 连接器上的发送管脚连到电缆另一端 8 脚 RJ-45 连接器上的接收管脚。在多个节点连到一个集线器或交换机端口的实现中，交叉布线是在集线器或交换机端口内部完成的，这使得直连电缆能用于各个节点和集线器或交换机端口之间。如表 4-7 所示为 100Base-TX 交叉连接引脚分配情况。

表 4-7 100Base-TX 交叉连接引脚分配表

引脚号	5 类 UTP 电缆		1 类 STP 电缆	
	无交叉时的信号名	交叉时的信号名	无交叉时的信号名	交叉时的信号名
1	发送+	接收+	接收+	发送+
2	发送-	接收-	保留	保留
3	接收+	发送+	保留	保留

续表

引脚号	5 类 UTP 电缆		1 类 STP 电缆	
	无交叉时的信号名	交叉时的信号名	无交叉时的信号名	交叉时的信号名
4	保留	保留	保留	保留
5	保留	保留	发送+	接收+
6	接收-	发送-	接收-	发送-
7	保留	保留	保留	保留
8	保留	保留	保留	保留
9	N/A	N/A	发送-	接收-
10	N/A	N/A	公共地	公共地

快速以太网的电缆设置安装应符合 EIA/TIA-568 标准，它描述了接线箱和网络节点之间准确的电缆长度。这一段长度的电缆称为网段，并在以太网规范中被定义为链段。链段正式定义为连接两个且仅仅连接两个 MDI 的点到点的介质。100Base-TX 规范允许两个 DTE 或 DTE 与交换端口之间的链路之间的链段最大长度为 100m。

- 100Base-FX。

光缆是 100Base-FX 指定支持的一种介质，而且容易安装、重量轻、体积小、灵活性好、不受 EMI 干扰。100Base-FX 标准指定了两条多状态光纤，一条用于发送数据，一条用于接收数据。当工作站的 NIC 以全双工模式运行时能超过 2km。光缆可分为两类：多模和单模。

- 多模光缆：这种光缆为 62.5/125μm，采用基于 LED 的收发器将波长为 820nm 的光信号发送到光纤上。当连在两个设置为全双工模式的交换机端口之间时，支持的最大距离为 2km。
- 单模光缆：这种光缆为 9/125μm，采用基于激光的收发器将波长为 1300nm 的光信号发送到光纤上。单模光缆率损耗小，较之多模光缆能使光信号传输到更远的距离。
- 100Base-T4。

100Base-T4 是 100Base-T 标准中唯一全新的 PHY 标准。100Base-T4 标准是用来帮助那些已经安装了第 3 类或第 4 类电缆的用户的，当然也可以用 5 类线。

100Base-T4 链路与介质相关的接口是基于 3、4、5 类非屏蔽双绞线的。100Base-T4 标准使用 4 对线。用于 100Base-T 的 RJ-45 连接器也可用于 100Base-T4。4 对中的 3 对用于一起发送数据，同时第 4 对用于冲突检测。每对线都是极化的，每对中的一条线传输正（+）信号而另一条线传输负（-）信号。如表 4-8 所示为 100Base-T4 UTP MDI 引脚分配情况，如表 4-9 所示为 100Base-T4 交叉连接引脚分配情况。

表 4-8　100Base-T4 UTP MDI 引脚分配表

引 脚 号	信 号 名	电 缆 编 码
1	TX_D1+	白色/橙色
2	TX_D1-	橙色/白色
3	RX_D2+	白色/绿色
4	BI_D3+	蓝色/白色
5	BI_D3-	白色/蓝色

续表

引　脚　号	信　号　名	电缆编码
6	RX_D2-	绿色/白色
7	BI_D4+	白色/棕色
8	BI_D6-	棕色/白色

表 4-9　100Base-T4 交叉连接引脚分配表

引　脚　号	信　号　名	引　脚　号	信　号　名
1	TX_D1+	1	RX_D2+
2	TX_D1-	2	RX_D2-
3	RX_D2+	3	TX_D1+
4	BI_D3+	4	BI_D4+
5	BI_D3-	5	BI_D6-
6	RX_D2-	6	TX_D1-
7	BI_D4+	7	BI_D3+
8	BI_D6-	8	BI_D3-

100Base-T4 所采用的 8B6T 编码方法是指将字节的每位有效地映射到一个称为 6T 代码组的 6 位三进制符号内。6T 代码组散开到 3 个发送组上，有效的数据传输速率为 100Mbps 的 1/3，即 33.3Mbps。每对线上的三进制符号的传输频率是 33.3Mbps 的 6/8，即 25MHz，与 MII 时钟的频率相同，因此 100Base-T4 PHY 中不需要 PLL（锁相回路）。每对上发送的三进制符号可以有 3 个值，与有 2 个值的二进制信号不一样。

由于快速以太网是从 10Base-T 发展而来的，并且保留了 IEEE 802.3 的帧格式，所以，10Mbps 以太网可以非常平滑地过渡为 100Mbps 的快速以太网。

② 100Base-VG 技术。

100Base-VG 快速 Ethernet 偏离了原有的 Ethernet 标准，运行在语音级（Voice Grade，VG）UTP 电缆上，以 100Mbps 的传输速率进行传输且适合于 Ethernet 和 Token-Ring 方式的网络。100Base-VG 通过使用专用带宽和优先级协议来支持语音和视频的等时传送，可以为网络化多媒体应用的开发提供比较有力的支持，特别适合同步传输影视等动态图像。

100Base-VG 支持 3 类、5 类 UTP 电缆、STP 电缆和光纤等传输介质，使用户能够从传统的 10Base-T 系统升级到 100Base-VG 时不用更换电缆，从而保护了用户已有的投资。

100Base-VG 网络也是星形结构，用中央集线器对全网实行集中式访问控制，每个集线器经过配置都支持以太网卡和令牌环网卡及其帧格式，但两者不能共存于同一网段中。100Base-VG 网络与以太网或令牌环网互连时要使用网桥，100Base-VG 与 FDDI、ATM 或广域网连接时要使用路由器。

（2）1000Mbps 以太网。

1000Mbps 以太网也称为千兆以太网。千兆以太网技术给用户带来了提高核心网络的有效解决方案，这种解决方案的最大优点是继承了传统以太技术价格便宜的优点。

千兆网技术仍然是以太网技术，它采用了与 10M 以太网相同的帧格式、帧结构、网络协议、全/半双工工作方式、流控模式及布线系统。由于该技术不改变传统以太网的桌面应用、操作系统，因此可与 10M 或 100M 的以太网很好地配合工作。升级到千兆以太网不必改变网络应用程序、网管部件和网络操作系统，能够最大程度地保护用户的投资。

千兆以太网技术有两个标准：IEEE 802.3z 和 IEEE 802.3ab。IEEE 802.3z 制订了光纤和短程铜线连接方案的标准；IEEE 802.3ab 制订了 5 类双绞线上较长距离连接方案的标准。

（3）10Gbps 以太网。

随着信息技术的快速发展，特别是 Internet 和多媒体技术的发展和应用，网络数据流量的迅速增加，使原有速率的局域网已难以满足要求。在 2000 年年初，由 IEEE 组织的高速研究组发布了 10Gbps（万兆位）以太网的 IEEE 802.3ae 规范。

万兆位以太网规范包含在 IEEE 802.3 标准的补充标准 IEEE 802.3ae 中，它扩展了 IEEE 802.3 协议和 MAC 规范，使其支持 10Gbps 的传输速率。除此之外，通过 WAN 界面子层（WAN Interface Sublayer，WIS），万兆位以太网也能被调整为较低的传输速率，如 9.584640Gbps（OC-192），这就允许万兆位以太网设备与同步光纤网络（SONET）STS -192c 传输格式相兼容。

万兆以太网的主要连网规范有以下几种。

● 10GBase-SR 和 10GBase-SW

主要支持短波（850nm）多模光纤（MMF），光纤距离为 2～300m。10GBase-SR 主要支持“暗光纤”（dark fiber），暗光纤是指没有光传播并且不与任何设备连接的光纤。10GBase-SW 主要用于连接 SONET 设备，它应用于远程数据通信。

● 10GBase-LR 和 10GBase-LW

主要支持长波（1310nm）单模光纤（SMF），光纤距离为 2m～10km。10GBase-LW 主要用来连接 SONET 设备，10GBase-LR 则用来支持“暗光纤”。

● 10GBase-ER 和 10GBase-EW

主要支持超长波（1550nm）单模光纤（SMF），光纤距离为 2m～40km。10GBase-EW 主要用来连接 SONET 设备，10GBase-ER 则用来支持“暗光纤”。

● 10GBase-LX4

10GBase-LX4 采用波分复用技术，在单对光缆上以 4 倍光波长发送信号。10GBase-LX4 系统运行在 1310nm 的多模或单模暗光纤方式下。该系统的设计目标针对于 2～300m 的多模光纤模式或 2m～10km 的单模光纤模式。

4.3.2 交换机的工作原理

交换（switching）是按照通信两端传输信息的需要，用人工或设备自动完成的方法，把要传输的信息送到符合要求的相应路由上的技术的统称。广义的交换机（switch）就是一种在通信系统中完成信息交换功能的设备。

在计算机网络系统中，交换概念的提出改进了共享工作模式。Hub（集线器）就是一种共享设备，Hub 本身不能识别目的地址，当同一局域网内的 A 主机给 B 主机传输数据时，数据包在以 Hub 为架构的网络上是以广播方式传输的，由每一台终端通过验证数据包头的地址信息来确定是否接收。也就是说，在这种工作方式下，同一时刻网络上只能传输一组数据帧的通信，如果发生碰撞还得重试，这种方式就是共享网络带宽。以 Hub 为基础组建的计算机网络称为共享式局域网，随着 Client/Server 体系结构的发展及多媒体信息的数据需求量增加，共享式局域网所提供的网络带宽就难以给予充分的支持。

交换机拥有一条很高带宽的背部总线和内部交换矩阵。交换机的所有端口都挂接在这条背部总线上，控制电路收到数据包以后，处理端口会查找内存中的地址对照表以确定目的 MAC（网卡的硬件地址）的 NIC（网卡）挂接在哪个端口上，通过内部交换矩阵迅速将数据包传送到目的端口，只有目的 MAC 不存在时才广播到所有的端口，接收端口回应后交换机会“学习”新的地址，并把它添加入内部 MAC 地址表中。

使用交换机也可以把网络“分段”，通过对照 MAC 地址表，交换机只允许必要的网络流量通过交换机。通过交换机的过滤和转发，可以有效地隔离广播风暴，减少误包和错包的出现，避免共享冲突。

交换机在同一时刻可进行多个端口对之间的数据传输。每一端口都可视为独立的网段，连接在其上的网络设备独自享有全部的带宽，无须同其他设备竞争使用。当节点 A 向节点 D 发送数据时，节点 B 可同时向节点 C 发送数据，而且这两个传输都享有网络的全部带宽，都有着自己的虚拟连接。假设这里使用的是 10Mbps 以太网交换机，那么该交换机的总流通量就等于 2×10Mbps=20Mbps，而使用 10Mbps 的共享式 Hub 时，一个 Hub 的总流通量也不会超出 10Mbps。

总之，交换机是一种基于 MAC 地址识别，能完成封装转发数据包功能的网络设备。交换机可以“学习”MAC 地址，并把其存放在内部地址表中，通过在数据帧的始发者和目标接收者之间建立临时的交换路径，使数据帧直接由源地址到达目的地址。

4.3.3　交换机的组成

在以太网络中，交换机起着信息中转站的作用。它把从某个端口接收到的数据从其他端口转发出去。不同厂家、不同型号的以太网交换机，其外观和内部组成都有一定的个性差异，但其共性是主要的。

1. 交换机的外观

前面板上的多个 RJ-45 接口是以太网口，用来连接计算机或其他交换机。

后面板或前面板上的串口是交换机的配置口，用串口线缆将其与计算机的串口连接起来，可实现对交换机的配置操作。也有的交换机的配置口位于前面板上。

面板上有若干指示灯，其亮、灭或闪烁可以反映交换机的工作状态是否正常。

此外，还有电源插口、电源开关等。可上机架（柜）式交换机的标准长度为 48.26cm。

交换机的外观如图 4-5 所示。

（a）D-Link 交换机　　　　（b）锐捷交换机

图 4-5　以太网交换机的外观

2. 交换机的内部组成

交换机的内部组成如下。

CPU（中央处理器）：交换机使用特殊用途集成电路芯片 ASIC，以实现高速的数据传输。

RAM/DRAM：主存储器，存储运行配置。

NVRAM（非易失性 RAM）：存储备份配置文件等。

FlashROM（快闪存储器）：存储系统软件映像文件等，是可擦、可编程的 ROM。

ROM：存储开机诊断程序、引导程序和操作系统软件。

接口电路：交换机各端口的内部电路。

4.3.4 交换机的参数

交换机参数是使用者用来衡量交换机用途、性能的重要参考依据，任何一个网络在施工之前都必须经严格的论证，论证的过程就包括网络拓扑结构的分析，节点设备功能的确定等环节；其中设备功能的确定主要是根据该网络的业务要求而确定的，也就是常说的设备选型，而选购者也就是根据交换机相应的性能参数来选购所需设备的。例如该网络用户需要满足的最小带宽、用户节点数量、是否支持远程网络管理、该交换机有多少个扩展槽、支持哪些网络协议、是否支持 VLAN、端口数量等。

1. 背板带宽（Gbps）

交换机的背板带宽，是交换机接口处理器或接口卡和数据总线间所能吞吐的最大数据量。背板带宽标志了交换机总的数据交换能力，单位为 Gbps，也叫交换带宽，一般的交换机的背板带宽从几 Gbps 到上百 Gbps 不等。一台交换机的背板带宽越高，所能处理数据的能力就越强，但同时设计成本也会越高。

2. 包转发率

包转发率标志了交换机转发数据包能力的大小。单位一般为 pps（包每秒），一般交换机的包转发率在几十 Kpps 到几百 Mpps 不等。包转发速率是指交换机每秒可以转发多少百万个数据包（Mpps），即交换机能同时转发的数据包的数量。包转发率以数据包为单位体现了交换机的交换能力。

其实决定包转发率的一个重要指标就是交换机的背板带宽，背板带宽标志了交换机总的数据交换能力。一台交换机的背板带宽越高，所能处理数据的能力就越强，也就是包转发率越高。

3. VLAN 支持

VLAN，是英文 Virtual Local Area Network 的缩写，中文名为“虚拟局域网”，VLAN 是一种将局域网（LAN）设备从逻辑上划分（注意，不是从物理上划分）成一个个网段（或者说是更小的局域网 LAN），从而实现虚拟工作组（单元）的数据交换技术。

VLAN 这一新兴技术主要应用于交换机和路由器中，但目前主流应用还是在交换机之中。不过不是所有交换机都具有此功能，只有三层以上交换机才具有此功能，这一点可以查看相应交换机的说明书便可得知。VLAN 的好处主要有三个：

- 端口的分隔。即便在同一个交换机上，处于不同 VLAN 的端口也是不能通信的。这样一个物理的交换机可以当作多个逻辑的交换机使用。
- 网络的安全。不同 VLAN 不能直接通信，杜绝了广播信息的不安全性。
- 灵活的管理。更改用户所属的网络不必换端口和连线，只更改软件配置就可以了。

4. MAC 地址表

交换机之所以能够直接对目的节点发送数据包，而不是像集线器一样以广播方式对所有节点发送数据包，最关键的技术就是交换机可以识别连在网络上的节点的网卡 MAC 地址，并把它们放到一个叫做 MAC 地址表的地方。这个 MAC 地址表存放于交换机的缓存中，并记住这些地址，这样一来当需要向目的地址发送数据时，交换机就可在 MAC 地址表中查找这个 MAC 地址的节点位置，然后直接向这个位置的节点发送。所谓 MAC 地址数量是指交换机的 MAC 地址表中可以最多存储的 MAC 地址数量，存储的 MAC 地址数量越多，那么数据转发的速度和效率也就越高。

但是不同档次的交换机的每个端口所能够支持的 MAC 数量不同。在交换机的每个端口，都需要足够的缓存来记忆这些 MAC 地址，所以 Buffer（缓存）容量的大小就决定了相应交换机所能记忆的 MAC 地址数的多少。通常交换机只要能够记忆 1024 个 MAC 地址基本上就可以了，而一般的交换机通常都能做到这一点，所以如果在对网络规模不是很大的情况下，此参数无须太多考虑。当然越是高档的交换机能记住的 MAC 地址数就越多，这在选择时要视所连网络的规模而定。

4.3.5 交换机的配置

交换机的配置需要在不同的命令模式下才能执行，其常用的 6 种命令模式如下。

● 普通用户（User EXEC）模式

路由器启动后直接进入该模式，该模式只包含少数几条命令，用于查看交换机或路由器简单运行状态和统计信息。

● 特权用户（Privileged EXEC）模式

该模式由口令保护，用户进入该模式后可查看交换机或路由器的全部运行状态和统计信息，并可进行文件管理和系统管理。而且，特权用户模式是进入其他用户模式的“关口”，欲进入其他用户模式，必须先进入特权用户模式。

● 全局配置（Global configuration）模式

在该模式下可配置交换机或路由器的全局参数，如主机名、密码、路由协议等。

● 端口配置（Interface configuration）模式

该模式可对交换机或路由器的各种端口进行配置，如配置 IP 地址、封装网络协议等。

● 虚拟局域网参数配置（VLAN database）模式

在该模式下可对交换式网络进行虚拟局域网的划分。

● 线路配置（Line configuration）模式

在该模式下可为使用终端仿真程序访问交换机或路由器设置参数。

表 4-10 列出了该 6 种命令模式的用途、提示符、访问方法。

表 4-10 命令模式及功能

模　式	访问方法	提示符	用　途
普通用户模式	一个进程的开始	>	改变终端设置执行基本测试显示系统信息
特权用户模式	在普通用户模式中输入 enable 命令	#	校验输入的命令，该模式由密码保护
全局配置模式	在特权用户模式中输入 configure terminal 命令	(config)#	将配置的参数应用于整个交换机
端口配置模式	在全局配置模式中，输入 interface 命令	(config-if)#	为以太网接口配置参数
虚拟局域网参数配置模式	在 Privileged EXEC 模式中输入 vlan database 命令	(vlan)#	配置 VLAN 参数

续表

模　式	访 问 方 法	提 示 符	用　途
线路配置模式	在全局配置模式中输入 line vty 命令或 line console 命令	(config-line)#	为 terminal line 配置参数

1. 命令行书写格式的约定

如下是一定义路由器地址池的命令行：

```
ip nat pool name start-ip end-ip { netmask netmask| prefix-length prefix-length } [ type { rotary } ]
```

以此为例对书写格式约定如下：

- 正体书写的字符串为命令关键字，不能省略或书写错误。
- 斜体书写的字符串为参数名，需要用具体的参数值进行替换。
- { }内为必选项，不能省略。
- [ ]内为可选项，可以省略。
- ***|*** “|”表示两边选择其一。

2. 配置交换机的方法

配置交换机，方法之一是使用 Console 线缆将计算机的串口与交换机的 Console 端口进行相连，此方法适合任何情况下的交换机配置；方法之二是通过网络，计算机以 Telnet 远程接入的方式与交换机进行连接，此方法适合交换机配置了 IP 地址的情况。此外，还可通过 Web 或网管软件对交换机进行一些基本的配置和管理，以及通过 TFTP 服务器实现对交换机软件系统的保存、升级、配置文件的保存和下载等。

下面介绍使用 Console 线缆连接计算机与交换机进行配置的步骤。

（1）将交换机的配置口（Console）与计算机的串口（Com）通过专用的配置（Console）电缆连接起来，如图 4-6 所示。

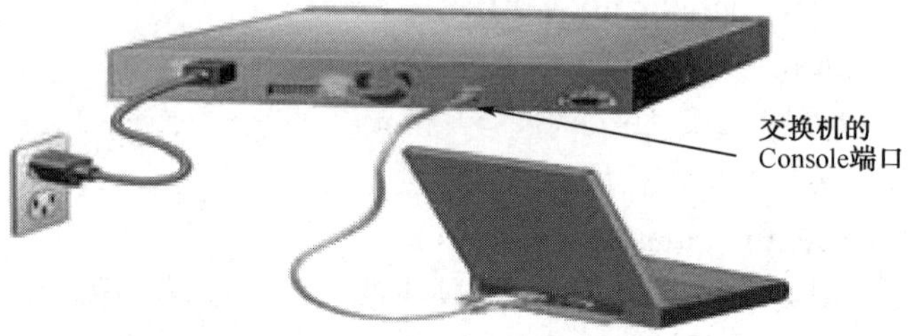

图 4-6　计算机与交换机连接示意图

（2）在 Windows 中运行并设置超级终端，其配置过程如图 4-7～图 4-12 所示。

（3）配置交换机的主机名、口令和端口 IP 地址，以及 Telnet 进程等交换机的基本信息。

① 配置主机名与口令。

配置交换机的主机名和口令，操作如下：

```
switch>enable                          //进入特权用户模式
switch#
switch# configure terminal             //进入全局配置模式
switch(config)# hostname cswu          //设置主机名为 cswu
cswu(config)#
```

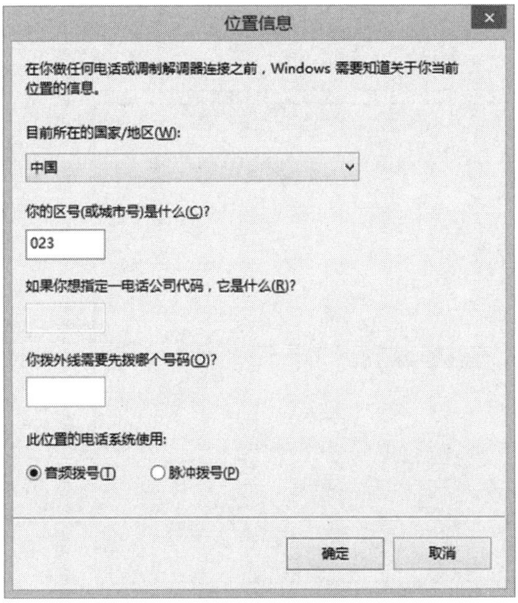

图 4-7 位置信息设置

图 4-8 确定位置

图 4-9 输入创建的连接名称

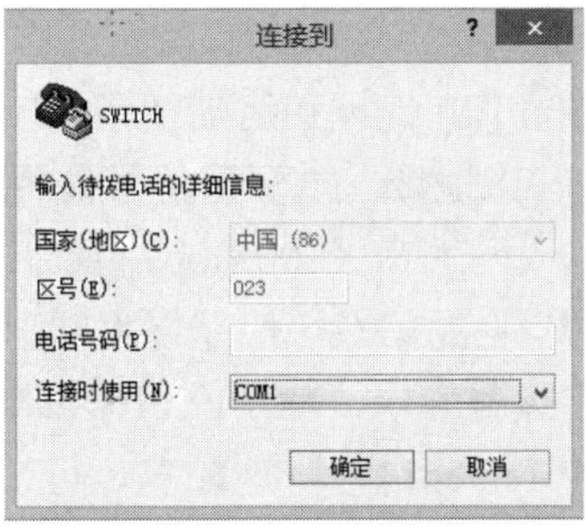

图 4-10 选择连接端口

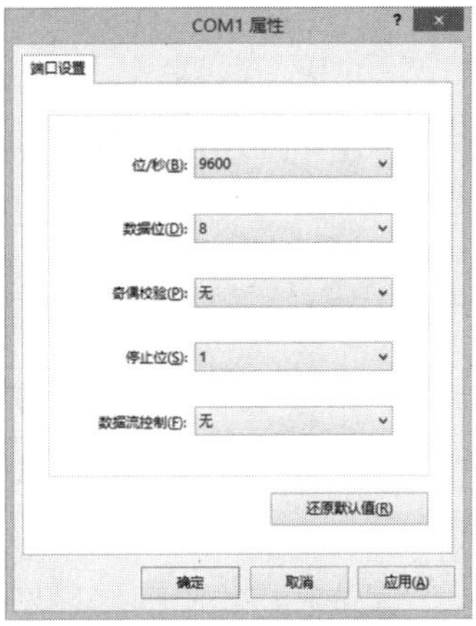

图 4-11 端口参数设置

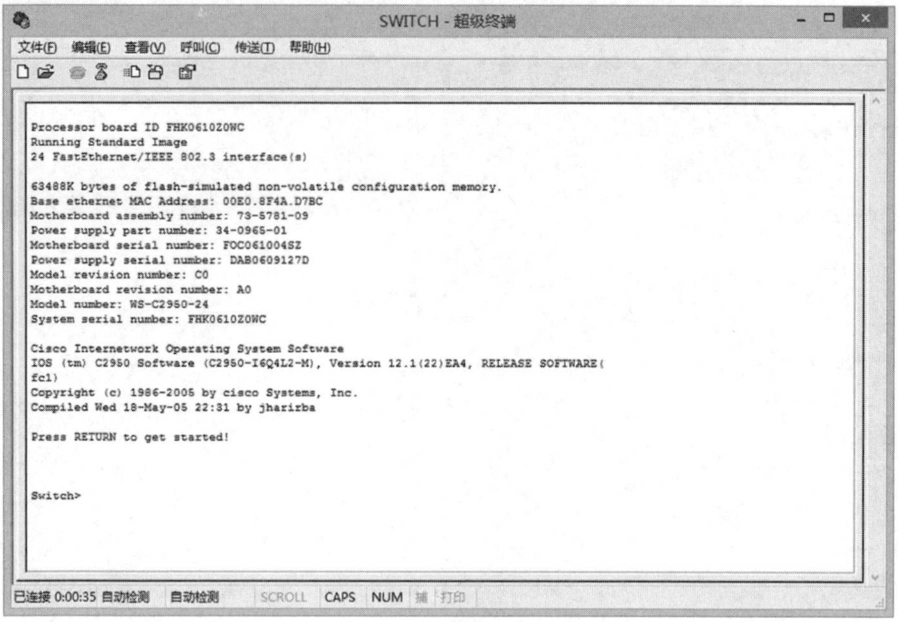

图 4-12　连接成功界面

② 配置端口 IP 地址和终端线路的 Telnet 进程管理。

配置端口 IP 地址，主要是便于使用此端口对交换机进行管理，该端口称为管理端口。通常是把快速以太网端口（100Mbps Fast Ethernet，用 f 后跟数字编号表示，如 f 0/1 表示第一个模块<0 号模块>上的第一个快速以太网口）或千兆位以太网端口（1000Mbps Gigabit Ethernet，用 g 后跟数字编号表示，如 g49 表示编号为 49 的一个千兆位以太网端口）作为管理接口。通过终端线路的 Telnet 进程管理配置，可设定对交换机的登录权限，增强交换机的安全性。

配置端口 IP 地址。

进入 Interface configuration 模式。如欲配置 f 0/1 端口，则如下：

```
Switch(config)# interface f 0/1
Switch(config-if)#
```

为该 Fast Ethernet 端口输入 IP 地址和子网掩码。使用命令 ip address，后跟 IP 地址和子网掩码，如 192.168.0.8255.255.255.0：

```
Switch(config-if)#ip address 192.168.0.8255.255.255.0
```

启用该端口配置：

```
Switch(config-if)# no shutdown
```

返回至 Global configuration 模式：

```
router(config-if)# exit
router(config)#
```

③ 配置终端线路管理。

Line configuration 模式用于配置终端线路的登录权限。

在全局配置模式下使用命令 line {vty|con} number 进行配置，其中 vty 为 Catalyst 2900 系

列以上交换机配置虚拟终端，con 为 Catalyst 1900 系列配置 Console 口。

例如，配置用户可用 Telnet 登录路由器（使用 0～15 号 line）：

```
Switch(config)#line vty 0 15                    //最多可以允许 16 个用户用 Telnet 登录
Switch(config-line)#
```

为进入 Telnet 进程设置口令：

```
Switch(config-line)# password password
```

返回至 Privileged EXEC 模式：

```
Switch(config-line)#end
Switch#
```

将配置保存到 NVRAN：

```
Switch# copy running-config startup-config
```

将配置保存到 TFTP 服务器：

```
Switch# copy running-config TFTP
```

交换机的更新配置能够立即生效，不必重启系统。但此时该配置只是驻留在主内存中，断电后，更改的配置将不能保存。若要保存新配置，则必须将其从主内存复制至 NVRAM 或 Flash ROM 中。下次启动时，配置文件则从 NVROM 调入主内存，控制交换机逐行执行配置文件的命令。

④ 保存配置信息。

将配置保存到 NVRAN：

```
Switch# copy running-config startup-config
```

将配置保存到 TFTP 服务器：

```
Switch# copy running-config
```

4.4　习题

1. 选择题

（1）以下叙述正确的是（　　）。

A．若媒体忙，则等待一段随机时间再发送

B．完成接收后，则解开帧，提交给高层协议

C．若在帧发送过程中检测到碰撞，则停止发送，等待一段随机时间再发送

D．网络上站点处在接收状态时，只要媒体上有帧传输就接收该帧，即使帧碎片也会接收

（2）在快速以太网中不能进行自动协商的媒介是（　　）。

A．光缆　　B．100Base-T4　　C．100Base-T　　D．100Base-TX

（3）千兆位以太网多用于（　　）。

A．LAN 系统的主干　　B．任意位置

C．集线器之间的互连　　D．网卡与集线器的互连

（4）全双工以太网传输技术的特点是（　　）。

A．能同时发送和接收帧，不受 CSMA/CD 限制

B．能同时发送和接收帧，受 CSMA/CD 限制

C．不能同时发送和接收帧，不受 CSMA/CD 限制

D．不能同时发送和接收帧，受 CSMA/CD 限制

（5）进入交换机全局模式的命令是（　　）。

A．show run　　B．configure terminal

C．config　　D．enable

（6）交换机知道将帧转发到哪个端口的方法是（　　）。

A．读取源 ARP 地址　　B．用 ARP 地址表

C．用 MAC 地址表　　D．读取源 MAC 地址

（7）以太网交换机一个端口在接收到数据帧时，如果没有在 MAC 地址中查找到目的 MAC 地址，通常（　　）。

A．丢弃该帧

B．把以太网帧发送到除本端口以外的所有端口

C．把以太网帧复制到所有端口

D．把以太网帧单点传送到特定端口　　E．把以太网帧发送到一组特定的端口

（8）下列属于 10Base-T 中网卡与集线器之间双绞线接法的是（　　）。

A．1-2，2-2，3-6，6-3　　B．1-3，2-6，3-1，6-2

C．1-6，2-3，3-2，6-1　　D．1-1，2-2，3-3，6-6

（9）10Mbps 和 100Mbps 自适应系统是指（　　）。

A．其他三项都是

B．端口之间 10Mbps 和 100Mbps 传输速率的自动匹配功能

C．既工作在 10Mbps，同时也工作在 100Mbps

D．既可工作在 10Mbps，也可工作在 100Mbps

2. 简答题

（1）交换机内部由哪些硬件构成？

（2）简述第二、第三和第四层交换机的工作特点。

（3）简述第二层交换机 MAC 地址表的建立过程。

（4）简述帧交换的三种方式及其特点。

（5）什么是广播风暴？简述广播风暴的形成机制。

（6）Cisco IOS 的基本命令模式有哪些？

（7）可以通过哪些方法配置 Cisco 交换机？

第5章 子网规划与划分

5.1 任务描述

现在学校拟对教学用网络实验室进行改建，本实验室有台式 PC 42 台，教师 PC 1 台，在对网络基础设备升级换代后，要求如下：

（1）将实验室学生用 PC 划分为 7 小组，每小组 5 台 PC。

（2）各小组之间不能连通，但需与教师机相连。

（3）教师用 PC 单独用一个网段。

（4）本实验室规划使用一个 C 类网络地址 202.202.1.0/24。

5.2 设计与实施

5.2.1 IP 子网划分

根据本案例功能需求分析得知，在只有一个 C 类 IP 地址段的情况下，要完成计算机的分组，可运用划分子网的方式来实现。一般地，IP 地址由网络号（NetWork ID）和主机号（Host ID）两个部分组成，网络号用来标志一个特定网络，而主机号则用来表示该网络中主机的一个特定连接，可以通过修改子网掩码来实现 IP 子网的划分，从而实现功能。

1. 分析网络需求

分析上述网络需求可知，学生用 PC 需 7 个子网，另教师用 PC 需 1 个子网，所以共计需要划分为 8 个子网；每个子网最低要求容纳 5 台 PC，共需 5 个可用 IP 地址；C 类网络地址可用的 IP 地址总数为 254 个，所以使用 202.202.1.0/24 网络完全满足网络编址需求。

2. 设计 IP 编址方案

针对本案例，共需 8 个子网，每个子网中最少需要拥有 5 个可用 IP 地址，根据公式 $2^n=8$

→n=3，从而确定需要借用的主机 ID 位的位数为 3 位。

因所剩的主机位数是 5 位，所以每个子网中最多可有 2^5−2=30 个可用 IP 地址，完全满足每个子网最低 6 个可用 IP 地址的要求。

本案例中所规划的网络地址为一个 C 类地址 202.202.1.0，默认掩码为 C 类地址的标准掩码 255.255.255.0，根据需求及计算结果，需向默认的 C 类子网掩码中加入 3 位 1（掩码中表示网络 ID 的 1 的位数必须连续），其子网掩码的二进制表示为 11111111.11111111.11111111.11100000，即转换为十进制为 255.255.255.224。具体子网划分及有效 IP 地址范围计算过程如下。

（1）202.202.1.0/24→202.202.1.0　netmask　255.255.255.0。

（2）向主机位借用 3 位成为子网掩码，其变化范围为：000，001，010，011，100，101，110，111，而主机位全为 0，其表示为如下：000 00000→0，001 00000→32，

010 00000→64，011 00000→96，100 00000→128，101 00000→160，110 00000→192，111 00000→224。

（3）具体的子网网络 ID 及对应的实际可用 IP 地址范围划分如下：

202.202.1.0/27，→202.202.1.1～202.202.1.30

202.202.1.32/27，→202.202.1.33～202.202.1.62

202.202.1.64/27，→202.202.1.65～202.202.1.94

202.202.1.96/27，→202.202.1.97～ 202.202.1.126

202.202.1.128/27，→202.202.1.129～202.202.1.158

202.202.1.160/27，→202.202.1.161～202.202.1.190

202.202.1.192/27，→202.202.1.193～202.202.1.222

202.202.1.224/27，→202.202.1.225～202.202.1.254

以上 IP 地址的子网掩码均为 27 位，即 255.255.255.224。

5.2.2 配置 VLAN

根据需求分析及子网规划设计，使用 2 个交换机，由于每小组只有 5 台 PC，所以设计如图 5-1 所示的网络拓扑结构，并且启用交换机 F0/24 接口的 Trunk 模式。

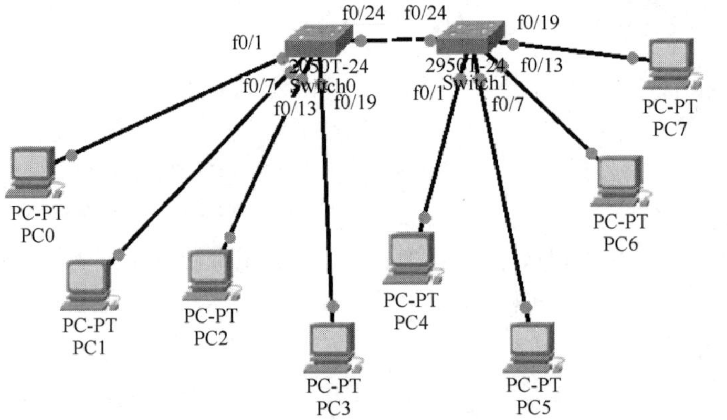

图 5-1　网络拓扑结构图

其配置过程如下（使用模拟器完成）：

```
Switch0
        Switch>enable
        Switch#configure terminal
        Switch(config)#vlan 2
        Switch(config-vlan)#exit
        Switch(config)#vlan 3
        Switch(config-vlan)#exit
        Switch(config)#vlan 4
        Switch(config-vlan)#exit
        Switch(config)#interface range f0/1-6
        Switch(config-if-range)#switchport access vlan 2
        Switch(config-if-range)#exit
        Switch(config)#interface range f0/7-12
        Switch(config-if-range)#switchport access vlan 3
        Switch(config-if-range)#exit
        Switch(config)#interface range f0/13-18
        Switch(config-if-range)#switchport access vlan 4
        Switch(config-if-range)#exit
        Switch(config)#int f0/24
        Switch(config-if)#switchport mode trunk
Switch1
        Switch>enable
        Switch#configure terminal
        Switch(config)#vlan 5
        Switch(config-vlan)#exit
        Switch(config)#vlan 6
        Switch(config-vlan)#exit
        Switch(config)#vlan 7
        Switch(config-vlan)#exit
        Switch(config)#vlan 8
        Switch(config-vlan)#exit
        Switch(config)#interface range f0/1-6
        Switch(config-if-range)#switchport access vlan 5
        Switch(config-if-range)#exit
        Switch(config)#interface range f0/7-12
        Switch(config-if-range)#switchport access vlan 6
        Switch(config-if-range)#exit
        Switch(config)#interface range f0/13-18
        Switch(config-if-range)#switchport access vlan 7
        Switch(config-if-range)#exit
        Switch(config)#interface range f0/19-23
        Switch(config-if-range)#switchport access vlan8
        Switch(config-if-range)#exit

        Switch(config)#int f0/24
        Switch(config-if)#switchport mode trunk
```

说明：每个二层交换机，均有一个默认的 VLAN 1，帮 Switch0 中新建了 3 个 VLAN，在

Switch1 中，VLAN 8 用于连接教师用 PC。所有 VLAN 的主机均使用划分出的子网及相应掩码，从而实现网络隔离。如需实现跨网段的访问，请连接三层交换机或路由器实现其功能，具体配置请参照第 6 章完成。

5.3 相关知识

子网掩码不能单独存在，它必须结合 IP 地址一起使用。子网掩码只有一个作用，就是将某个 IP 地址划分成网络地址和主机地址两部分。子网掩码的设定必须遵循一定的规则。与地址相同，子网掩码的长度也是 32 位，左边是网络位，用二进制数字“1”表示；右边是主机位，用二进制数字“0”表示。只有通过子网掩码，才能表明一台主机所在的子网与其他子网的关系，区别主机通信不同情况，由此选择不同路由，使网络正常工作。

5.3.1 TCP/IP 体系结构

Internet 是基于 TCP/IP 协议的。TCP/IP 是一组协议，因为 TCP 和 IP 是众所周知的两个协议，所以整个协议簇就叫 TCP/IP。TCP/IP 的体系结构模型是一个 4 层模型，具体分为应用层、传输层（TCP）、网络互联层（IP）及网络接口层，如图 5-2 所示。

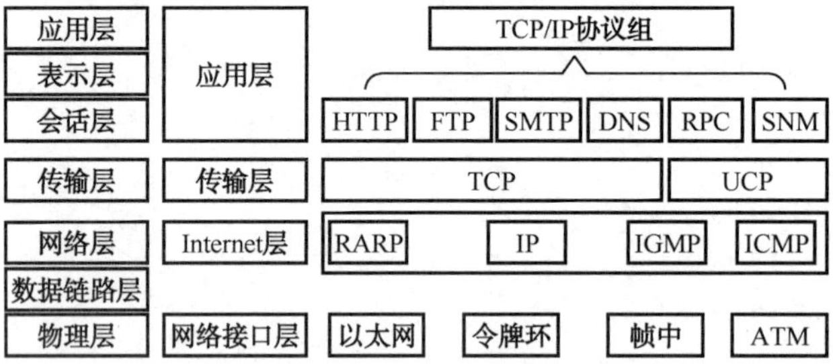

图 5-2　TCP/IP 协议层次结构

- 应用层——此层为最高层，提供了若干应用程序供用户调用。应用程序利用传输层服务，发送或接收数据。数据形式可以是一串报文，也可看成是一种字节流。
- 传输层——该层的根本任务是提供可靠的端到端通信。该层保证传输可靠、不乱序，并进行流控。为此，接收就具有确认和请求重发功能。传输层把数据分成报文分组，传给下一层。
- Internet 层——本层把 TCP 交来的报文分组封装成 IP 数据报，加上 IP 报头，使用路由算法，确定是把此数据报直接送交到主机还是发给下一个网关。该层把数据报交给网络接口层发送出去。
- 网络接口层——该层是互联网络软件的底层。它负责接收从 IP 发来的数据报，并把该数据报送到指定的网络上。这一层直接面向不同的通信子网。上面 TCP/IP 协议模型中，网络接口层直接面向不同的网络，例如 LAN。但在 Internet 应用中，大量个人用户，不是经过 LAN，而是通过串行线路直接连到 Internet 服务提供者的路由器上入网的，因此需要点到数据链路层协议。在 Internet 上这两个协议是 SLIP 和 PPP，一般称为 PPP/SLIP 协议。

5.3.2　下一代 IP 协议

IPv6 是 Internet Protocol Version 6 的缩写，也被称为下一代网际协议。它是由 Internet 工程任务组（Internet Engineering Task Force，IETF）设计的，用来替代现行的 IPv4 的一种新的 IP。

Internet 中的主机都有一个唯一的 IP 地址，现有的 IP 地址用一个 32 位的二进制数表示一个主机号码，可以只能支持 32 位的地址长度，所能分配的地址数目大致相当于 4294967296，即 2^{32}。在最早使用 IP 的时候，这个数字还是相当可观的，但是随着近几年全球范围内计算机网络的爆炸性增长，可以使用的 IPv4 地址空间已经越来越有限。为了从根本上解决 IP 地址空间不足的问题，提供更加广阔的网络发展空间，人们对 IPv4 进行了改进，推出了功能更加完善和可靠的 IPv6。IPv6 对地址分配系统进行了改进，支持 128 位的地址长度，在性能和安全性上有所增强。

1. IPv6 的特点

和 IPv4 相比，IPv6 有以下一些特点。

① 简化的报头和灵活的扩展。

IPv6 对数据报头作了简化，以减少处理器开销并节省网络带宽。IPv6 的报头由一个基本报头和多个扩展报头（Extension Header）构成，基本报头具有固定的长度（40byte），放置所有路由器都需要处理的信息。由于 Internet 上的绝大部分包都只是被路由器简单地转发，因此固定的报头长度有助于加快路由速度。IPv4 的报头有 15 个域，而 IPv6 的只有 8 个域，IPv4 的报头长度是由 IHL 域来指定的，而 IPv6 的是固定的 40byte。这就使得路由器在处理 IPv6 报头时显得更为轻松。与此同时，IPv6 还定义了多种扩展报头，这使得 IPv6 变得极其灵活，能提供对多种应用的强力支持，同时又为以后支持新的应用提供了可能。这些报头被放置在 IPv6 报头和上层报头之间，每一个都可以通过独特的“下一报头”的值来确认。除了逐个路程段选项报头（它携带了在传输路径上每一个节点都必须进行处理的信息）外，扩展报头只有在它到达了在 IPv6 报头中所指定的目标节点时才会得到处理（当多点播送时，则是所规定的每一个目标节点）。在那里，在 IPv6 的下一报头域中所使用的标准的解码方法调用相应的模块去处理第一个扩展报头（如果没有扩展报头，则处理上层报头）。每一个扩展报头的内容和语义决定了是否去处理下一个报头。因此，扩展报头必须按照它们在包中出现的次序依次处理。一个完整的 IPv6 的实现包括下面这些扩展报头的实现：逐个路程段选项报头，目的选项报头，路由报头，分段报头，身份认证报头，有效载荷安全封装报头，最终目的报头。

② 层次化的地址结构。

IPv6 将现有的 IP 地址长度扩大 4 倍，由当前 IPv4 的 32 位扩充到 128 位，以支持大规模数量的网络节点。这样 IPv6 的地址总数就大约有 3.4×10^{38} 个。平均到地球表面上来说，每平方米将获得 6.5×10^{23} 个地址。IPv6 支持更多级别的地址层次，IPv6 的设计者把 IPv6 的地址空间按照不同的地址前缀来划分，并采用了层次化的地址结构，以利于骨干网路由器对数据包的快速转发。

③ 即插即用的连网方式。

IPv6 把自动将 IP 地址分配给用户的功能作为标准功能。只要机器一连接上网络便可自动设定地址。它有两个优点：一是最终用户用不着花精力进行地址设定；二是可以大大减轻网络管理者的负担。IPv6 有两种自动设定功能：一种是和 IPv4 自动设定功能一样的名为“全状态自动设定（Stateful Autoconfiguration）”功能；另一种是“无状态自动设定（Stateless Autoconfiguration）”功能。

在 IPv4 中，动态主机配置协议（Dynamic Host Configuration Protocol，DHCP）实现了主机 IP 地址及其相关配置的自动设置。一个 DHCP 服务器拥有一个 IP 地址池，主机从 DHCP 服务器租借 IP 地址并获得有关的配置信息（如默认网关、DNS 服务器等），由此达到自动设置主机 IP 地址的目的。IPv6 继承了 IPv4 的这种自动配置服务，并将其称为全状态自动配置。

除了全状态自动配置，Ipv6 还采用了一种被称为无状态自动配置（stateless autoconfiguration）的自动配置服务。在无状态自动配置过程中，主机首先通过将它的网卡 MAC 地址附加在链接本地地址前缀 1111111010 之后，产生一个链路本地单点传送地址。接着主机向该地址发出一个被称为邻居发现（neighbor discovery）的请求，以验证地址的唯一性。如果请求没有得到响应，则表明主机自我设置的链路本地单点传送地址是唯一的。否则，主机将使用一个随机产生的接口 ID 组成一个新的链路本地单点传送地址。然后，以该地址为源地址，主机向本地链路中所有路由器多点传送一个被称为路由器请求（router solicitation）的配置信息。路由器以一个包含一个可聚集全球单点传送地址前缀和其他相关配置信息的路由器公告响应该请求。主机用它从路由器得到的全球地址前缀加上自己的接口 ID，自动配置全球地址，然后就可以与 Internet 中的其他主机通信了。

④ 网络层的认证与加密。

安全问题始终是与 Internet 相关的一个重要话题。由于在 IP 设计之初没有考虑安全性，因而在早期的 Internet 上时常发生诸如企业或机构网络遭到攻击、机密数据被窃取等不幸的事情。为了加强 Internet 的安全性，从 1995 年开始，IETF 着眼研究制订了一套用于保护 IP 通信的 IP 安全（IPSec）协议。IPSec 是 IPv4 的一个可选扩展协议，是 IPv6 的一个必须组成部分。

IPSec 的主要功能是在网络层对数据分组提供加密和鉴别等安全服务，它提供了两种安全机制：认证和加密。认证机制使 IP 通信的数据接收方能够确认数据发送方的真实身份及数据在传输过程中是否遭到改动。加密机制通过对数据进行编码来保证数据的机密性，以防数据在传输过程中被他人截获而泄密。IPSec 的认证报头（Authentication Header，AH）协议定义了认证的应用方法，安全负载封装（Encapsulating Security Payload，ESP）协议定义了加密和可选认证的应用方法。在实际进行 IP 通信时，可以根据安全需求同时使用这两种协议或选择使用其中的一种。

作为 IPv6 的一个组成部分，IPSec 是一个网络层协议。它只负责其下层的网络安全，并不负责其上层应用的安全，如 Web、电子邮件和文件传输等。也就是说，验证一个 Web 会话，仍然需要使用 SSL 协议。不过，TCP/IPv6 协议簇中的协议可以从 IPSec 中受益，例如，用于 IPv6 的 OSPF6 路由协议就去掉了用于 IPv4 的 OSPF 中的认证机制。

作为 IPSec 的一项重要应用，IPv6 集成了虚拟专用网（VPN）的功能，使用 IPv6 可以更容易地实现更为安全可靠的虚拟专用网。

⑤ 服务质量的满足

IPv6 数据包的格式包含一个 8 位的业务流类别（Class）和一个新的 20 位的流标签（Flow Label）。最早在 RFC1883 中定义了 4 位的优先级字段，可以区分 16 个不同的优先级。后来在 RFC2460 里改为 8 位的类别字段。其数值及如何使用还没有定义，其目的是允许发送业务流的源节点和转发业务流的路由器在数据包上加上标记，并进行除默认处理之外的不同处理。一般来说，在所选择的链路上，可以根据开销、带宽、延时或其他特性对数据包进行特殊的处理。

一个流是与某种方式相关的一系列信息包，IP 层必须以相关的方式对待它们。决定信息包属于同一流的参数包括：源地址，目的地址，QoS，身份认证及安全性。IPv6 中流的概念的引入仍然是在无连接协议的基础上的，一个流可以包含几个 TCP 连接，一个流的目的地址可以是单个节点，也可以是一组节点。IPv6 的中间节点接收到一个信息包时，通过验证它的流标签，就可以判断它属于哪个流，然后就可以知道信息包的 QoS 需求，从而进行快速地转发。

⑥ 对移动通信更好的支持。

移动通信与 Internet 的结合是网络发展的大趋势之一。移动 Internet 将成为我们日常生活的一部分，改变我们生活的方方面面。移动 Internet 不仅仅是移动接入 Internet，它还提供一系列以移动性为核心的多种增值业务，如查询本地化设计信息、远程控制工具、无限互动游戏、购物付款等。

移动 IPv6 的设计汲取了移动 IPv4 的设计经验，并且利用了 IPv6 的许多新的特征，所以提供了比移动 IPv4 更多的、更好的特点。移动 IPv6 成为 IPv6 不可分割的一部分。

2. IPv6 的数据报格式

IPv6 数据报的一般格式如图 5-3 所示。

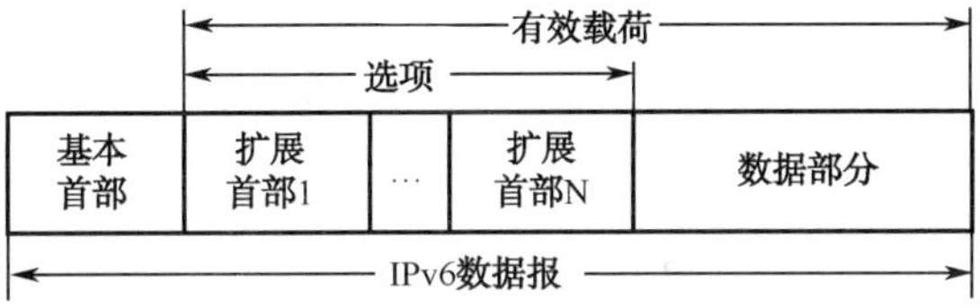

图 5-3　IPv6 数据报的一般格式

IPv6 数据报包括首部和数据两部分，首部又包括基本首部和扩展首部，扩展首部是选项。扩展首部和数据合起来称为有效载荷。IPv6 数据报首部的具体格式如图 5-4 所示。

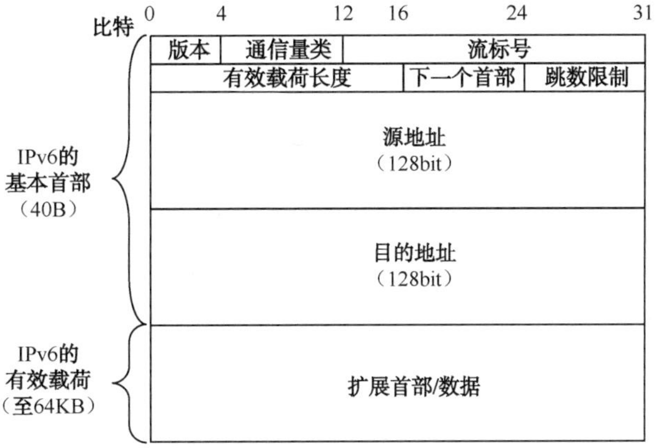

图 5-4　IPv6 数据报首部的具体格式

（1）IPv6 基本首部。

IPv6 基本首部共 40byte，各字段的作用如下。

版本：占 4bit，指明协议的版本。对于 IPv6 该字段为 6。

通信量类：占 8bit，用于区分 IPv6 数据报不同的类型或优先级。

流标号：占 20bit，IPv6 支持资源分配的一个新的机制。“流”是互联网络上从特定源点到特定终点的一系列数据报，“流”所经过路径上的路由器要保证要求的服务质量。所有属于同一个“流”的数据报都具有同样的流标号。

有效载荷长度：占 16bit，指明 IPv6 数据报除基本首部以外的字节数，最大值为 64KB。

下一个首部：占 8bit，无扩展首部时，此字段同 IPv4 的报头中的协议字段；有扩展首部时，此字段指出后面第一个扩展首部的类型。

跳数限制：用来防止数据报在网络中无限期地存在。

源地址：占 128bit，为数据报的发送端的 IP 地址。

目的地址：占 128bit，为数据报的接收端的 IP 地址。

（2）IPv6 扩展首部。

IPv6 定义了 6 种扩展首部。

逐跳选项：用于携带选项信息，数据报所经过的所有路由器都必须处理这些选项信息。

路由选择：类似于 IPv4 中的源路由选项，是源站用来指明数据报在路由过程中必须经过哪些路由器。

分片：是当源站发送长度超过路径最大传输单元（MTU）的数据报时进行分片用的扩展首部。IPv6 规定分片必须由源站来完成，路径途中的路由器不允许进行分片。

鉴别：用于对 IPv6 数据报基本首部、扩展首部和数据净荷的某些部分进行加密。

封装安全有效载荷：指明剩余的数据净荷已加密，并为已获得授权的目的站提供足够的解密信息。

目的站选项：用于携带只需要目的站处理的选项信息。

为了提高路由器的处理效率，IPv6 规定，数据报途中经过的路由器都不处理这些扩展首部（只有逐跳选项扩展首部例外）。将扩展首部留给路径两端的源站和目的站的主机来处理。

每一个扩展首部都由若干个字段组成，不同的扩展首部的长度不一样。但所有扩展首部的第一个字段都是 8bit 的“下一个首部”字段，此字段的值指出了在该扩展首部后面的字段是什么，即是哪个其他扩展首部或 TCP/UDP 等首部。

当使用多个扩展首部时，应该按照以上的先后顺序出现。

3. IPv6 的地址空间

（1）128bit 的地址空间。

IPv6 允许 3 种类型的地址：

单投点：标识单个接口。发送给单投点地址的分组被投递给用哪个地址标识的接口。

任意投点：标识一组接口（属于不同的节点）。发送给任意投点地址的分组被投递给用那个地址标识的所有接口中的一个接口（根据路由协议测量的距离最近的一个）。

多投点：标识一组接口（属于不同的节点）。发送给多投点地址的分组被投递给用那个地址标识的所有接口。

IPv6 使用冒号十六进制记法，例如 68E6:8C64:FFFF:FFFF:0:1180:960A:FFFF。又例如 FF05:0:0:0:0:0:0:B3 可写成 FF05::B3。

规定：在任一地址中只能使用一次零压缩。冒号十六进制记法可以结合点分十进制记法的后缀，例如 0:0:0:0:0:0:128:10:2:1 可写成：:128:10:2:1。

（2）地址空间的分配。

IPv6 将地址空间分为两大部分，第一部分是可变长度的类型前缀，它定义了地址的目的；第二部分是地址的其余部分，其长度也是可变的。

4. 从 IPv4 向 IPv6 过渡

IPv6 是 IETF 设计的用来替代 IPv4 的一种新的 IP。目前解决从 IPv4 网络到 IPv6 网络过渡问题的基本技术主要有双协议栈技术、隧道技术和 NAT-PT 技术。

（1）双协议栈技术。

双协议栈技术（Dual Stack）是指设备升级到 IPv6 的同时保留对 IPv4 的支持，可同时访问 IPv6、IPv4 设备，包含双协议栈支持。应用程序依靠 DNS 地址解析返回的地址类型来决定使用何种协议栈。它是 IPv6 节点与 IPv4 节点兼容的最直接方式，应用对象是主机、路由器等。

双协议栈的工作方式是如果应用程序使用的目标地址是 IPv4 地址，则使用 IPv4 协议；如果应用程序使用的目标地址是 IPv4 兼容的 IPv6 地址，则同样使用 IPv4 协议，但 IPv6 需封装在 IPv4 当中；如果应用程序使用的目标地址是一个非 IPv4 兼容的 IPv6 地址，则使用 IPv6 协议，而且很可能要采用隧道等机制；如果应用程序使用域名作为目标地址，那么此时先从 DNS 服务器那里得到相应的 IPv4/IPv6 地址，然后根据地址的情况来进行相应的处理。

双协议栈网络的建设有两种模式：一种是完全双协议栈网络，即所有网络设备、用户终端都支持 IPv4、IPv6 双协议栈，用户通信既可使用 IPv4 协议栈，也可使用 IPv6 协议栈；另一种是有限双协议栈网络，网络中的部分网络设备、用户终端采用双协议栈，这些用户可使用 IPv4 或 IPv6 与其他用户互联互通，但新增的网络设备和用户终端只能使用 IPv6 协议栈。

（2）隧道技术。

所谓隧道（Tunnel）技术，就是一方将 IPv6 包封装在 IPv4 包里，然后在目的地将其解封，得到 IPv6 包。利用隧道技术可以通过现有的运行 IPv4 协议的 Internet 骨干网络，将局部的 IPv6 网络连接起来。通过隧道，IPv6 分组作为无结构、无意义的数据被封装在 IPv4 分组中，IPv4 分组的源地址和目标地址分别是隧道入口和出口的 IPv4 地址，然后在 IPv4 网络中传输，在隧道的出口处再将 IPv6 分组取出转发给目的站点。由于隧道技术只要求在隧道的入口和出口处进行修改，对其他部分没有要求，所以非常容易实现，但它不能实现 IPv4 主机与 IPv6 主机的直接通信。

（3）NAT-PT 技术。

NAT-PT 即网络地址转换。协议转换（Network Address Translation-Protocol Translation）技术，用于解决 IPv6 与 IPv4 互通的问题。NAT 的主要思想是通过 NAT 网关将一种 IP 地址转换为另一种 IP 地址，它允许网管人员使用一组在公网中从不使用的保留地址。此时将 IPv6 网视为独立而封闭的地址域，它需要使用一个“翻译器”将内部地址转换为外部地址。它和 PT 协议转换机制结合可实现协议、地址的转换。NAT-PT 基本上是基于早期的 SIIT（Stateless IP/ICMP Translation）机制，通过使用临时分配的 IPv4 地址进行 IPv6 与 IPv4 之间地址的转换，实现 IPv6 节点和 IPv4 节点之间的互相通信。

隧道、转换等过渡技术均基于双协议栈技术，因为只有具有双协议栈的设备才能既与 IPv4 网络互通，又与 IPv6 网络互通。它们的差别在于隧道、转换等技术提供一种协议栈对另一种协议栈的替换，也就是将一种协议的流量转换或封装成另一种流量。而双协议栈网络只能提供基本的 IPv4 流量到 IPv4 流量的转发，或者 IPv6 流量到 IPv6 流量的转发。

5. IPv6 的应用前景

IPv6 技术体系经历了十多年的发展，其标准化的进程缓慢，严重影响了 IPv6 技术关键应用体系的建立。近几年来由于亚洲和欧洲力量的推动，IPv6 的标准化进程明显加快，具有 IPv6 特性的网络设备和网络终端，以及相关的硬件平台的推出也已加快了进度。在这种趋势下，IPv6

的关键应用将很快出现。

（1）3G 业务。

由于 IP 的诸多优点和全球 IP 浪潮的冲击，3G 演变为全 IP 网络的趋势越来越明显。为了满足永远在线的需要，每一个要接入 Internet 的移动设备都将需要两个唯一的 IP 地址来实现移动 Internet 连接，本地网络分配一个静态 IP 地址，连接点分配第二个 IP 地址用于漫游。GPRS 和 3G 作为未来移动通信蓝图中的核心组成部分，对 IP 地址的需求量极大，只有 IPv6 才能满足这种需要。

（2）个人智能终端。

经济的发展带动了个人电子设备的发展，通过呼机、手机、PDA 到智能手机的发展趋势看，有连网能力的集成数据、语音和视频的个人智能终端已经出现，在社会需求的驱动下，其规模将会相当大，由此将产生巨大的对 IP 地址的需求，这将是过渡到 IPv6 的一个最大动因。

（3）家庭网络。

家用宽带和 DSL 设备的增长带动了家庭网络市场，随着我国物联网的推进和新技术的应用，很多信息技术厂商都在进行家庭网络方面的项目。像 IEEE 1394 和蓝牙这样的新技术已经被开发用于移动和家庭用途，那些加入了处理器的设备越来越具备和网络相连的条件。

由于 IPv6 所拥有的巨大地址空间、即插即用易于配置、对移动性的内在支持，使得 IPv6 在实际运行中非常适合拥有巨大数量的各种小设备网络而不是由价格昂贵的计算机组成的网络。随着为各种设备增加网络功能的成本的下降，可以预见 IPv6 将在各种网络中运行良好，这些网络中的设备不仅仅是手机和 PDA，还可以是门禁设备、家用电器、信用卡等。

（4）在线游戏。

游戏业是一个很大的产业，仅美国的游戏市场就达到了 100 亿美元。在线游戏又是游戏业的一个明显的发展趋势，使得玩家能够和跨地域的玩伴展开竞赛，而不再局限在同一房间里。

在线游戏需要把分散在不同地域的用户连接起来，并保证安全、隐私和计费的需要。由于缺少足够的 IP 地址，IPv4 的网络无法满足在线游戏 P2P 的需求。另外，在线游戏必须支持固定和移动两种网络接入方式。由于技术和商务的需要，在线游戏如果没有 IPv6 的支持肯定无法获得成功，这是 IPv6 的软件和设备发展的驱动力。

就目前的应用情况看，把 IPv6 的架构融合到现有网络中去有两个思路：一个是从骨干到接入；另一个是从接入到骨干。教育网采用的方法是从骨干到接入，在骨干网支持 IPv6 的情况下，各院校自行建设 IPv6 园区网。而现有 IPv4 设备可通过软硬件升级进而支持 IPv6，保护了用户现有投资。

5.3.3 OSI 与 TCP/IP 模型比较

TCP/IP 的结构设计良好，与网络底层的数据链路层和物理层无关，具有极好的扩展性和兼容性，能适用于不同的底层网络技术。例如，IP 可以应用于 ATM、异步传输等一些新技术中，同时又可以从新技术当中获得新优势，使得整个体系不断地完善。

TCP/IP 具有以下几个特点。

- 开放的协议标准，可以免费使用，并且独立于特定的计算机硬件与操作系统。
- 独立于特定的网络硬件，可以运行在局域网、广域网，更适用于互联网中。
- 统一的网络地址分配方案，使得每个 TCP/IP 设备在网络中都具有唯一的地址。

● 标准化的高层协议，可以提供多种可靠的用户服务。

下面从几个方面对 TCP/IP 模型和 OSI 模型进行比较，了解它们各自的优缺点。

（1）TCP/IP 模型没有明显地区分服务、接口和协议的概念。TCP/IP 首先提出的是协议，模型实际上是对已有协议的描述，因此该模型不适合任何其他非 TCP/IP 网络。OSI 模型对这 3 个概念的区分是非常明确的。每一层都为它上面的层提供哪些服务，服务定义该层做什么，而不管上面的层如何访问它或该层如何工作：某一层的接口告诉它上面的进程如何访问它，定义需要什么参数及预期结果是什么样的。同样，接口也和该层如何工作无关：某一层中使用的对等协议是该层的内部事务；可以使用任何协议，也可以改变某一层使用的协议而不会影响其他层。

（2）TCP/IP 模型不是通用的，并且不适合描述除 TCP/IP 模型之外的任何协议栈。OSI 参考模型产生于具体协议之前，该模型没有偏向于任何特定的协议，因此通用性很好。OSI 模型设计也有一些缺陷。会话层对大多数应用没有用，表示层几乎是空的；而数据链路层和网络层功能太多。OSI 模型及与其相关的服务定义和协议极其复杂，实现起来困难，且操作效率不高。

（3）TCP/IP 模型不区分物理层和数据链路层。这两层完全不同，物理层必须处理铜缆、光纤和无线通信等的传输特点；而数据链路层的工作是区分帧头和帧尾，并且以通信需要的可靠性把帧从一端发送到另一端。OSI 模型对这两层分别做了定义，而 TCP/IP 模型没有。

（4）TCP/IP 和 OSI 的另一个差别是面向连接和无连接的通信。OSI 模型在网络层支持无连接和面向连接的通信，但在传输层仅有面向连接的通信。TCP/IP 模型在传输层支持面向连接和无连接的两种服务模式。

5.3.4　IP 编址与子网划分

1. IP 地址概述

在 TCP/IP 网络中，无论是局域网还是广域网中的计算机之间能够实现端到端的通信主要就是通过 TCP/IP 协议进行通信的，TCP/IP 已经成为计算机之间通信的标准。在计算机网络体系结构中我们已经讲到过，网络层封装的是数据包然后再进行传输，这个数据包具体往哪个方向进行传输也只能通过数据包中封装的地址来标识了，如果是 IP 协议封装的数据包，则数据包内要有源 IP 地址和目标 IP 地址。

（1）IP 地址结构。

IP 地址是由 32 位的二进制（0 和 1）构成的，或用 3 个“.”分成 4 部分的十进制来表示，如图 5-5 所示。

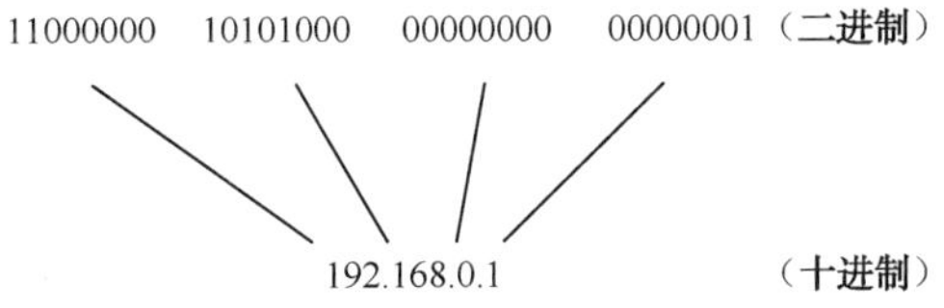

图 5-5　IP 地址的表示形式

IP 地址是由网络 ID 和主机 ID 组成的。分配给这些部分的位数随着地址类的不同而不同，一个 IP 地址可以将来自源地址的数据通过路由而传送到目的地。图 5-6 说明了一个标准 C 类地址的网络和主机地址结构。

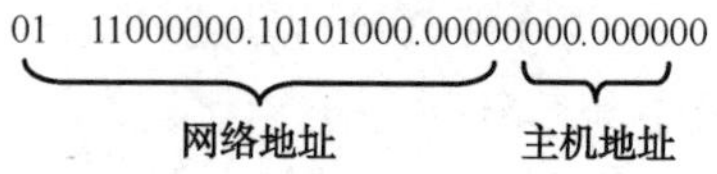

图 5-6 IP 地址组成

当网络中有多个 IP 地址时，网络 ID 用于标识 IP 地址是否在同一个网段，如果网络 ID 不同则需要路由器连接。网络 ID 部分的二进制数是不可以全为 1 或 0 的。

主机 ID 用于标识同一网段内的不同计算机的地址，主机 ID 部分的二进制数是不可以全为 1 或 0 的。如果主机位全为 0 则代表是本网段的网络 ID 号，全为 1 则代表本网段的广播地址。

（2）IP 地址分类。

IP 地址共分为 5 类，依次是 A 类、B 类、C 类、D 类、E 类，其中在互联网中最常使用的 A、B、C 这 3 大类，而 D 类则主要用于广域网的多播，E 类地址是保留地址，主要用于科研使用。

2. 子网技术

子网技术就是将网络分段，即分成许多子网，这样隔离了各子网之间的通信量。为了隔离网段，有如下的一些解决方法。

- 用网桥隔离这些网段。网桥可以转发需要通过网段的数据包。该方法快速且相对廉价，但缺乏灵活性。
- 用路由器隔离这些网段。路由器可以隔离、控制、指挥网络之间的通信量，但对于一个较简单的子网来说，既不经济又增加了复杂性。
- 用子网掩码划分子网。对于单个网络来说有无比的经济性和简单性。你要将一个网络划分为几个子网或者将几个子网合并成一个大的网络，只需要改变一下子网掩码就实现了。

（1）子网划分的优点。

一个网络上所有主机都必须有相同的网络号，这是识别网络主机属于哪个网络的根本方法。对于拥有一个 C 类网络的单位，出于部门业务的划分和网络安全的考虑，希望能够建立多个子网，但向 NIC 申请几个 C 类网络 IP 地址段，既不经济，又浪费了大量的 IP 地址。还有一种情况是一个单位最初拥有 200 台计算机联网，拥有一个 C 类网络号，但后来发展到有 2000 台计算机需要联网，若申请一个 B 类地址，则地址浪费严重，且代价太高。若再申请 7 个 C 类地址（8×256=2048 台），就相当于要创建 8 个 LAN，每个 LAN 之间联网要用路由器和各自的 C 类网络号，从而给单位增加了建网成本，用户的使用也不方便。

在实际应用中，公司或者机构的网络规模往往是灵活多变的，解决这些问题的办法是使用子网掩码将规模较大的网络内部划分成多个子网，也可以将多个网络合并成一个大的网络。

子网掩码主要是用来区分 IP 地址中的网络 ID 和主机 ID 的，它用来屏蔽 IP 地址的一部分，从 IP 地址中分离出网络 ID 和主机 ID。子网的划分，实际上就是设计子网掩码的过程，其有如下好处。

- 实现更小的广播域。
- 提高网络性能。
- 简化管理。
- 易于扩大地理范围。

子网编址的初衷是为了避免小型或微型网络浪费 IP 地址；将一个大规模的物理网络划分成几个小规模的子网，各个子网在逻辑上独立，没有路由器的转发，子网之间的主机不能相互通信。这样做既可以减少网络拥塞，也可以支持不同的网络技术（异构网络），保证网络的安全性等好处。

（2）子网掩码。

RFC 950 中定义了子网掩码的使用，子网掩码是一个 32 位的二进制数，其对应于网络地址的所有位置都为 1，对应于主机地址的所有位置都为 0。由此可知，A 类网络的默认子网掩码是 255.0.0.0，B 类网络的默认子网掩码是 255.255.0.0，C 类网络的默认子网掩码是 255.255.255.0。A、B、C 类 IP 地址的默认子网掩码如图 5-7 所示。

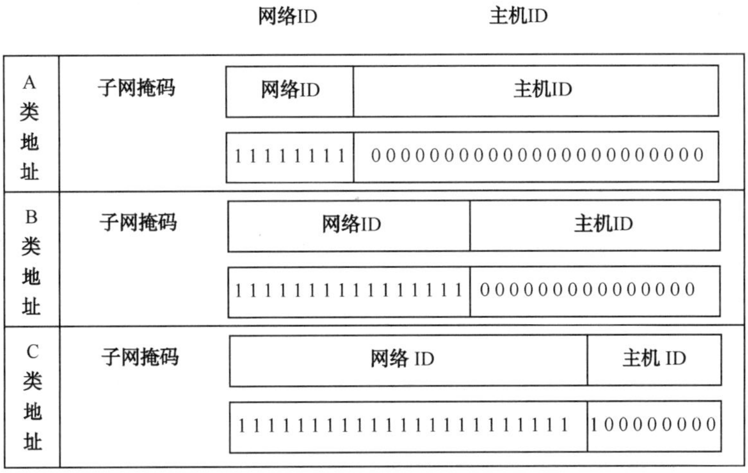

图 5-7　IP 地址类与默认掩码

将子网掩码和 IP 地址按位进行逻辑“与”运算，得到 IP 地址的网络地址，剩下的部分就是主机地址，从而区分出任意 IP 地址中的网络地址和主机地址。子网掩码常用点分十进制表示，我们还可以用 CIDR 的网络前缀法表示掩码，即“/<网络地址位数>;”。如 138.96.0.0/16 表示 B 类网络 138.96.0.0 的子网掩码为 255.255.0.0；192.168.1.0/24 表示 C 类网络 192.168.1.0 的子网掩码为 255.255.255.0。

子网掩码必须是用连续的 1 串后跟连续的 0 串组成的 32 位的掩码；其中，全为 1 的位代表网络号，全为 0 的位代表主机号。掩码中连续 1 串为整个字节的，称为默认子网掩码（default subnet mask）：A 类 IP 地址的默认子网掩码为 255.0.0.0；B 类的为 255.255.0.0；C 类的为 255.255.255.0。

变长子网掩码（VLSM）中连续 1 串为非整字节的，无类域间路由 CIDR 以斜线表示掩码，如 192.168.10.32/28，/28 表示网络 ID 号占 28 位，主机 ID 号占位为余下的 32−28=4 位。掩码最长是/32；但是你必须知道：不管是 A 类、B 类还是其他类地址，最大可用的只能为 30/；即保留 2 位给主机位。使用 VLSM 的作用：节约 IP 地址空间，减少路由表大小；所采用的路由协议必须能够支持它，这些路由协议包括 RIPv2、OSPF、EIGRP 和 BGP。ISP 常用这样的方法给客户分配地址。

当主机发送数据包时，会拿子网掩码与自身的 IP 地址和目的 IP 地址进行比较。如果网络部分的各位相符，表示源主机和目标主机位于同一网络中，因此数据包只需在本地传送。如果不相符，则发送方主机会将数据包转发到本地路由器接口，再由其转发到其他网络。

（3）子网规划原则。

- IP 地址分配前需进行子网规划。
- 一个 C 类地址子网划分可借位数在 2～6 位。
- 选择的子网号部分应能产生足够多的子网数。
- 选择的主机号部分应能容纳足够多的主机。
- 每个子网中至少有 2 个主机地址不可分配。
- 路由器需要占用有效的 IP 地址。

划分子网可根据主机地址数或子网数来进行划分，综合考虑子网数和子网中的主机数后，确定一个符合要求的子网掩码。

（4）划分子网。

① 划分子网的基本思路。

此类网络地址面临的问题：

- 地址资源的严重浪费。
- 网络广播通信可能造成网络拥堵。
- 病毒的泛滥与传播。

为了解决上述问题，从 1985 年起在 IP 地址中又增加了一个“子网号字段”，使两级 IP 地址变成为三级 IP 地址，它能够较好地解决上述问题，并且使用起来也很灵活，图 5-8 显示了一个标准的 B 类地址，将其划分为 256 个子网后的子网掩码位数。这种做法叫做划分子网，子网寻址或子网路由选择。在划分子网后，如何知道网络号、子网号及主机号的长度呢？为此，TCP/IP 采用了子网掩码。

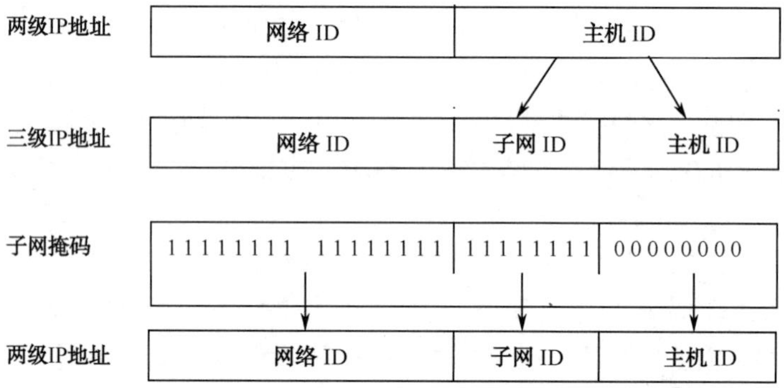

图 5-8　划分子网前后的 IP 地址结构

② 划分子网的方法。

在划分子网时，首先要明确划分后所要得到的子网数和每个子网中所要拥有的主机数，然后才能确定需要从原主机位借出的子网标识位数。

③ 为 IPv6 划分子网。

在对 IPv6 地址空间进行子网划分时，需要使用子网划分技术，以一种允许将剩余地址空间的摘要和委派路由到 IPv6 Internet 的不同部分的方式，为 48 位全局地址前缀划分 16 位子网 ID 字段。不过，目前因为 IPv6 技术本身都没有普及使用，加上 IPv6 地址数本身就非常庞大，所以对 IPv6 地址进行子网划分，在目前来说可能还没有得到实质的应用。

不需要以任何特定的方式进行子网划分。此处介绍的子网划分技术假定是通过使用子网

ID 字段的高序位划分其地址空间的可变部分来进行子网划分的。虽然此方法有助于分层寻址和路由，但此方法并不是非用不可的。例如，在只有少数子网的小型组织中，可以通过为子网编号（从 0 开始），轻松地为全局地址创建平面寻址空间。

对于全局地址，Internet 编号分配机构（IANA）或 ISP 会分配一个前 48 位均为固定位的 IPv6 地址前缀。若要对 48 位全局地址前缀的子网 ID 字段进行子网划分，需要执行一个包含两步的过程。

第一步，确定用于子网划分的位数。

用于子网划分的位数决定着可以分配给的网络各部分（基于地理区域或部门分类）的新子网网络前缀的可能的数量。在分层路由基础结构中，必须确定在层次结构的各层需要的网络前缀数，进而确定各层需要的位数。为层次结构的各层选择的位越多，拥有的用于枚举层次结构最后一层中的单个子网的位就越少。

例如，可以实施一个包含两层的层次结构来反映地理/部门结构，4 位用于地理层，6 位用于部门层。这一方案允许 16 个地理区域，各个区域中的各个部门只占剩余的子网划分空间的 6（16−6−4）位，或者说每个部门只有 64（$=2^6$）个子网。

在层次结构中任何给定的层上，许多位已被层次结构中的上一层固定了（f），许多位被用来在层次结构中的当前层进行子网划分（s），还有许多位留给层次结构中的下一层使用（r）。下面这个等式始终成立：f+s+r = 16。图 5-9 显示了这种关系。

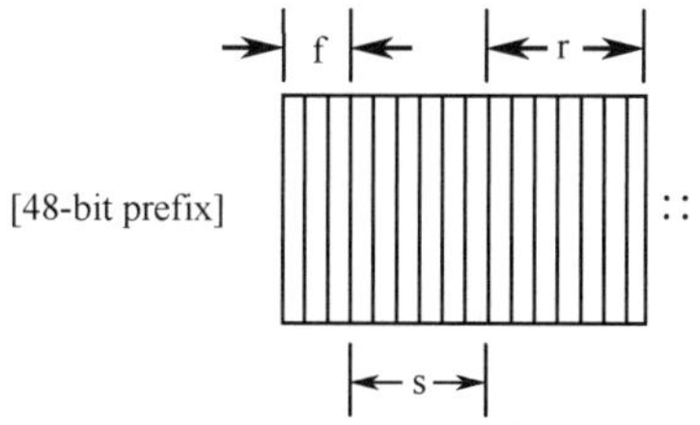

图 5-9 对全局 IPv6 地址的子网 ID 字段进行子网划分

第二步，枚举子网网络前缀。

根据用于子网划分的位数，必须列出新的子网网络前缀，可以使用下面两种主要方法之一：

- 使用子网 ID 和递增值的十六进制表示形式来枚举新的子网网络前缀。
- 使用子网 ID 和递增值的十进制表示形式来枚举新的子网网络前缀。

这两种方法产生的结果相同，都会生成子网网络前缀的一个枚举列表。

要使用十六进制方法创建子网网络前缀的枚举列表，请执行以下步骤：

a. 根据为子网划分选择的位数 s 和进行子网划分的网络前缀的前缀长度 m，计算以下各值：

f = m-48：f 是子网 ID 中已固定的位的数目。

n = 2s：n 是将获得的网络前缀的数目。

$i = 2^{16-(f+s)}$：i 是以十六进制表示的各个连续子网 ID 之间的递增值。

P = m+s：P 是新的子网网络前缀的前缀长度。

b. 创建一个包含 n 行、2 列的表。第一列存放网络前缀编号（从 a 开始），第二列存放新的子网网络前缀。

c. 将使用新的前缀长度的原始网络前缀放在第一行的第二列中。例如，根据进行子网划分的子网 ID 的十六进制值 F，子网网络前缀为[48 位前缀]：F::/P。

d．将站点本地地址或全局地址的子网 ID 部分中的值加上 i，将结果放在下一行的第二列中。例如，在第二行中，子网前缀为[48 位前缀]：F+i::/P。

e．重复步骤 d，直到完成该表。

（5）举例。

【例 1】 将一个 C 类网络 192.168.0.0/24 分成 4 个子网。求出子网掩码和 4 个子网的 IP 地址范围。

1．定义子网掩码

定义子网掩码的步骤如下。

① 将要划分的子网数目转换为 2 的 m 次方，因为划分 4 个子网，所以有 $4=2^2$。

② 取 2^2 的幂，确定 m=2。

③ 将 m 按高序占用主机地址 m 位后转换为十进制。

m=2，即表示借用 2 位主机地址，为 11000000，11000000→192 即为最终确定的子网掩码。

提示：

若是 C 类地址，则子网掩码为 255.255.255.192；

若是 B 类地址，则子网掩码为 255.255.192.0；

若是 A 类地址，则子网掩码为 255.192.0.0。

注意： 等式 2^m=X，其中 X 表示划分的子网个数；m 表示借用主机地址的位数。

因为本例为一个 C 类地址，所以其子网掩码为 255.255.255.192。

2．确定子网号和子网的 IP 地址范围

（1）4 个子网的子网号：

00（00 000000）→0　　　　→192.168.0.0

01（01 000000）→64　　　→192.168.0.64

10（10 000000）→128　　　→192.168.0.128

11（11 000000）→192　　　→192.168.0.192

（2）4 个子网的可用的 IP 地址范围如下。

① 二进制：11000000 00001001 11001000 00000001　……00111110

　十进制：192.168.0.1　——　192.168.0.62

② 二进制：11000000 00001001 11001000 01000001　……01111110

　十进制：192.168.0.65　——　192.168.0.126

③ 二进制：11000000 00001001 11001000 10000001　……10111110

　十进制：192.168.0.129　——　192.168.0.190

④ 二进制：11000000 00001001 11001000 11000001　……11111110

　十进制：192.168.0.193　——　192.168.0.254

注意： 由于划分子网后，每个子网中均有一个 IP 地址为网段地址（网络 ID），一个 IP 地址为广播地址，所以本例中确定的每个子网可用 IP 地址数量为（2^6−2）个。

【例 2】 若 InterNIC（Internet 网络信息中心）分配的 B 类网络 ID 为 129.20.0.0，在使用默认的子网掩码 255.255.0.0 的情况下，只有一个网络 ID 和 65534（65536-2）个主机 ID（129.20.0.1 ~ 129.20.255.254）可用。将其划分为 8 个子网。

（1）将要划分的子网数目转换为 2 的 m 次方，如划分 8 个子网：$8=2^3$。

（2）取 2^3 的幂，如 2^3，m=3。

（3）确定子网掩码。

默认的子网掩码为 255.255.0.0，向主机 ID 借用 3 位后子网掩码为 255.255.224.0（借用的 3 位全为 1，11100000→224）。

（4）确定可用的网络 ID。

列出借用的主机位的所有二进制组合情况，按组合情况实际得到的子网 ID 如下。

000(00000000)→0→129.20.0.0

001(00100000)→32→129.20.32.0

010(01000000)→64→129.20.64.0

011(01100000)→96→129.20.96.0

100(10000000)→128→129.20.128.0

101(10100000)→160→129.20.160.0

110(11000000)→192→129.20.192.0

111(11100000)→224→129.20.224.0

（5）确定可用的主机 ID 范围如表 5-1 所示。

表 5-1　子网规划表

子网 ID	子网开始的 IP 地址	子网最后的 IP 地址
129.20.0.0	129.20.0.1	129.20.31.254
129.20.32.0	129.20.32.1	129.20.63.254
129.20.64.0	129.20.64.1	129.20.95.254
129.20.96.0	129.20.96.1	129.20.127.254
129.20.128.0	129.20.128.1	129.20.159.254
129.20.160.0	129.20.160.1	129.20.191.254
129.20.192.0	129.20.192.1	129.20.223.254
129.20.224.0	129.20.224.1	129.20.255.254

【例 3】 一个网内有 75 台计算机，把它划分成两个子网，子网 1 为 50 台计算机，子网 2 为 25 台计算机，确定两个子网的网络 ID 和地址范围，原有的网络 ID 为 211.83.140.0/24。

【例 1】和【例 2】是知道子网数且每个子网主机数量相同，而本例是知道子网数量但每个子网的主机数量不同，应利用主机数来计算。将需要容纳客户机数量最多的子网作为划分的标准，计算子网掩码的公式：$2^n-2\geq$Host。在公式中，“Host”表示客户机数量，“n”表示子网掩码中“0”的个数。

（1）由题目可知 $2^n-2\geq50$，则 $2^n\geq52\to2^6=64$，所以 n=6（取满足条件的最接近的数值）。

（2）确定子网掩码：最后一段为 11000000→192，掩码为 255.255.255.192。

（3）确定子网号。

00→0（00000000）→211.83.140.0

01→64 （01000000）→211.83.140.64

10→128（10000000）→211.83.140.128

11→192（11000000）→211.83.140.192

（4）确定子网的 IP 地址范围如表 5-2 所示。

表 5-2　子网规划表

子网 ID	子网开始的 IP 地址	子网最后的 IP 地址
211.83.140.0	211.83.140.1	211.83.140.62
211.83.140.64	211.83.140.65	211.83.140.126
211.83.140.128	211.83.140.129	211.83.140.190
211.83.140.192	211.83.140.193	211.83.140.254

（5）在子网 1 到子网 4 任选其中两个子网都可以。

【例 4】 对全局地址前缀 3FFE:FFFF:0:C000::/51 进行 3 位子网划分。

（1）计算前缀数量值、递增值和新前缀长度值。起始值是 F=0xC000，s=3，m=51，因此 f=51-48=3。前缀的数量是 8(n=23)。递增值是 0x400(i=$2^{16-(3+3)}$=1024=0x400)。新的前缀长度是 54(P=51+3)。

（2）构造一个包含 8 行的表，如表 5-3 所示。将 3FFE:FFFF:0:C000::/54 放在网络前缀 1 所在的那一行的第二列，然后让网络前缀的子网 ID 部分依次递增 0x400，将结果分别填入后面的各行中。

表 5-3　使用十六进制技术对 3FFE:FFFF:0:C000::/51 进行 3 位子网划分

网络前缀	子网网络前缀
1	3FFE:FFFF:0:C000::/54
2	3FFE:FFFF:0:C400::/54
3	3FFE:FFFF:0:C800::/54
4	3FFE:FFFF:0:CC00::/54
5	3FFE:FFFF:0:D000::/54
6	3FFE:FFFF:0:D400::/54
7	3FFE:FFFF:0:D800::/54
8	3FFE:FFFF:0:DC00::/54

要使用十进制方法创建子网网络前缀的枚举列表，请执行以下步骤。

① 根据用于子网划分的位数 s、进行子网划分的网络前缀的长度 m、进行子网划分的子网 ID 的十六进制值 F，计算以下各值。

f = m−48：f 是子网 ID 中已固定的位的数目。

n = 2s：n 是将获得的网络前缀的数目。

i = $2^{16-(f+s)}$：i 是各个连续子网 ID 之间的递增值。

P = m+s：P 是新的子网网络前缀的前缀长度。

D = F 的十进制表示形式。

② 创建一个包含 n 行、3 列的表。第一列存放网络前缀编号（从 1 开始），第二列存放新的子网网络前缀的子网 ID 部分的十进制表示形式，第三列存放新的子网网络前缀。

③ 将子网 ID 的十进制表示形式（D）放在第一行的第一列，将子网前缀[48 位前缀]:F::/P 放在第一行的第二列。

④ 用子网 ID 十进制表示形式的值加上 i，将结果放在下一行的第二列。例如，第二行的

子网 ID 的十进制表示形式是 D+i。

⑤ 在第三列中，将子网 ID 的十进制表示形式转换为十六进制，并构造前缀[48 位前缀]:[SubnetID]::/P。例如，在第二行中，子网网络前缀为[48 位前缀]:[D+i（转换为十六进制）]::/P。

⑥ 重复步骤④和⑤，直到完成该表。

【例 5】 对站点本地网络前缀 3FFE:FFFF:0:C000::/51 进行 3 位子网划分。

（1）计算前缀数量值、递增值、新前缀长度值和起始子网 ID 十进制表示形式。我们的起始值是 F=0xC000，s=3，m=51，这样 f=51-48=3。前缀数量是 8($n=2^3$)。递增值是 1024($i=2^{16-(3+3)}$)。新的前缀长度是 54（P=51+3）。起始子网 ID 的十进制表示形式是 49152（D= 0xC000=49152）。

（2）构造一个包含 8 行的表，如表 5-4 所示。将 49192 放在网络前缀 1 所在的那一行的第一列，将 3FFE:FFFF:0:C000::/54 放在该行的第二列。让网络前缀的子网 ID 部分（第 4 个十六进制块）依次递增 1024，然后将结果转换为十六进制并分别填入后面的各行中。

表 5-4　使用十进制技术对 3FFE:FFFF:0:C000::/51 进行 3 位子网划分

网络前缀	子网 ID 的十进制表示形式	子网网络前缀
1	49192	3FFE:FFFF:0:C000::/54
2	50176	3FFE:FFFF:0:C400::/54
3	51200	3FFE:FFFF:0:C800::/54
4	52224	3FFE:FFFF:0:CC00::/54
5	53248	3FFE:FFFF:0:D000::/54
6	54272	3FFE:FFFF:0:D400::/54
7	55296	3FFE:FFFF:0:D800::/54
8	56320	3FFE:FFFF:0:DC00::/54

5.3.5　TCP/IP 网络层协议

网络层有时也称作互联网层或互联层，处理分组在网络中的活动，例如分组的选路。在 TCP/IP 协议簇中，网络层协议包括 IP 协议（网际协议），ICMP 协议（Internet 互联网控制报文协议），以及 IGMP 协议（Internet 组治理协议）。

Internet 协议将数据包封装成 Internet 数据包并运行必要的路由算法。

网络层的主要功能是负责将源主机的报文分组发送到目的主机，源主机与目的主机可以在同一个网络上，也可以在不同的网络上。它的功能主要表现在以下 3 方面。

（1）处理来自传输层的分组发送请求：在收到分组发送请求之后，将分组装入 IP 数据报，填充报头，选择发送路径，然后将数据报发送到相应的网络输出线。

（2）处理接收的数据报：在接收到其他主机发送的数据报之后，检查目的地址，如需要转发，则选择发送路径，转发出去：如目的地址为本节点 IP 地址，则除去报头，将分组交送传输层处理。

（3）处理互连的路径、流控制与拥塞问题。

TCP/IP 模型的互联层相当于 OSI 参考模型网络层的无连接网络服务。

5.3.6 TCP/IP 传输层协议

传输协议在计算机之间提供通信会话，数据投递要求的方法决定了传输协议。传输层的主要功能是负责应用进程之间的端—端通信。TCP/IP 模型中设计传输层的主要目的是在互联网中源主机与目的主机的对等实体之间建立用于会话的端—端连接。从这一点上讲，TCP/IP 模型的传输层与 OSI 参考模型的传输层其功能是相似的。TCP/IP 模型的传输层定义了两种协议，即 TCP（Transport Control Protocol，传输控制协议）与 UDP（User Datagram Protocol，用户数据报协议）。

TCP 是一种可靠的面向连接的协议，允许将一台主机的字节流（Byte Stream）无差错地传送到目的主机。TCP 将应用层的字节流分成多个字节段（Byte Segment），然后将一个一个的字节段传送到互联层，发送到目的主机。当互联层将接收到的字节段传送给传输层时，传输层再将多个字节段还原成字节流传送到运用层。TCP 同时要完成流量控制功能，协调收发双方的发送与接收速度，达到正确传输的目的。

UDP 是一种不可靠的无连接的协议，主要用于不要求分组顺序到达的传输中，分组传输顺序检查与排序由应用层完成。

在 TCP/IP 模型中，传输层之上是应用层，包括了所有的高层协议，并且总是不断有新的协议加入。应用层协议主要有：

① 网络终端协议 Telnet，用于实现互联网中远程登录功能。

② 文件传输协议 FTP，用于实现互联网中交互式文件传输功能。

③ 电子邮件协议 SMTP，用于实现互联网中电子邮件传送功能。

④ 域名服务 DNS，用于实现网络设备名字到 IP 地址映射的网络服务。

⑤ 路由信息协议 RIP，用于网络设备之间交换路由信息。

⑥ 网络文件系统 NFS，用于网络中不同主机间的文件共享。

⑦ HTTP 协议，用于 WWW 服务。

在 TCP/IP 模型中，互连层之下是网络访问层，也是参考模型的底层，负责通过网络发送和接收 IP 数据报。TCP/IP 模型允许主机连入网络时使用多种现成的和流行的协议，如局域网协议或其他协议。从一个网络到另一个网络，这一层协议可以是不相同的。

按照层次结构思想，对计算机网络模块化的研究结果是形成了一组从上到下单向依赖关系的协议栈（Protocol Stack），也叫做协议簇。

5.3.7 虚拟局域网

虚拟局域网（Virtual Local Area Network），简称 VLAN。

传统的局域网是以物理网段为基本网络单位的。如果一个节点接到一个网络设备上，那么它就与其他接在统一设备上的节点属于同一个局域网（广播域），可以互发广播报文。当用于一个局域网中的节点过多时，必须用路由器或交换机分离子网，以防发生网络风暴。

VLAN 是一种将局域网设备从逻辑上划分成一个个网段，从而实现虚拟工作组的新兴数据交换技术。如果将网络上的节点按工作性质与需要划分成若干个“逻辑工作组”，那么一个逻辑工作组就是一个 VLAN。也就是说，VLAN 就是将整个网络在逻辑上划分出一些虚拟工作组。VLAN 并不是一种新型的局域网，而是交换式局域网为用户提供的一种服务。由于它是逻辑上的划分而非物理上的划分，所以同一虚拟局域网内的各个工作站不需要被放置在同一个物理空间里。

通过划分局域网，可以把广播限制在各个虚拟局域网的范围内，从而减少整个网络范围内广播包的传输，提高了网络的传输速率；同时各虚拟局域网之间不能直接进行通信，而必须通过路由器转发，增加了网络的安全性。

如图 5-10 所示为使用了 4 个交换机的网络拓扑结构。其设有 9 个工作站并分配在 3 个楼层中，构成 3 个局域网，即 VLAN1：（PC-A1，PC-B1，PC-C1），VLAN2：（PC-A2，PC-B2，PC-C2），VLAN3：（PC-A3，PC-B3，PC-C3）。

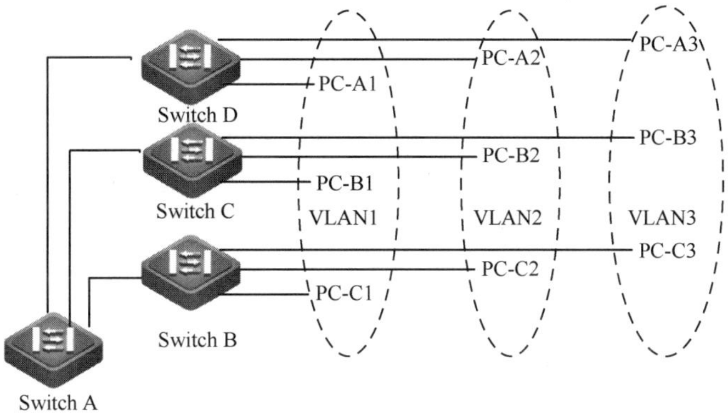

图 5-10　局域网拓扑结构及 VLAN 划分

1. VALN 的优点

（1）控制广播风暴。

一个 VLAN 就是一个逻辑广播域，通过对 VLAN 的创建，隔离了广播，缩小了广播范围，可以控制广播风暴的产生。

（2）提高网络整体安全性。

通过路由访问列表和 MAC 地址分配等 VLAN 划分原则，可以控制用户访问权限和逻辑网段大小，将不同用户群划分为不同 VLAN，从而提高交换式网络的整体性能和安全性。

（3）网络管理简单、直观。

对于交换式以太网，如果对某些用户重新进行网段划分，需要网络管理员对网络系统的物理结构重新进行调整，甚至需要追加网络设备，增大网络管理的工作量。而对于采用 VLAN 技术的网络来说，一个 VLAN 可以根据部门职能、对象组或者应用将不同地理位置的网络用户划分为一个逻辑网段。在不改动网络物理连接的情况下可以任意地将工作站在工作组或子网之间进行移动。

2. VLAN 的种类

根据局域网在交换机上的实现方法，可以大致分为以下两类。

（1）按端口划分。

将 VLAN 交换机上的物理端口和 VLAN 内部端口分为若干个组，每个组构成一个虚拟网，相当于一个独立的 VLAN 交换机。这种按网络端口来划分 VLAN 网络构成的配置过程简单方便，它是最常用的一种方式。

（2）按 MAC 地址划分。

这种方式的 VLAN 建立在工作站 MAC 地址之上，VLAN 交换机跟踪的是属于 VLAN 中的 MAC 地址。

5.4 习题

1. 选择题

（1）192.168.1.0/24 使用掩码 255.255.255.240 划分子网，其可用子网数为（　　），每个子网内可用主机地址数为（　　）。

A. 14，14　　B. 16，14　　C. 254，6　　D. 14，62

（2）子网掩码为 255.255.0.0，下列 IP 地址不在同一网段中的是（　　）。

A. 172.25.15.201　　B. 172.25.16.15　　C. 172.16.25.16　　D. 172.25.201.15

（3）B 类地址子网掩码为 255.255.255.248，则每个子网内可用主机地址数为（　　）。

A. 10　　B. 8　　C. 6　　D. 4

（4）对于 C 类 IP 地址，子网掩码为 255.255.255.248，则能提供子网数为（　　）。

A. 16　　B. 32　　C. 30　　D. 128

（5）3 个网段 192.168.1.0/24、192.168.2.0/24、192.168.3.0/24 能够汇聚成的网段是（　　）。

A. 192.168.1.0/22　　B. 192.168.2.0/22　　C. 192.168.3.0/22　　D. 192.168.0.0/22

（6）IP 地址 219.25.23.56 的默认子网掩码有（　　）位。

A. 8　　B. 16　　C. 24　　D. 32

（7）某公司申请到一个 C 类 IP 地址，但要连接 6 个子公司，最大的一个子公司有 26 台计算机，每个子公司都在一个网段中，则子网掩码应设为（　　）。

A. 255.255.255.0　　B. 255.255.255.128

C. 255.255.255.192　　D. 255.255.255.224

（8）一台 IP 地址为 10.110.9.113/21 的主机在启动时发出的广播 IP 是（　　）。

A. 10.110.9.255　　B. 10.110.15.255

C. 10.110.255.255　　D. 10.255.255.255

（9）规划一个 C 类网络地址，需要将网络分为 9 个子网，每个子网最多 15 台主机，下列（　　）是合适的子网掩码。

A. 255.255.224.0　　B. 255.255.255.224

C. 255.255.255.240　　D. 没有合适的子网掩码

（10）与 10.110.12.29 mask 255.255.255.224 属于同一网段的主机 IP 地址是（　　）。

A. 10.110.12.0　　B. 10.110.12.30　　C. 10.110.12.31　　D. 10.110.12.32

（11）IP 地址 190.233.27.13/16 的网络部分地址是（　　）。

A. 190.0.0.0　　B. 190.233.0.0　　C. 190.233.27.0　　D. 190.233.27.1

（12）没有任何子网划分的 IP 地址 125.3.54.56 的网段地址是（　　）。

A. 125.0.0.0　　B. 125.3.0.0　　C. 125.3.54.0　　D. 125.3.54.32

（13）一个子网网段地址为 2.0.0.0、掩码为 255.255.224.0 的网络，它的一个有效的子网网段地址是（　　）。

A．2.1.16.0　　B．2.2.32.0　　C．2.3.48.0　　D．2.4.172.0

（14）一个子网网段地址为 5.32.0.0、掩码为 255.224.0.0 的网络，它允许的最大主机地址是（　　）。

A．5.32.254.254　　B．5.32.255.254　　C．5.63.255.254　　D．5.63.255.255

（15）在一个子网掩码为 255.255.240.0 的网络中，（　　）是合法的网段地址。

A．150.150.0.0　　B．150.150.0.8　　C．150.150.8.0　　D．150.150.16.0

2．计算题

（1）有一个网络地址为 192.168.5.0/24，把它划分成 14 个子网，其要求如下：

① 计算出向主机位借多少位。

② 计算出第一个可用的子网。

③ 计算出第一个子网的第一个可用主机地址。

④ 计算出这 14 个子网的子网掩码。

⑤ 计算出第五个可用子网是什么。

⑥ 计算出第二个子网的第一个可用主机地址。

⑦ 计算出第一个子网的广播地址。

（2）计算出以下 IP 地址所在的子网号、有效的 IP 地址范围及广播地址：

22.22.22.22/23，22.22.22.22/25，150.150.150.150/18，200.200.200.200/30

（3）公司有 8 个部门，部门一有 20 人，部门二有 15 人，部门三有 10 人，部门四有 5 人，部门五有 5 人，部门六有 2 人，部门七有 2 人，部门八有 2 人。192.168.1.0/24 如何划分子网？（要求充分利用 IP 地址）

第 6 章 配置路由器

6.1 任务描述

某公司有工程部和后勤部两个部门都拥有各自的局域网，且互相独立。后勤部有一台交换机，连接了后勤部所有的计算机。工程部也有一台交换机，同时也连接了工程部所有的计算机。由于工作需要，要求两个部门的网络连接在一起，构成一个较大的网络，而且工程部的计算机除了能访问自己网络中的资源外，还可以访问后勤部网络的资源，同样，后勤部也可以访问工程部的资源。

6.2 设计与实施

6.2.1 设计

该任务需要把两个部门连接在一起，因此需要路由器实现两个局域网络的互通。工程部和后勤部的计算机通过路由器实现数据的互相转发。而路由器在这里则扮演了一个路径选择的角色，为两个部门的信息互通搭建了桥梁。

6.2.2 实施步骤

1. 搭建配置环境

第一次安装使用华为 Quidway 系列路由器时，只能通过配置口（Console）进行配置，如图 6-1 所示。

2. 配置电缆连接

（1）将配置电缆的 DB-9（或 DB-25）孔式插头接到要对路由器进行配置的微型计算机或终端的串口上。

（2）将配置电缆的 RJ-45 一端连到路由器的配置口（Console）上。

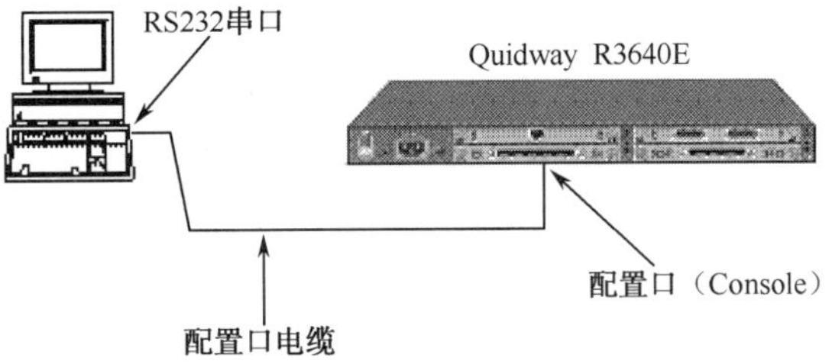

图 6-1 配置环境

3. 设置微机或终端的参数

（1）打开微机或终端。

如果使用微机进行配置，需要在微机上运行终端仿真程序，如 Windows 的超级终端。

（2）设置终端参数。

参数要求：

设置波特率为 9600，数据位为 8，奇偶校验为无，停止位为 1，流量控制为无，选择终端仿真为 VT100。

Windows 98 超级终端参数设置方法如下。

（1）在如图 6-2 所示的超级终端窗口中，单击“属性”按钮。

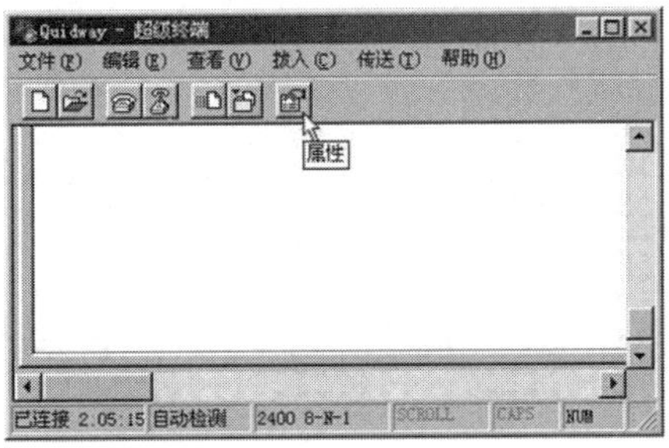

图 6-2 超级终端

（2）在超级终端属性对话框的“连接时使用”下拉列表中选择连接的串口。选择的串口应该与配置电缆接的串口一致。单击“配置”按钮，如图 6-3 所示。

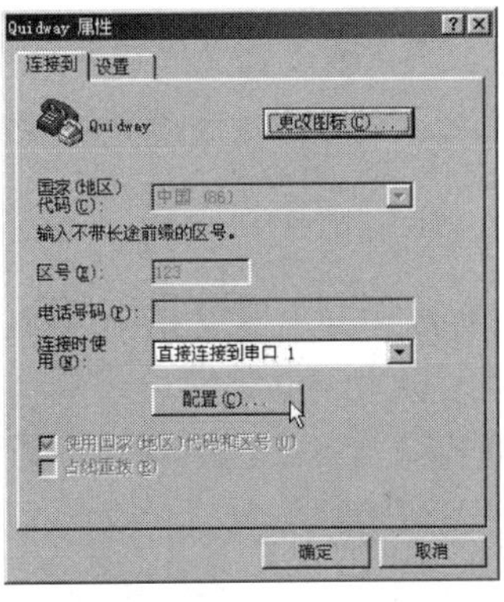

图 6-3 连接属性设置

（3）在串口的属性对话框中设置波特率为 9600，数据位为 8，奇偶校验为无，停止位为 1，流量控制为无。单击“确定”按钮，如图 6-4 所示。

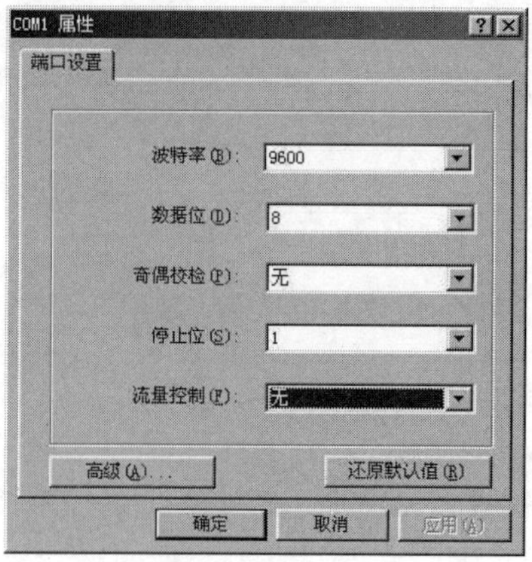

图 6-4　连接属性设置

（4）在超级终端属性对话框中单击打开“设置”选项卡，进入如图 6-5 所示的属性设置窗口。选择终端仿真为 VT100，单击“确定”按钮。

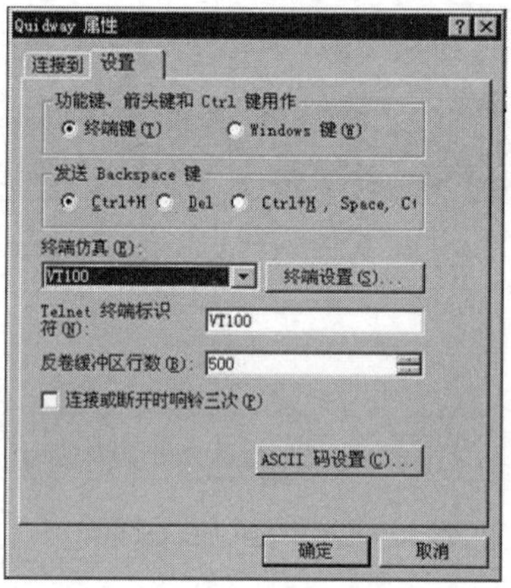

图 6-5　连接属性设置

4. 路由器上电

确认路由器与配置终端的连接正确，确认已经完成配置终端参数的设置后，即可对路由器上电。随后路由器上出现自检内容。启动完毕，按 Enter 键，超级终端中显示“Router”字样（旧命令行提示的是 Quidway>）。即可进行下一步的配置。

5. 连接到路由器

工程部和后勤部的交换机分别连接到路由器的相应端口上，并配置相应端口的 IP 地址：

[Router] interface Ethernet0　进入以太网 0 口

[Router-Ethernet0] ip address 10.1.1.1 255.255.255.0　配置内网口 IP 地址

6. 查看路由表，确定路由表是否正确

6.3 相关知识

6.3.1 路由器的组成

路由器其实也是计算机，只是没有显示器、键盘等设备，其组成包括硬件和软件。路由器的组成及前面板图、后面板图如图 6-6～图 6-8 所示。

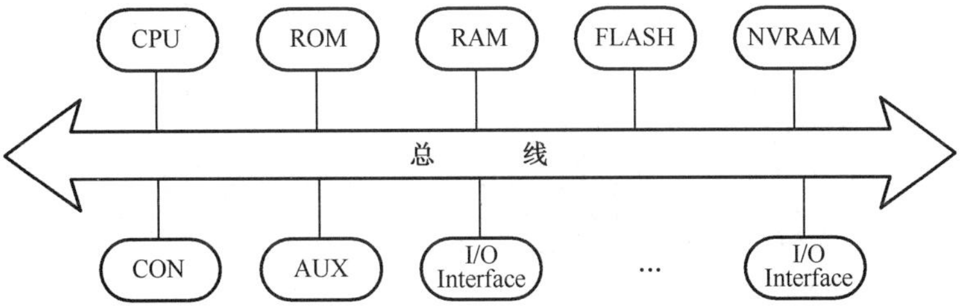

图 6-6　路由器的组成

图 6-7　前面板图

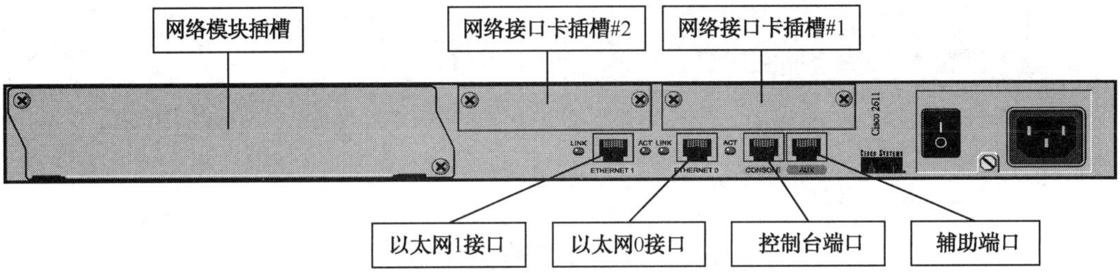

图 6-8　后面板图

1. 中央处理单元（Central Processting Unit，CPU）

CPU 也称中央处理器。作为路由器的中枢，CPU 主要负责执行路由器操作系统（IOS）的指令，以及解释、执行用户输入的命令。同时，CPU 还完成与计算有关的工作。例如，网络拓扑发生改变时，重新计算网络拓扑数据库。因此，CPU 的处理能力对路由器的性能有很大影响。

2. 只读存储器（Read Only Memory，ROM）

ROM 中包括开机自检程序（Power On Self Test，POST）、系统引导程序及路由器操作系统的精简版本。

3. 内存（Random Access Memory，RAM）

RAM 也称随机存储器。它用来存储用户的数据包队列及路由器在运行过程中产生的中间数据，如路由表、ARP 缓冲区等。此外，RAM 还用来存储路由器的运行配置文件。当路由器被关闭或重新启动时，RAM 中的内容都将丢失。

4. 闪存（Flash Memory）

闪存是可擦写、可编程的 ROM。它主要负责保存操作系统的映像文件。

5. 非易失性内存（Nonvolatile RAM，NVRAM）

它是用来存储路由器的启动配置文件。在路由器断电时，其内容仍能保持。

6. 控制台端口（Console Port）

它提供了一个 EIA/TIA RS-232 异步串行接口，供用户对路由器进行配置使用。不同的路由器可能有着不同形式的控制台端口。有些路由器采用 DB25 母线连接器（DB25F），更常见的是 RJ-45 控制台连接器。

7. 辅助端口（Auxiliary Port）

它与控制台端口类似，也提供一个 EIA/TIA RS-232 异步串行接口。不同的是，它常用来连接调制解调器以实现对路由器的远程管理。

8. 接口（Interface）

它是数据包进出路由器的通道。不同路由器可能有着不同种类、不同数量的接口。常见的两种基本接口类型为局域网接口和广域网接口。每个接口都有自己的名称和编号，如局域网接口 Ethernet0，串行接口 Serial0 等。图 6-9 和图 6-10 分别是广域网适配卡（WAN Interface Card，WIC）WIC-1T、WIC-2T 的外观图。

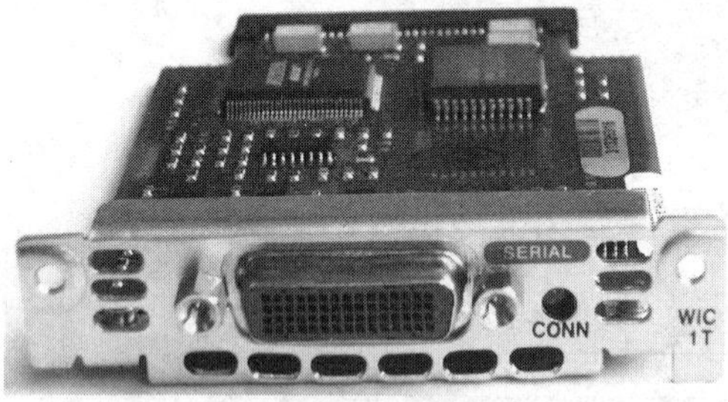

图 6-9　WIC-1T 适配卡

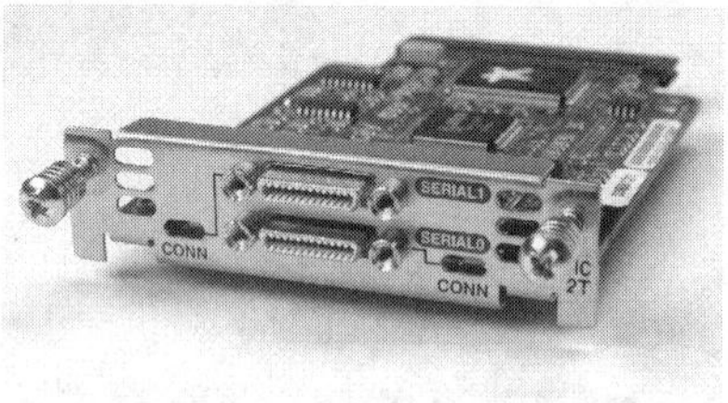

图 6-10　WIC-2T 适配卡

9. 线缆（Cable）（见图 6-11）

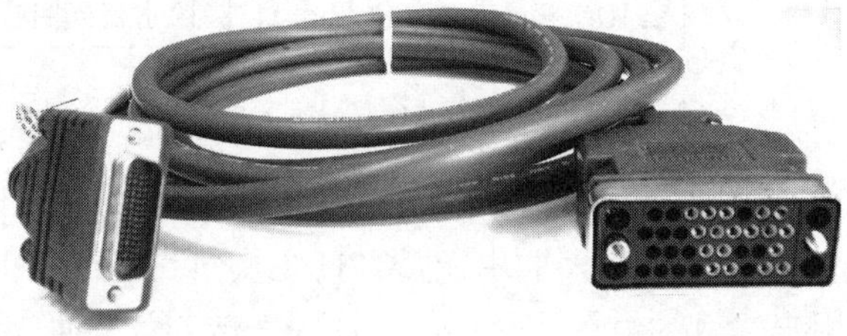

图 6-11　串口线缆

10. IOS（路由器操作系统）

IOS 是路由器专用的操作系统，它提供了全面的网络服务，实现了丰富的网络功能。路由器的配置命令就是由 IOS 解释执行的。

11. 配置文件

有两种配置文件：

（1）运行配置文件（Running-Configuration）。

该文件驻留在 RAM 中，用户可以用配置命令设置和更改运行配置文件的内容。该文件在重启或断电时会丢失。

（2）启动配置文件（Startup-Configuration）。

该文件位于 NVRAM 中，在启动时它被装入 RAM 变成运行配置文件，由于它可以长期保存，所以在修改了运行配置后，应该将运行配置复制到 NVRAM 中，以便在路由器下次启动时调用。

这两个文件均是 ASCII 文本文件，可以很方便地阅读和操作它们。

6.3.2 路由器的工作原理

路由器是一个工作在 OSI 参考模型第三层即网络层的网络设备，它的主要作用是为收到的报文寻找正确的路径，并把它们转发出去。换言之，路由器就是从一个网络向另一个网络传递数据包。相当于我们现实生活中的邮局一样，用户将信件交给本地邮局，本地邮局会将这个信件通过各种运输工具送到目的邮局，最后由目的邮局送交给收信人。

路由器是用来连接异种网络的重要网络设备。图 6-12 描述了路由器在网络中所在的物理位置，正是由于这种特殊的位置，所以路由器作为一种重要的网络设备，必须具备：

- 两个或两个以上的接口（用于连接不同的网络）。
- 协议至少实现到网络层（只有理解网络层协议才能与网络层通信）。
- 至少支持两种以上的子网协议（异种网）。
- 具有存储、转发、寻径的功能。

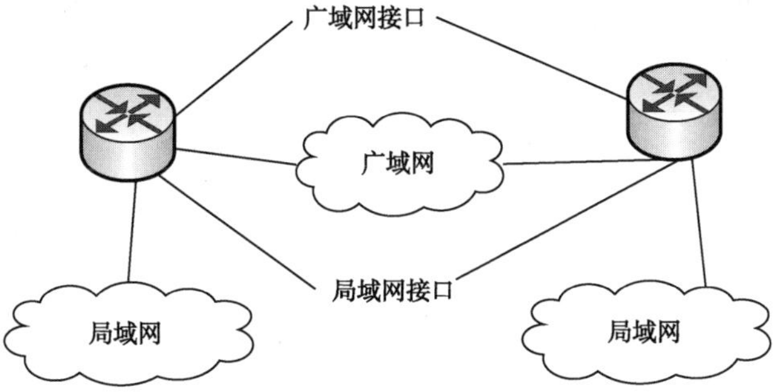

图 6-12　典型网络模型

路由器实现了不同的网络之间的互连。具体表现如下：

- 速率适配——不同接口具有不同的速率，路由器可以利用自己的缓冲区、队列及流控协议等能力实现对不同速率网络的适配。
- 隔离网络——路由器可以隔离广播，防止广播风暴，同时也可以对数据包实行灵活多样的过滤策略以保证网络安全。
- 路由（寻径）——为了实现数据转发，路由器能够建立、刷新路由表，并根据路由表转发数据包。
- 分片与重组——接口的 MTU 不同时，超过接口 MTU 长度的报文会被路由器分片，只有到达目的地的报文才会被重组。

- 备份、流量控制——为了保证网络可靠运行，路由器一般都具备主备线路的切换及流量控制功能。
- 异种网络互连——主要是具有异种子网协议的网络互连。子网是指用来承载网络层数据报的网络。路由器在报文转发的过程中实现协议转换。

路由器根据数据包中的网络层协议头转发数据包。只负责决定应将数据包转发到哪一台主机或路由器上（下一跳），以使它能到达目的地。并不是一个路由器一直将数据包负责送到目的地，它完成的仅是一个转发的过程，只是为了使数据包离它的目的地更近一些。所以说路由器相当于是一个现实生活中的十字路口，它在每一个出口上标明通过这个出口能够到达哪些地方，以及下一个地方或十字路口是谁。

路由器的这种转发过程也称路由。通常转发之前，路由器自己会先计算出一条到达目的地的最佳路径。就如同你在北京工作，放假时想到张家界旅游，你很可能会花些时间研究地图以决定到达那里的最佳路线。类似地，在网络中，网络层设备——路由器通过运行路由协议（Routing Protocol）来计算到达目的地的最佳路由，找到数据包应该转发的下一个网络设备，然后利用网络层协议封装数据包，利用下层提供的服务把数据发送到下一个网络设备。如图 6-13 所示，你可能认为通过虚线标识的路径比较好，因为这条路径比其他的路径要短。但是，开车旅行的人都知道，短并非总是最好的。在某些情况下，许多人情愿选择较长的路，因为那条路不塞车，有更好的路面条件，或是更多的休息点。路径的好坏是要用一个标准来衡量的。同样，在网络的世界里，在不同情况下，我们对每条路径的好坏也有相应的衡量标准。例如，路由协议 RIP（Routing Information Protocol）就是通过跳数的多少来衡量一条路径的好坏的。

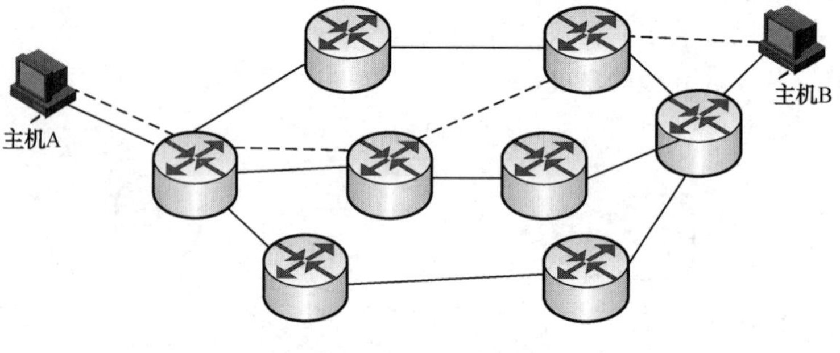

图 6-13　最佳路线的选择

6.3.3　路由协议

1. 路由表概念

把报文从一个网络转发到另一个网络的实际过程，就叫做 IP 报文的转发。路由器根据目的 IP 地址确定最优路径，完成报文的转发。每一台路由器都存储着一张关于路由信息的表格，称为路由表。它通过提取报文中的目的 IP 地址信息，并与路由表中的表项进行比较来确定最佳的路由。

路由表通常至少包括 4 个字段：目的网络地址、子网掩码、下一跳地址（Next-Hop）、发送接口，如表 6-1 所示。

表 6-1 路由表介绍

目的网络地址	子网掩码	下一跳地址	发送接口
1.0.0.0	255.0.0.0	8.8.8.1	S0/0
192.168.6.0	255.255.255.0	202.114.16.1	S0/1
100.12.0.0	255.255.0.0	100.10.1.1	E1/0

当路由器需要转发一个 IP 包时，它就在路由表中查找目的网络地址，如果发现确实存在匹配的项，就将数据包从路由表中该项所指示的发送接口转发到下一跳，下一跳就是数据应该被发送到的下一个路由器。如果没有找到相匹配的项，路由器就会丢弃这个数据包。

如果在路由表中存在多个匹配的表项，路由器将根据 IP 规定的特定原则选择一项作为路由，即在所有的匹配表项中选择子网掩码长度最长的那一个表项。例如，路由器要转发一个目的地址为 2.2.2.1 的数据包，其路由表内容如表 6-2 所示。

表 6-2 多个匹配的表项

目的网络地址	子网掩码	下一跳地址	发送接口
1.0.0.0	255.0.0.0	9.9.9.9	S0/0
2.0.0.0	255.0.0.0	10.10.10.10	S0/1
2.2.2.0	255.255.0.0	8.8.8.8	E1/0
0.0.0.0	0.0.0.0	7.7.7.7	S2/0

为了查找路由表中的匹配项，必须将路由表中子网掩码与数据包中目的 IP 地址相“与”，得到目的网络地址，与路由表各项逐个对照。

（1）第一项目的网络地址与数据包的目的 IP 地址不相干，所以路由表中的第一项与 IP 包不相匹配。

（2）第二项只要求目的网络地址与数据包的目的 IP 地址的前 8 位相同。由于目的网络地址的前 8 位为 2.0.0.0，数据包的目的 IP 地址的前 8 位也为 2.0.0.0，所以路由表的第二项与 IP 包相匹配。

（3）第三项只要求目的网络地址与数据包的目的 IP 地址的前 24 位相同。由于目的网络地址的前 24 位为 2.2.2.0，数据包的目的 IP 地址的前 24 位也为 2.2.2.0，所以路由表的第三项也与 IP 包相匹配。

（4）第四项不要求目的地址的任何比特与数据包的目的 IP 地址相同。也就是说，这一项可以和任何 IP 包相匹配，显然，第四项也与该 IP 包相匹配。

这样，我们有三条合适的路由。由于 IP 规定必须选用子网掩码长度最长的那条匹配路由，所以本例中的路由器采用了路由表中的第三条路由来转发该数据包，因为 24 位的子网掩码显然要大于 8 和 0。这样路由器就将数据包从端口 EO 转发给了 8.8.8.80。

2. IP 包的转发原则

IP 包的转发原则可以归纳如下。

（1）如果存在多条目的网络地址与 IP 包的目的网络地址相匹配的路由，那么必须选用子网掩码长度最长的那条路由，而不选用路由表中的默认路由或子网掩码长度较短的任何网络路由。

（2）在没有相匹配的目的网络地址路由时，如果存在一条默认路由，那么可以采用默认路由来转发数据包。

（3）如果前面几条都不成立（根本没有任何匹配路由），就宣告路由错误，并向数据包的源端发送一条 ICMP Unreachable 消息。

同时，在进行 IP 报文转发时，必须强调以下两点：

（1）路由器转发时依赖的不是整个目的地址，而是这个目的地址的网络部分。

（2）对于有多条到同一个目标网络的路由，可以用前面讲的 CIDR 的汇聚功能，只用一条路由来标识，例如上例中 2.2.2.0 和 2.0.0.0 可以合为一条，就是 2.0.0.0。这样可以极大地简化路由表。

3. 报文分片

当 IP 报文在转发时，面临着一个问题，那就是不同的物理网络允许的最大帧长度（也叫做最大传输单元，Maximum Transfer Unit，MTU）各不相同。这时需要将 IP 报文分段成两个或更多的报文以满足最大传输单元的要求。当分段发生时，IP 必须能重组报文（不管有多少个报文要到达其目的地）。重要的一点是源主机和目的主机必须理解并遵守完全相同的分段数据过程。否则，重组为了报文转发而分成多个段的过程将是不可能的。数据恢复到源机器上的相同格式时，传输数据就被成功重组了。IP 头中的标识、标志和段偏移等字段提供了这些分段信息。

- 路由器将标识放入每个段的标识字段（Identification Field）中。
- 标志字段（Flag Field）包含一个多段比特。路由器在除了最后一个段外的所有段中设置 MF 位。还有一个禁止分段比特 DF，如果设置了，就不允许分段。如果路由器收到大于链路 MTU 值而且 DF 置位的分组，就将它丢弃，再向发送站点发一个错误信息。发送站点可以利用此信息来查询出分段出现的临界值。也就是说，如果当前分组尺寸太大，发送方可不断地尝试较小的分组尺寸，最终决定如何分段。
- 由于一个分段只包含了部分原有分组数据，路由器还要决定分片数据字段的偏移（段数据是从分组的哪个位置取出的），并存入段偏移字段（Fragment Offset Field）中。它以 8 字节为单位测量偏移。这样，偏移量 1 对应字节号 8，偏移量 2 对应字节号 16，依此类推。

4. ARP、RARP 协议

在数据链路层中，用来标识节点的就是其 MAC 地址。它是局域网中进行网络通信的基础。但是在平常的网络通信操作中，都不是以 MAC 地址来指定目标节点的，而是以 IP 地址或 NetBIOS 名称来指定的。这样就存在一个 IP 地址与 MAC 地址的对应关系，它们之间的相互解析是通过 ARP（Address Resolution Protocol，地址解析协议）或 RARP（Reverse Address Resolution Protocol，反向地址解析协议）协议进行的：ARP 负责由 IP 地址解析出 MAC 地址，适用于有盘网络；而 RARP 负责从 MAC 地址解析出 IP 地址，适用于无盘网络。

MAC 地址与 IP 地址是计算机网络通信中非常重要的两类地址，缺一不可。因为在 OSI/RM 网络层以上是通过 IP 地址进行寻址的，而在 OSI/RM 网络层以下则是通过 MAC 地址进行寻址的。可以说是两类地址各司其职，共同完成一个完整的计算机网络通信。当然在一些网络通信中，还可能有传输层的“端口”号参与到 IP 寻址中。

ARP 工作时，送出一个含有该主机希望与之通信主机的 IP 地址的以太网广播数据包。目的主机以一个含有其自身 IP 和以太网地址映射的数据包作为应答。发送者将这个地址映射缓存起来，以节约不必要的 ARP 通信。所以网络上的每个计算机系统都在一个缓存中保留了它已经了解的所有的 IP 地址到 MAC 地址的映射。当向某一个 IP 地址发送报文时，主机总是检查它的ARP高速缓存，目的是了解它是否知道它希望发送的物理地址。一个主机的ARP缓存项在一定的时间内是有效的，然后就会被删除。

（1）ARP工作原理。

ARP协议是用于由节点IP地址解析其MAC地址，然后进行局域网内部通信的。如果要与某主机连接，可以在浏览器或运行窗口中输入其IP地址，然而在局域网内是没有网络层的，网络中的主机设备不能识别IP地址，只识别MAC地址，所以这时就需要ARP协议来转换。ARP协议的基本功能就是通过数据包中的目标节点的IP地址查询目标节点的MAC地址，以便把数据包发送到目标设备中。

ARP的基本工作原理如下：

① 每台主机都会根据以往在网络中与其他节点的通信，在自己的ARP缓存区（ARP Cache）中建立一个ARP列表，以表示网络中节点IP地址和MAC地址的对应关系。

ARP缓存表采用了老化机制，在一段时间内如果表中的某一行没有使用（Windows系统的这个时间为2分钟，而Cisco路由器的这个时间为5分钟），就会被删除，这样可以大大减少ARP缓存表的长度，加快查询速度。

② 当源节点需要将一个数据包发送到目标节点时，会首先检查自己ARP列表中是否存在该包中所包含的目标节点IP地址对应的MAC地址。如果有，则直接将数据包发送到这个MAC地址节点上；如果没有，就向本地网段发起一个ARP请求的广播包，查询此IP地址目标节点对应的MAC地址。此ARP请求数据包中包括源节点的IP地址、硬件地址，以及目标节点的IP地址。

③ 网络中所有的节点在收到这个ARP请求后，会检查数据包中的目标IP地址是否和自己的IP地址一致。如果不相同就忽略此数据包；如果相同，则该节点首先将源端的MAC地址和IP地址的对应表项添加到自己的ARP列表中。如果发现ARP表中已经存在该IP地址所对应的MAC地址表项信息，则将其覆盖，然后给源节点发送一个ARP响应数据包，告诉对方自己是它需要查找的MAC地址节点。

④ 源节点在收到这个ARP响应数据包后，将得到的目标节点的IP地址和MAC地址对应表项添加到自己的ARP列表中，并利用此信息开始数据的传输。如果源节点一直没有收到ARP响应数据包，则表示ARP查询失败。

（2）RARP工作原理。

ARP协议是根据IP地址找其对应的MAC地址，而RARP则是根据MAC地址找其对应的IP地址，所以称之为“反向ARP”。具有本地磁盘的系统引导时，一般是从磁盘上的配置文件中读取IP地址，然后即可直接用ARP协议找出与其对应的主机MAC地址。但是无盘机，如X终端或无盘工作站，启动时是通过MAC地址来寻址的，这时就需要通过RARP协议获取IP地址。

RARP的基本工作原理如下：

① 发送端发送一个本地的RARP广播包，在此广播包中声明自己的MAC地址，并且请求任何收到此请求的RARP服务器分配一个IP地址。

② 本地网段上的RARP服务器收到此请求后，检查其RARP列表，查找该MAC地址对应的IP地址。如果存在，RARP服务器就给源主机发送一个响应数据包，并将此IP地址提供给对方主机使用；如果不存在，RARP服务器对此不做任何响应。

③ 源端在收到从RARP服务器传来的响应信息后，利用得到的IP地址进行通信；如果一

直没有收到 RARP 服务器的响应信息，则表示初始化失败。

6.3.4 静态路由

静态路由（Static Routing）是一种特殊的路由，由网络管理员采用手工方法在路由器中配置而成。在早期的网络中，网络的规模不大，路由器的数量很少，路由表也相对较小，通常采用手工的方法对每台路由器的路由表进行配置，即静态路由。这种方法适合于规模较小、路由表也相对简单的网络使用。它较简单，容易实现，且已沿用了很长一段时间。

但随着网络规模的增长，在大规模的网络中，路由器的数量很多，路由表的表项也较多，较为复杂。在这样的网络中对路由表进行手工配置除了配置繁杂外，还有一个更明显的问题就是不能自动适应网络拓扑结构的变化。对于大规模网络而言，如果网络拓扑结构改变或网络链路发生故障，那么路由器上指导数据转发的路由表就应该发生相应变化。如果还是采用静态路由，用手工的方法配置及修改路由表，会对管理员形成很大压力。

但在小规模的网络中，静态路由也有它的一些优点。如：

- 手工配置，可以精确控制路由选择，改进网络的性能。
- 不需要动态路由协议参与，这将会减少路由器的开销，为重要的应用保证带宽。

6.3.5 RIP 协议

RIP（Routing Information Protocol，路由信息协议）是一种较为简单的内部网关协议（Interior Gateway Protocol，IGP），主要用于规模较小的网络中，比如校园网及结构较简单的地区性网络。对于更为复杂的环境和大型网络，一般不使用 RIP。由于 RIP 的实现较为简单，在配置和维护管理方面也远比 OSPF 和 IS-IS 容易，因此在实际组网中仍有广泛的应用。

（1）RIP 的基本概念。

RIP 是一种基于距离矢量（Distance-Vector）算法的协议，它通过 UDP 报文进行路由信息的交换，使用的端口号为 520。RIP 使用跳数来衡量到达目的地址的距离，跳数称为度量值。在 RIP 中，路由器到与它直接相连网络的跳数为 0，通过与其相连的路由器到达另一个网络的跳数为 1，其余依此类推。为限制收敛时间，RIP 规定度量值取 0～15 的整数，大于或等于 16 的跳数被定义为无穷大，即目的网络或主机不可达。由于这个限制，使得 RIP 不适合应用于大型网络。

网络中运行 RIP 协议的路由器向相邻的路由器发送它们的整个路由表。路由器在从相邻路由器接收到的信息的基础之上建立自己的路由表。然后，将信息传递到它的相邻路由器。这样一级级地传递下去以达到全网同步。也就是说，距离矢量路由表中的某些路由项有可能是建立在第 2 手信息的基础之上的，每个路由器都不了解整个网络拓扑，它们只知道与自己直接相连的网络情况，并根据从邻居得到的路由信息更新自己的路由表，进行矢量叠加后转发给其他的邻居，如图 6-14 所示。

（2）RIP 的路由数据库。

每个运行 RIP 的路由器都管理一个路由数据库，该路由数据库包含了到所有可达目的地的路由项，这些路由项包含下列信息。

- 目的地址：主机或网络地址。
- 下一跳地址：为到达目的地，需要经过的相邻路由器的接口 IP 地址。

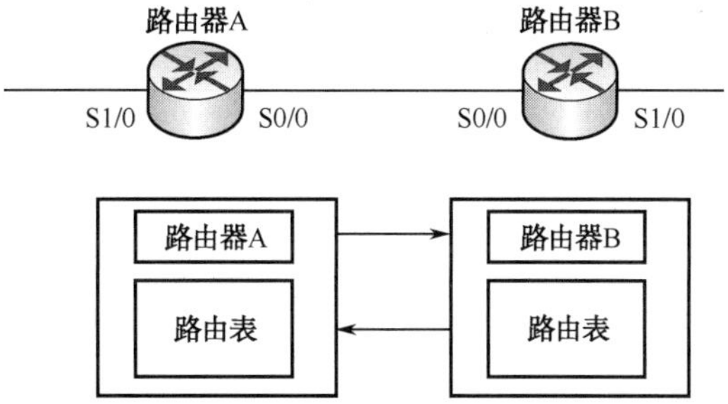

图 6-14　距离矢量路由交换整个路由表

- 出接口：转发报文通过的出接口。
- 度量值：本路由器到达目的地的开销。
- 路由时间：从路由项最后一次被更新到现在所经过的时间，路由项每次被更新时，路由时间重置为 0。
- 路由标记（Route Tag）：用于标识外部路由，在路由策略中可根据路由标记对路由信息进行灵活的控制。

（3）直连路由。

距离矢量路由协议初始化过程或路由更新过程时，网络中路由器首先会生成自己的直连路由，直连路由是指与自己直接相连的网络的情况。例如图 6-15 中，与路由器 B 直连的网段有两个：2.0.0.0 和 3.0.0.0。如果在距离矢量路由协议初始化过程时，路由表中就会首先生成直连路由。

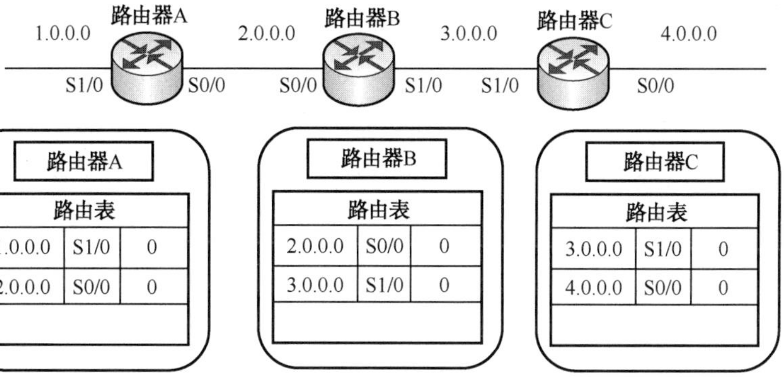

图 6-15　直连路由

路由器会定期地把路由表传送给相邻的路由器，让其他路由器知道自己的网络情况。比如路由器 A 会告诉路由器 B“从我这里通过 S1/0 接口能到达 1.0.0.0 网络，花费为 0，通过 S0/0 能到达 2.0.0.0 网络，花费为 0”。路由器 B 原来并不知道到 1.0.0.0 网络如何走，现在就会通过动态路由协议学习到，把它添加到路由器 B 的路由表中，是从 S0/0 口学到的，在路由器 A 的基础上跳数加 1。注意路由器 A 被用来作为下一跳的地址，路由器 B 认为从路由器 A 可以到达目标网络，至于路由器 A 从何得来的路由信息，路由器 B 并不关心。2.0.0.0 的路由器 B 原来就有，跳数为 0，路由器 A 传来的路由在跳数加 1 后变为 1，所以不会加入路由表中。3 台路由器相互更新，根据更新先后次序不同，第一次更新后，路由表可能的情况如图 6-16 所示。

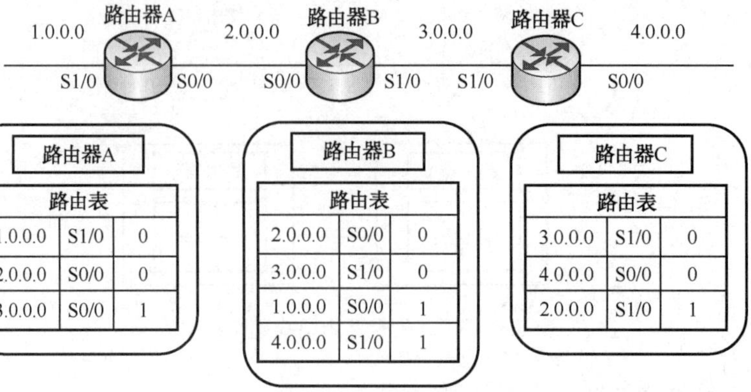

图 6-16　路由表更新过程

更新后路由器 A 知道了网络 3.0.0.0 的存在，费用为 1。在本部分对 RIP 算法的讲解中，路由权值的计算采用最简单的方法，只根据跳数 Hop，即要到达目的地经过的路由器的个数。同样路由器 B 和路由器 C 也从更新报文中了解到了其他网络的情况。在下一个更新周期，路由信息会继续在各路由器间传递。路由表更新过程如图 6-17 所示。

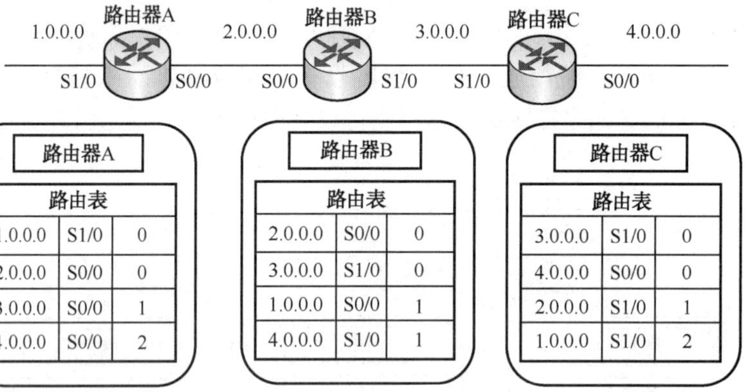

图 6-17　路由表更新过程

1.0.0.0 的网络信息在被传递到路由器 C 上后，路由器 C 认为到达它需要经过两台路由器，路由权值变成 2。经过了这样的更新后，网络中的每台路由器都知道了不与它直接相连的网络的存在，有了关于它们的路由记录，实现了全网的连通。而所有这些工作都不需要管理员手工干预，这正是动态路由协议给我们带来的第一个好处，减少了配置的复杂性。

但是，在经过了若干个更新周期后，路由信息才被传递到每台路由器上，网络才能达到平衡，也就是说，距离矢量算法的收敛速度相对较慢。如果网络直径很长，路由要从一端传到另外一端所需花费的时间就会很长。

6.3.6　OSPF 协议

RIP 是利用 UDP 的 520 号端口进行传输的，实现中利用套接口编程，而 OSPF 则直接在 IP 上进行传输，它的协议号为 89。在 RIP 当中，所有的路由都由跳数来描述，到达目的地的路由最大不超过 16 跳，且只保留唯一的一条路由，这就限制了 RIP 的服务半径，即其只适用于小型的简单网络。同时，运行 RIP 的路由器需要定期（一般 30s）地将自己的路由表广播到网络当中，达到对网络拓扑的聚合，这样不但聚合的速度慢而且极容易引起广播风暴、累加到无穷、路由环致命等问题。为此，OSPF 应运而生。OSPF 是基于链路状态的路由协议，它克服了 RIP 的许多缺陷：

（1）OSPF 不再采用跳数的概念，而是根据接口的吞吐率、拥塞状况、往返时间、可靠性等实际链路的负载能力定出路由的代价，同时选择最短、最优路由并允许保持到达同一目标地址的多条路由，从而平衡网络负荷。

（2）OSPF 支持不同服务类型的不同代价，从而实现不同 QoS 的路由服务。

（3）OSPF 路由器不再交换路由表，而是同步各路由器对网络状态的认识，即链路状态数据库，然后通过 Dijkstra 最短路径算法计算出网络中各目的地址的最优路由。这样 OSPF 路由器间不需要定期地交换大量数据，而只是保持着一种连接，一旦有链路状态发生变化时，才通过组播方式对这一变化做出反应，这样不但减轻了不参与系统的负荷而且达到了对网络拓扑的快速聚合。而这些正是 OSPF 强大生命力和应用潜力的根本所在。

1. OSPF 工作原理分析

OSPF 是一种分层次的路由协议，其层次中最大的实体是 AS（自治系统），即遵循共同路由策略管理下的一部分网络实体。在每个 AS 中，将网络划分为不同的区域。每个区域都有自己特定的标识号。对于主干（backbone）区域，负责在区域之间分发链路状态信息。这种分层次的网络结构是根据 OSPF 的实际提出来的。当网络中自治系统非常大时，网络拓扑数据库的内容就更多，所以如果不分层次的话，一方面容易造成数据库溢出，另一方面当网络中某一链路状态发生变化时，会引起整个网络中每个节点都重新计算一遍自己的路由表，既浪费资源与时间，又会影响路由协议的性能（如聚合速度、稳定性、灵活性等）。因此，需要把自治系统划分为多个域，每个域内部维持本域一张唯一的拓扑结构图，且各域根据各自的拓扑图计算自己的路由，域边界路由器把各个域的内部路由总结后在域间扩散。这样，当网络中的某条链路状态发生变化时，此链路所在域的每个路由器重新计算本域路由表，而其他域中路由器只需修改其路由表中的相应条目而无须重新计算整个路由表，节省了计算路由表的时间。

OSPF 由两个互相关联的主要部分组成：“呼叫”协议和“可靠泛洪”机制。呼叫协议检测邻居并维护邻接关系，可靠泛洪机制可以确保统一域中的所有的 OSPF 路由器始终具有一致的链路状态数据库，而该数据库构成了对域的网络拓扑和链路状态的映射。链路状态数据库中每个条目称为 LSA（链路状态通告），共有 5 种不同类型的 LSA，路由器间交换信息时就是交换这些 LSA。每个路由器都维护一个用于跟踪网络链路状态的数据库，然后各路由器的路由选择就是基于链路状态，通过 Dijkstra 算法建立起来最短路径树的，用该树跟踪系统中的每个目标的最短路径。最后再通过计算域间路由、自治系统外部路由确定完整的路由表。与此同时，OSPF 动态监视网络状态，一旦发生变化则迅速扩散达到对网络拓扑的快速聚合，从而确定出新的网络路由表。

OSPF 的设计实现要涉及指定路由器、备份指定路由器的选举、协议包的接收、发送、泛洪机制、路由表计算等一系列问题。接下来对 Dijkstra 算法与路由表的计算进行介绍。

2. Dijkstra 算法

Dijkstra 算法是路由表计算的依据，通过 Dijkstra 算法可以得到有关网络节点的最短路径树，然后由最短路径优先树得到路由表。

Dijkstra 算法的描述如下：

（1）初始化集合 E，使之只包含源节点 S，并初始化集合 R，使之包含所有其他节点。初始化路径列 O，使其包含一段从 S 起始的路径。这些路径的长度值等于相应链路的度量值，并以递增顺序排列列表 O。

（2）若列表 O 为空，或者 O 中第 1 个路径长度为无穷大，则将 R 中所有剩余节点标注为不可达，并终止算法。

（3）首先寻找列表 O 中的最短路径 P，从 O 中删除 P。设 V 为 P 的最终节点。若 V 已在集合 E 中，继续执行步骤（2）。否则，P 为通往 V 的最短路径。将 V 从 R 移至 E。

（4）建立一个与 P 相连并从 V 开始的所有链路构成的候选路径集合。这些路径的长度是 P 的长度加上与 P 相连的长度。将这些新的链路插入有序表 O 中，并放置在其长度所对应的等级上。继续执行步骤（2）。

Dijkstra 算法举例如下（以路由器 A 为例，来说明最短路径树的建立过程）：

（1）路由器 A 找到了路由器 B、C，将它们列入候选列表{B：1；C：2}。

（2）从候选列表中找出最小代价项 B，将 B 加入最短路径树并从候选列表中删除。接着从 B 开始寻找，找到了 D，将其放入候选列表{C：2；D：2}。

（3）从列表中找出 C，由 C 又找到了 D。但此时 D 的代价为 4，所以不再加入候选列表。最后将 D 加入最短路径树。此时候选列表为空，完成了最短路径树的计算。

3. OSPF 路由表的计算与实现

有关路由表的计算是 OSPF 的核心内容，它是动态生成路由器内核路由表的基础。在路由表条目中，应包括目标地址、目标地址类型、链路的代价、链路的存活时间、链路的类型及下一跳等内容。关于整个计算的过程，主要由以下 5 个步骤来完成。

（1）保存当前路由表。当前存在的路由表为无效的，必须从头开始重新建立路由表。

（2）域内路由的计算。通过 Dijkstra 算法建立最短路径树，从而计算域内路由。

（3）域间路由的计算。通过检查 Summary-LSA 来计算域间路由，若该路由器连到多个域，则只检查主干域的 Summary-LSA。

（4）查看 Summary-LSA。在连到一个或多个传输域的域边界路由器中，通过检查该域内的 Summary-LSA 来检查是否有比第（2）、（3）步更好的路径。

（5）AS 外部路由的计算。通过查看 AS-External-LSA 来计算目的地在 AS 外的路由。

通过以上步骤，OSPF 生成了路由表。但这里的路由表还不同于路由器中实现路由转发功能时用到的内核路由表，它只是 OSPF 本身的内部路由表。因此，完成上述工作后，往往还要通过路由增强功能与内核路由表交互，从而实现多种路由协议的学习。

图 6-18 描述了通过链路状态协议计算路由的过程。由 Router A、Router B、Router C 和 Router D 四台路由器组成的网络，连线旁边的数字表示从一台路由器到另一台路由器所需要的花费。为简化问题，我们假定两台路由器相互之间发送报文所需花费是相同的。

每台路由器都根据自己周围的网络拓扑结构生成一条 LSA（链路状态广播），并通过相互之间发送协议报文将这条 LSA 发送给网络中其他的路由器。这样每台路由器都收到了其他路由器的 LSA，所有的 LSA 放在一起称作 LSDB（链路状态数据库）。显然，这 4 台路由器的 LSDB 都是相同的，如图 6-19 所示。

由于一条 LSA 是对一台路由器周围网络拓扑结构的描述，那么 LSDB 则是对整个网络的拓扑结构的描述。路由器很容易将 LSDB 转换成一张带权的有向图，这张图便是对整个网络拓扑结构的真实反映。显然，4 台路由器得到的是一张完全相同的图，如图 6-20 所示。

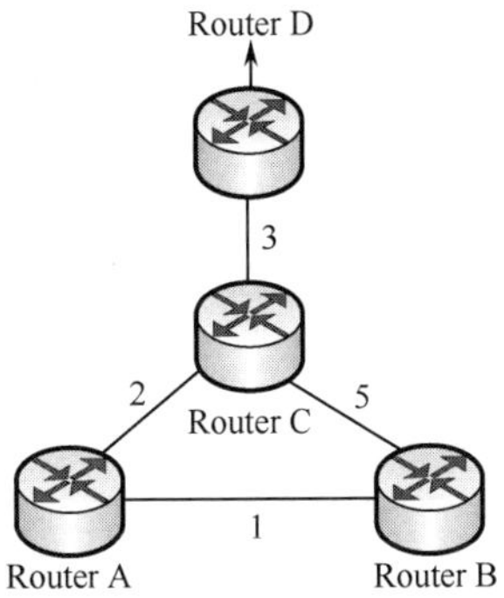

图 6-18　网络的拓扑结构

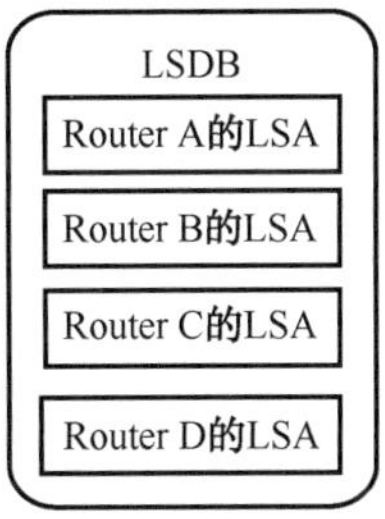

图 6-19　每台路由器的链路状态数据库

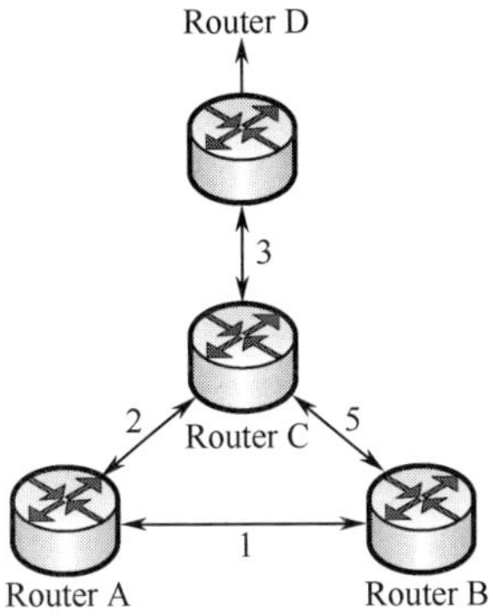

图 6-20　由链路状态数据库得到的带权有向图

接下来每台路由器都在图中以自己为根节点，使用相应的算法计算出一棵最小生成树，由这棵树得到了到网络中各个节点的路由表。显然，4 台路由器各自得到的路由表是不同的。这样每台路由器都计算出了到其他路由器的路由表，如图 6-21 所示。

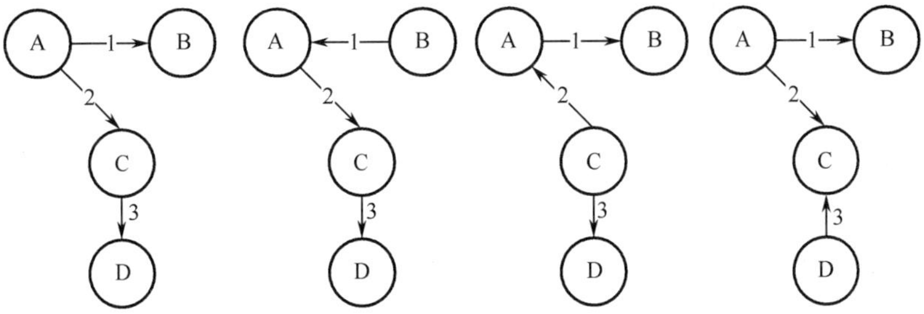

图 6-21　每台路由器都分别以自己为根节点计算最小生成树

链路状态算法的实现方首先得到网络拓扑，再根据网络拓扑计算路由。这种路由的计算方法对路由器的硬件相对要求较高，但它计算准确，一般可以确保网络中没有路由环路的存在。由于路由不是在路由器间顺序传递的，网络动荡时，路由收敛速度较快。而且路由器不需要定期将路由信息复制到整个网络中，网络流量相对较小。如表 6-3 所示为对这两种路由算法进行了比较。

表 6-3 距离矢量算法与链路状态算法比较

	距离矢量算法	链路状态算法
是否有环路	有	无
收敛速度	慢	快
对路由器 CPU、RAM 的要求	低	高
网络流量	大	小
典型协议	RIP、BGP	OSPF、IS-IS

4. 自治系统的分区

OSPF 允许在一个自治系统里划分区域的做法，相邻的网络和它们相连的路由器组成一个区域（Area）。每一个区域有该区域自己的拓扑数据库，该数据库对于外部的区域是不可见的，每个区域内部路由器的链路状态信息数据库实际上只包含着该区域内的链路状态信息，它们也不能详细地知道外部的链接情况，在同一个区域内的路由器拥有同样的拓扑数据库。和多个区域相连的路由器拥有多个区域的链路状态信息库。划分区域的方法减小了链路状态信息数据库的大小，并极大地减少了路由器间交换状态信息的数量，如图 6-22 所示。

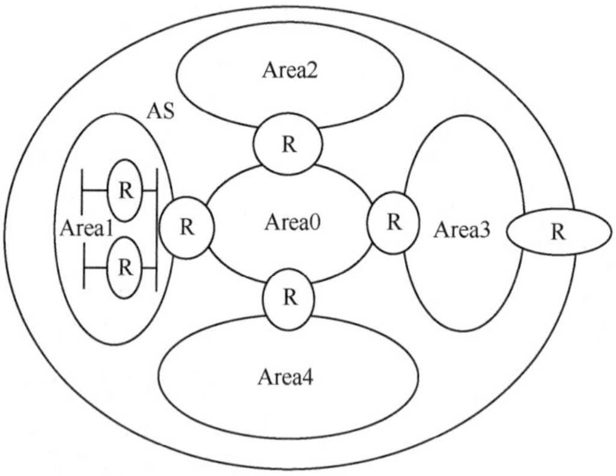

图 6-22 把自治系统分成多个 OSPF 区域

在多于一个区域的自治系统中，OSPF 规定必须有一个骨干区（backbone）——Area 0，骨干区是 OSPF 的中枢区域，它与其他区域通过区域边界路由器（ABR）相连。区域边界路由器通过骨干区进行区域路由信息的交换。为了达到一个区域的各个路由器保持相同的链路状态信息库，必须要求骨干区是相连的，但是并不要求它们是物理连接的。在实际的环境中，如果它们在物理上是断开的，这时可以通过建立虚链路（Virtual Link）的方法保证骨干区域的连续性。虚链将属于骨干区并且到一个非骨干区都有接口的两个 ABR 连接起来，虚链本身属于骨干区，OSPF 将通过虚链连接的两个路由器看作是通过未编号的点对点链路（unnumbered point-to-point）连接。

5. 区域间路由

当两个非骨干区域间路由 IP 包时，必须通过骨干区。IP 包经过的路径分为 3 个部分：源区域内路径（从源端到 ABR）、骨干路径（源区域间和目的区域间的骨干区路径）、目的端区域内路径（目的区域的 ABR 到目的路由器的路径）。从另一个观点来看，一个自治系统就像一个以骨干区作为 Hub，各个非骨干区域连到 Hub 上的星形结构图。各个区域边界路由器在骨干区上进行路由信息的交换，发布本区域的路由信息，同时收到其他 ABR 发布的信息，传到本区域进行链路状态的更新以形成最新的路由表。

6. Stub 区和自治系统外路由

在一个 OSPF 自治系统中有这样一种特殊的区域——存根区域（Stub 区域），在这个区域中只有一个外部出口，该区域不允许外部的非 OSPF 的路由信息进入。到自治系统外的包只能依靠默认路由。存根区域的边界路由器必须在路由概要里向区域宣告这个默认路由，但是不能超过这个存根区域。默认路由的使用可以减小链路状态信息库的大小。对于该自治系统外部路由信息，如 BGP 产生的路由信息，可以通过该自治系统的区域边界路由器（ASBR）透明地扩散到整个自治系统的各个区域中，使得该自治系统内部的每一台路由器都能够获得外部的路由信息。但是该信息不能扩散到存根区域，从而自治系统内的路由器可以通过 ASBR 路由包到自治系统外的目标。

7. DR 和 BDR

在自治系统内的每个广播和非广播多点访问（NBMA）网络中，都有一个指定路由器（Designated Router，DR）和一个备份指定路由器（Backup Designated Router，BDR），它们是通过 Hello 协议选举产生的。DR 的主要功能如下。

（1）产生代表本网络的网络路由宣告，这个宣告列出了连到该网络有哪些路由器，其中包括 DR 自己。

（2）DR 同本网络的所有其他的路由器建立一种星形的邻接关系，这种邻接关系是用来交换各个路由器的链路状态信息，从而同步链路状态信息库。DR 在路由器的链路状态信息库的同步上起到核心的作用。

另一个比较重要的路由器是 BDR。BDR 也和该网络中的其他路由器建立邻接关系。因此，BDR 的设立是为了保证当 DR 发生故障时尽快接替 DR 的工作，而不至于出现由于需重新选举 DR 和重新构筑拓扑数据库而产生大范围的数据库震荡。当 DR 存在时，BDR 不生成网络链路广播消息。

在 DR、BDR 的选举后，该网络内其他路由器向 DR、BDR 发送链路状态信息，并经 DR 转发到和 DR 建立邻接关系的其他路由器。当链路状态信息交换完毕时，DR 和其他路由器的邻接关系进入了稳定态，区域范围内统一的拓扑（链路状态）数据库也就建立了，每个路由器以该数据库为基础，采用 SPF 算法计算出各个路由器的路由表，这样就可以进行路由转发了。

OPSF 作为一种重要的内部网关协议的普遍应用，极大地增强了网络的可扩展性和稳定性，同时也反映出了动态路由协议的强大功能。但是，在有关 OSPF 协议的研究、实现中尚存在一些问题，如数据库的溢出、度量的刻画，以及 MTU 协商等。同时，在 IPv6 中，OSPFv3 基于链路的处理机制、IP 地址的变化、泛洪范围的增加、包格式、LSA 的变化及邻居的识别等技术都将是我们共同探讨的课题。

6.3.7 路由器的基本配置——以 H3C 设备为例

1. 静态路由典型配置举例

（1）组网需求。

如图 6-23 所示，要求配置静态路由，使任意两台主机或路由器之间都能互通。

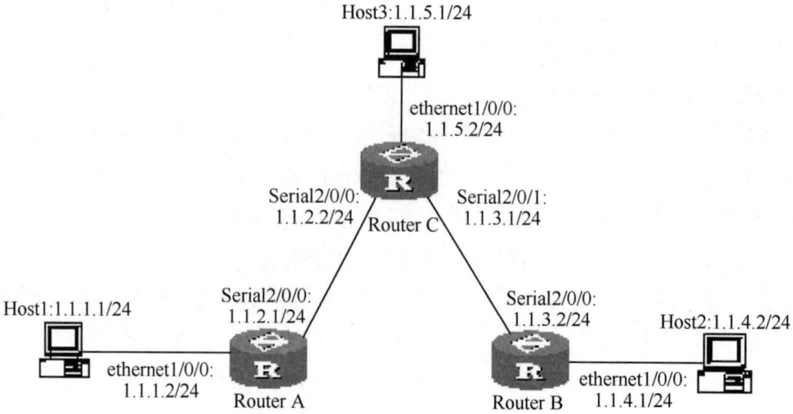

图 6-23　静态路由配置举例

静态路由配置命令：

```
[Router]ip route-static dest-address { mask | mask-length } {gateway-address | interface-type interface-name }
[ preference preference-value ]
```

（2）配置要点。

只有下一跳所属的接口是点对点接口时，才可以填写 interface-type interface-name，否则必须填写 gateway-address。

目的 IP 地址和掩码都为 0.0.0.0 的路由为默认路由。

（3）配置步骤。

配置路由器 Router A 静态路由：

```
[Router A] ip route-static 1.1.3.0 255.255.255.0 1.1.2.2
[Router A] ip route-static 1.1.4.0 255.255.255.0 1.1.2.2
[Router A] ip route-static 1.1.5.0 255.255.255.0 1.1.2.2
```

或只配默认路由：

```
[Router A] ip route-static 0.0.0.0 0.0.0.0 1.1.2.2
```

配置路由器 Router B 静态路由：

```
[Router B] ip route-static 1.1.2.0 255.255.255.0 1.1.3.1
[Router B] ip route-static 1.1.5.0 255.255.255.0 1.1.3.1
[Router B] ip route-static 1.1.1.0 255.255.255.0 1.1.3.1
```

或只配默认路由：

```
[Router B] ip route-static 0.0.0.0 0.0.0.0 1.1.3.1
```

配置路由器 Router C 静态路由：

```
[Router C] ip route-static 1.1.1.0 255.255.255.0 1.1.2.1
[Router C] ip route-static 1.1.4.0 255.255.255.0 1.1.3.2
```

主机 Host1 上配置默认网关为 1.1.1.2。

主机 Host 2 上配置默认网关为 1.1.4.1。

主机 Host 3 上配置默认网关为 1.1.5.2。

至此，图 6-23 中所有主机或路由器之间能两两互通。

2. RIP 典型配置举例

（1）组网需求。

一个企业的内部网络通过路由器 Router A 连到 Internet，内部网络的主机直接连接到 Router B 或 Router C 上。

要求 3 个路由器上均运行 RIP。Router A 只接收从外部网络发来的路由信息，但不对外发布内部网络的路由信息。Router A、B、C 之间能够交互 RIP 信息，以便于内部主机能够访问 Internet。

（2）组网图（见图 6-24）。

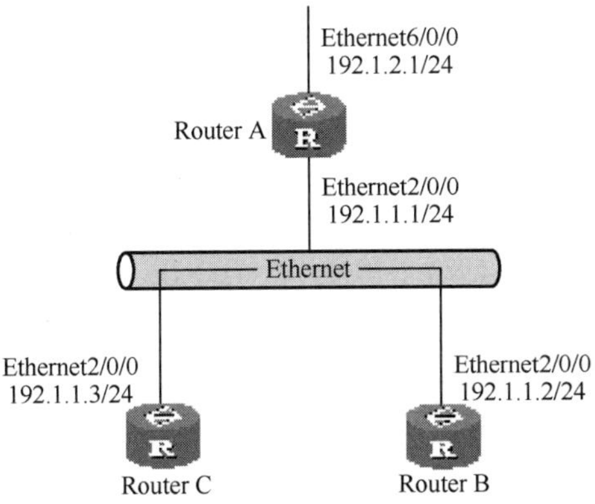

图 6-24 RIP 协议组网举例

创建 RIP 进程并进入 RIP 视图：

```
[Router] rip [ process-id ]
```

在指定网段接口上使用 RIP：

```
[Router-rip-1] network network-address
```

指定全局 RIP 版本：

```
[Router-rip-1] version { 1 | 2 }
```

关闭 RIPv2 自动路由聚合功能：

```
[Router-rip-1] undo summary
```

配置 RIPv2 报文的认证：

```
[Router-Ethernet1/0] rip authentication-mode { md5 { rfc2082 key-string key-id | rfc2453 key-string } | simple password }
```

（3）配置步骤。

① 配置 Router A。

\# 配置接口 Ethernet2/0/0 和 Ethernet6/0/0。

```
[RouterA] interface ethernet 2/0/0
[RouterA-Ethernet2/0/0] ip address 192.1.1.1 255.255.255.0
[RouterA-Ethernet2/0/0] quit
[RouterA] interface ethernet 6/0/0
[RouterA-Ethernet6/0/0] ip address 192.1.2.1 255.255.255.0
```

启动 RIP，并配置在接口 Ethernet2/0/0 和 Ethernet6/0/0 上运行 RIP。

```
[RouterA] rip
[RouterA-rip] network 192.1.0.0
```

配置接口 Ethernet 6/0/0 只接收 RIP 报文。

```
[RouterA-Ethernet6/0/0] undo rip output
[RouterA-Ethernet6/0/0] rip input
```

② 配置 Router B。

配置接口 Ethernet2/0/0：

```
[RouterB] interface Ethernet 2/0/0
[RouterB-Ethernet2/0/0] ip address 192.1.1.2 255.255.255.0
```

启动 RIP，并配置在接口 Ethernet2/0/0 上运行 RIP。

```
[RouterB] rip
[RouterB-rip] network 192.1.1.0
[RouterB-rip] import direct
```

③ 配置 Router C。

配置接口 Ethernet 2/0/0。

```
[RouterC] interface Ethernet 2/0/0
[RouterC-Ethernet2/0/0] ip address 192.1.1.3 255.255.255.0
```

启动 RIP，并配置在接口 Ethernet2/0/0 上运行 RIP。

```
[RouterC] rip
[RouterC-rip] network 192.1.1.0
[RouterC-rip] import direct
```

3. 配置 OSPF

（1）组网需求。

所有的路由器都运行 OSPF，并将整个自治系统划分为 3 个区域。

其中 Router A 和 Router B 作为 ABR 来转发区域之间的路由。

配置完成后，每台路由器都应学到 AS 内的到所有网段的路由。

在 Router C 上配置 ASBR 引入外部路由（静态路由），且路由信息可正确地在 AS 内传播。

要求将 Area1 配置为 Stub 区域，减少通告到此区域内的 LSA 数量，但不影响路由的可达性。

（2）组网图（见图 6-25）。

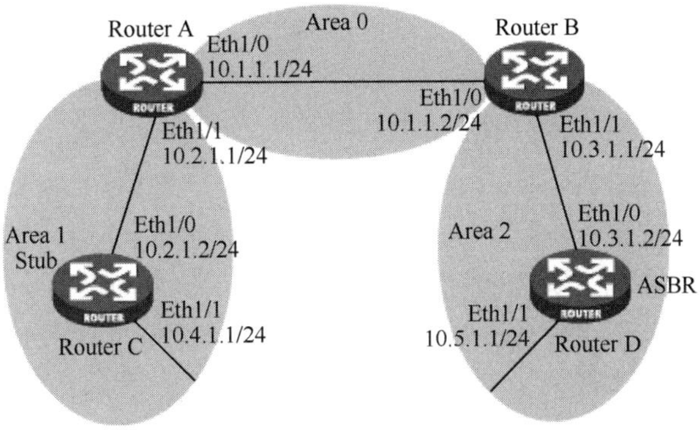

图 6-25　OSPF 协议组网举例

（3）OSPF 基本配置命令。

配置 Router ID：

```
[Router]router id ip-address
[Router]ospf [ process-id ]
```

重启 OSPF 进程：

```
<Router>reset ospf [ process-id ]
```

配置 OSPF 区域：

```
[Router-ospf-100]area area-id
```

在指定的接口上启动 OSPF：

```
[Router-ospf-1-area-0.0.0.0] network network-address wildcard-mask
```

配置 OSPF 接口优先级：

```
[Router-Ethernet0/0] ospf dr-priority priority
```

配置 OSPF 接口 Cost：

```
[Router-Ethernet0/0] ospf cost value
```

（4）配置步骤。

① 配置各接口的 IP 地址（略）。

② 配置 OSPF 基本功能。

```
[RouterC] ip route-static 3.1.2.1 24 10.4.1.2
```

在 Router C 上配置 OSPF 并引入静态路由。

```
[RouterC] ospf 1
[RouterC-ospf-1] import-route static
```

③ 配置 Area1 为 Stub 区域。

配置 Router A。

```
[RouterA] ospf
[RouterA-ospf-1] area 1
[RouterA-ospf-1-area-0.0.0.1] stub
[RouterA-ospf-1-area-0.0.0.1] quit
[RouterA-ospf-1] quit
```

配置 Router C。

```
[RouterC] ospf
[RouterC-ospf-1] area 1
[RouterC-ospf-1-area-0.0.0.1] stub
[RouterC-ospf-1-area-0.0.0.1] quit
[RouterC-ospf-1] quit
```

6.4 习题

1. 选择题

（1）路由器是一种用于网络互连的计算机设备，但作为路由器，并不具备的是（　　）。

A．路由功能　　B．多层交换

C．支持两种以上的子网协议　　D．具有存储、转发、寻径功能

（2）路由器的主要功能不包括（　　）。

A．速率适配　　B．子网协议转换

C．七层协议转换　　D．报文分片与重组

（3）路由器中时刻维持着一张路由表，这张路由表可以是静态配置的，也可以是（　　）产生的。

A．生成树协议　　B．链路控制协议

C．动态路由协议　　D．被承载网络层协议

（4）路由算法使用了许多不同的权决定最佳路由，通常采用的权不包括（　　）。

A．带宽　　B．可靠性　　C．物理距离　　D．开销

（5）路由器作为网络互联设备，必须具备的特点是（　　）。

A．支持路由协议　　B．至少要有一个备份口

C．至少支持两个网络接口　　D．协议至少要实现到网络层

E．具有存储、转发和寻径功能　　F．至少支持两种以上的子网协议

（6）路由器网络层的基本功能是（　　）。

A．配置 IP 地址　　B．寻找路由和转发报文

C．将 MAC 地址解释成 IP 地址

（7）下面对路由器的描述正确的是（交换机指二层交换机）（　　）。

A．相对于交换机和网桥来说，路由器具有更加复杂的功能

B．相对于交换机和网桥来说，路由器具有更低的延迟

C．相对于交换机和网桥来说，路由器可以提供更大的带宽和数据转发速度

D．路由器可以实现不同子网之间的通信，交换机和网桥却不能

E．路由器可以实现虚拟局域网之间的通信，交换机和网桥却不能

F．路由器具有路径选择和数据转发功能

（8）路由器的作用表现在（　　）。

A．数据转发　　B．路由（寻径）　　C．备份、流量控制　　D．速率适配

E．隔离网络　　F．异种网络互连

（9）下列可以执行网络层路径选择功能的是（　　）。

A．可路由协议（routed protocol）　　B．路由协议（routing protocol）

C．生成树协议　　D．帧中继协议

（10）以下内容不是路由信息中所包含的是（　　）。

A．源地址　　B．下一跳　　C．目标网络　　D．路由权值

（11）静态路由的优点包括（　　）。

A．管理简单　　B．自动更新路由　　C．提高网络安全性　　D．节省带宽

E．收敛速度快

（12）以下路由表项要由网络管理员手动配置的是（　　）。

A．静态路由　　B．直接路由　　C．默认路由　　D．以上都不用

（13）在一个运行 OSPF 的自治系统之内（　　）。

A．骨干区域自身也必须连通

B．非骨干区域自身也必须连通

C．必须存在一个骨干区域（区域号为 0）

D．非骨干区域与骨干区域必须直接相连或逻辑上相连

（14）RIP 在选择最佳路径的时候参照（　　）。

A．到目的网络所经过路由器的个数

B．所花费的时间

C．经过链路的带宽

D．路由器的档次

（15）距离矢量路由器获知非直连网络的路径是（　　）。

A．从源路由器获知　　B．从邻居路由器获知

C．从目的路由器获知　　D．仅能获知有关直连网络的信息

2. 简答题

（1）简述 ARP 协议的工作原理。

（2）距离矢量协议和链路状态协议有什么区别？

（3）简述 RIP 协议的配置步骤及注意事项。

（4）简述 RIPv1、RIPv2 之间的区别有哪些。

（5）简述静态路由的配置方法和过程。

（6）简述 OSPF 的基本工作过程。

3. 配置题

根据图 6-26 给出的拓扑图完成配置。路由器之间通过串口采用 V.35 DCE/DTE 电缆连接，根据拓扑图合理布局网段 IP 地址。

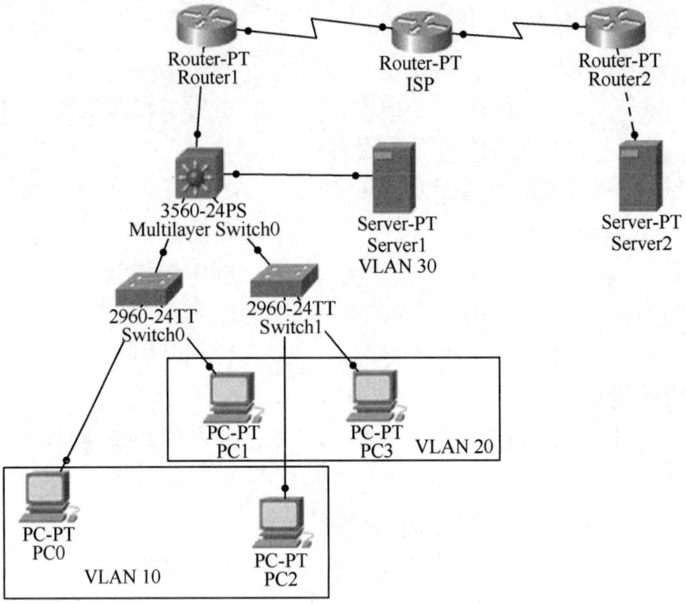

图 6-26　拓扑图

配置要求：

（1）根据拓扑图合理布局网段 IP 地址，（要求规划中有可变长子网）要求独立完成。

（2）根据拓扑图在二层交换机创建相应的 VLAN，将 PC 加入相应的 VLAN。

（3）三层交换机配置实现 VLAN 间互联互通。

（4）在全网运行动态路由协议（rip 与 ospf 均可）实现全网互连互通。

（5）VLAN 20 中的主机从三层交换机上动态获取 IP 地址。

（6）外网中的 Server2 服务器对于 VLAN 10 中的主机只提供 WWW 服务，别的网络不受限制。

第 7 章 组建无线网络

7.1 任务描述

张老师家里有 3 台计算机，其中一台为台式计算机，张老师把这台计算机当成了一台文件服务器使用，很多的数据都是存在这台计算机上的。由于是老房子，当时装修时没有考虑到 IT 会发展得这么快，没有安装多余的网线，如果重新布线，将涉及重新装修问题，这可是一笔不小的支出。学校信息中心小王老师给张老师提出了一个组建无线对等网的方案，这样，就不用对家里的环境进行改变，只要买几块 USB 无线网卡即可实现张老师的要求。张老师听了，很是心动。心动不如行动，那么，就来看看张老师是怎么在小王老师的指导下完成无线网络的实施的。

7.2 设计与实施

7.2.1 设计

无线网络和有线网络对比，最大的优点是不用布线，直接使用无线链路进行通信。在部署无线对等网时，可以不用无线 AP（Access-Point）的介入，直接使用无线网卡即可。

7.2.2 实施步骤

1. 所需仪器材料

无线网卡（见图 7-1）、网卡自带驱动程序、带操作系统的计算机等。在图 7-1 中，(a) 为带天线的无线网卡，(b) 为内置天线无线网卡，(c) 为笔记本电脑内带无线网卡。

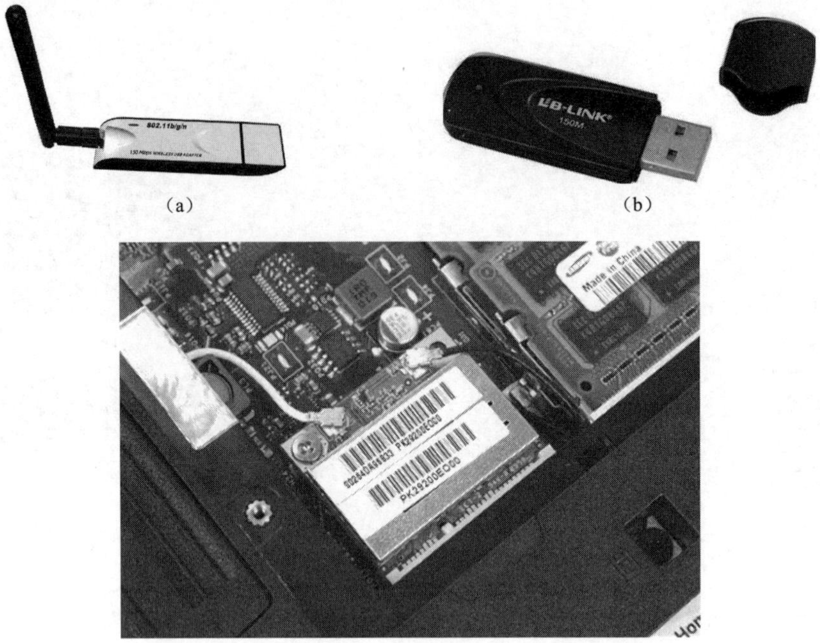

（a）　　（b）

（c）

图 7-1　无线网卡

2. 需用知识

一块无线网卡主要包括网卡（NIC）单元、扩频通信机和天线三个组成功能块。NIC 单元属于数据链路层，由它负责建立主机与物理层之间的连接。扩频通信机与物理层建立了对应关系，实现无线电信号的接收与发射。当计算机要接收信息时，扩频通信机通过网络天线接收信息，并对该信息进行处理，判断是否要发给 NIC 单元，如是则将信息帧上交给 NIC 单元，否则丢弃。如果扩频通信机发现接收到的信息有错，则通过天线发送给对方一个出错信息，通知发送端重新发送此信息帧。当计算机要发送信息时，主机先将待发送的信息传送给 NIC 单元，由 NIC 单元首先监测信道是否空闲，若空闲立即发送，否则暂不发送，并继续监测，这种方式叫做 CSMA/CA（Carrier Sense Multiple Access with Collision Detection）。可以看出，无线的工作方式与 IEEE 802.3 定义的有线网络的载体监听多路访问/冲突检测（CSMA/CD）工作方式很相似。

3. 实施步骤

（1）把无线网卡插到计算机的 USB 接口，有天线的无线网卡应把天线拉直，与网卡呈直角。

（2）插上无线网卡后，计算机就会弹出提示信息，如图 7-2 所示，找到新硬件并试着安装该硬件的驱动程序界面。

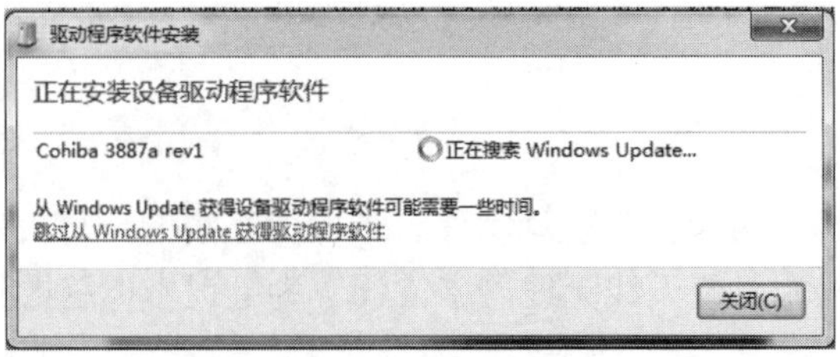

图 7-2　找到新硬件

（3）一般情况下，Windows 是无法正确安装驱动程序的，应使用无线网卡自带的驱动程序手工安装。鼠标右键单击“计算机”→“管理”→“设备管理器”就会看到刚才所插入的 USB 网卡的信息，如图 7-3 所示。在图中，有一个“其他设备”并有一个感叹号，这表示驱动程序没有装好。这时，把鼠标指向未安装好驱动程序的设备，单击右键，在弹出的菜单中选择“更新驱动程序”→在出现“如何搜索安装软件”的界面下，选择浏览，按系统的提示，选择 USB 无线网卡所在的位置，单击“完成”按钮即完成了网卡的驱动安装。

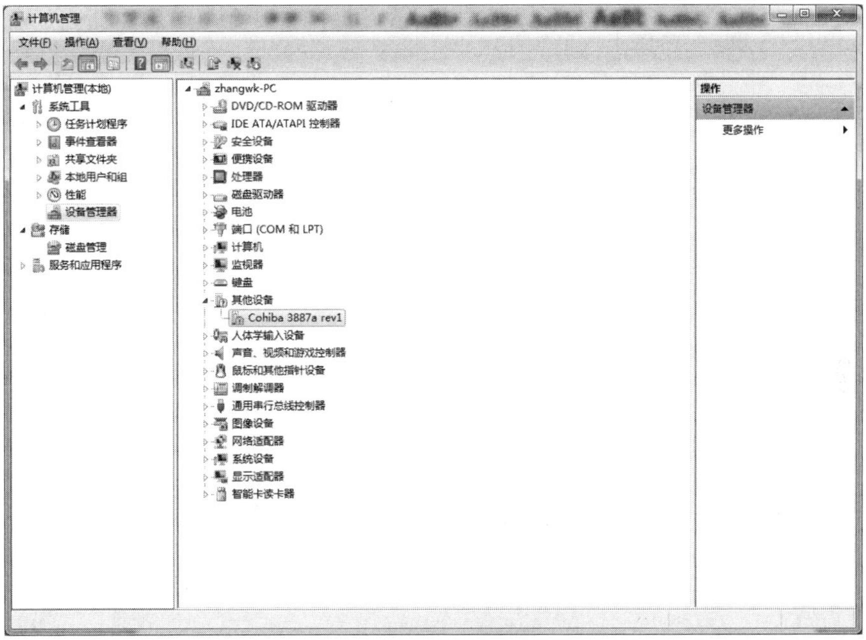

图 7-3 “设备管理器”界面

（4）用鼠标移动桌面上的“网络”图标，单击鼠标右键→“属性”选项，就出现了如图 7-4 所示的“网络和共享中心”界面。

图 7-4 “网络和共享中心”界面

（5）进入“网络和共享中心”界面，在“更改网络设置”标题下单击“设置新的连接或网络”，这时会出现一个“选择一个连接选项”页面，如图 7-5 所示。

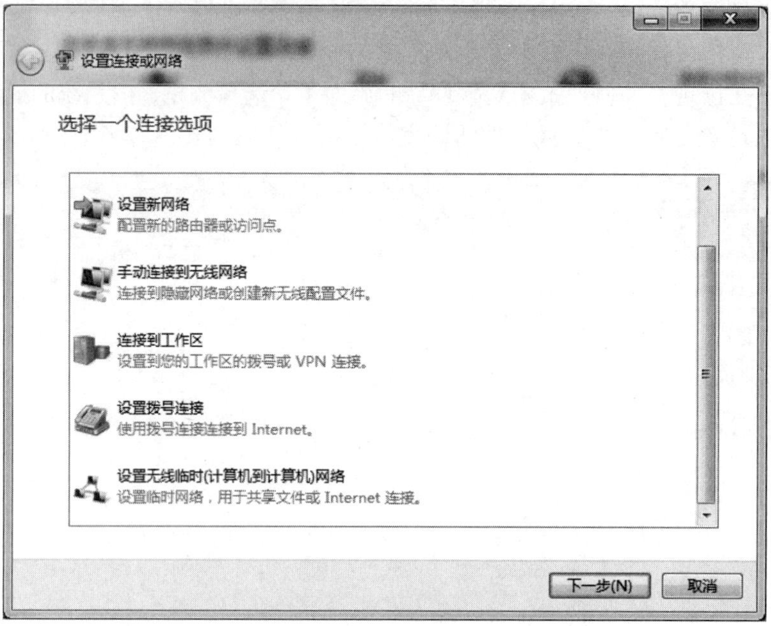

图 7-5　选择一个连接选项

（6）在图 7-5 中，选择“设置无线临时（计算机到计算机）网络”选项，并单击“下一步”按钮，出现如图 7-6 所示的设置临时网络的界面。设置完后单击“下一步”按钮。

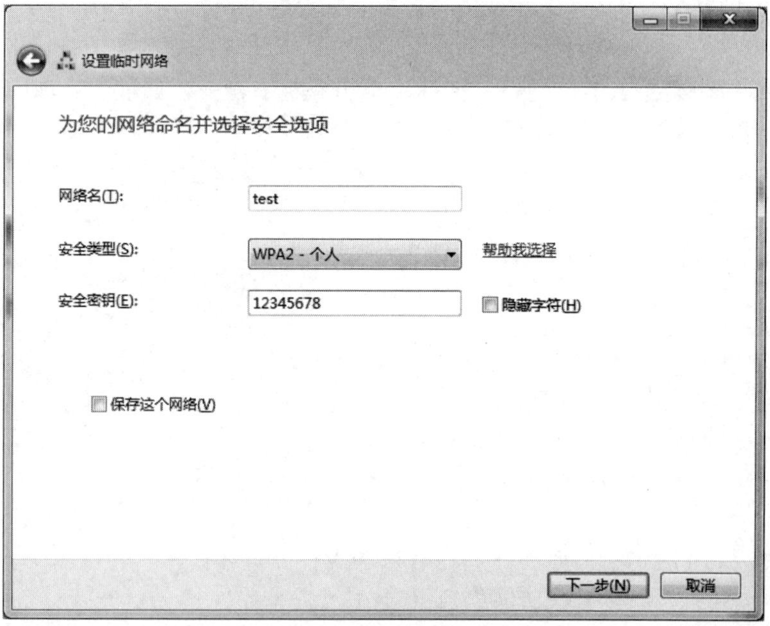

图 7-6　设置临时网络

（7）当网络出现如图 7-7 所示的界面时，即说明本网络已设置完成。

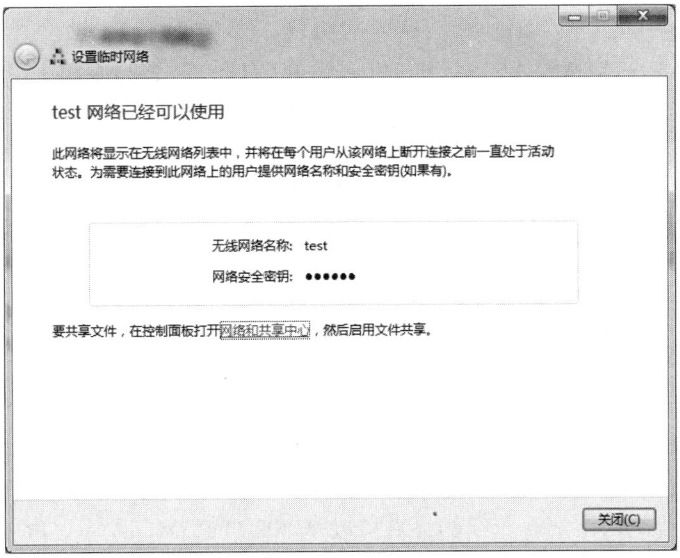

图 7-7　网络已可使用界面

（8）设置完成后，可以等待其他计算机用无线接入本计算机，如图 7-8 所示。

图 7-8　等待用户

（9）另一台计算机直接搜索无线网络，直到找到刚才建立的那个无线“test”，然后单击“连接”按钮即可连接起来，此时两台计算机便建立起对等网络。

7.3　相关知识

7.3.1　IEEE 802.11 协议简述

作为全球公认的局域网权威，IEEE 802 工作组建立的标准在过去 20 年内的局域网领域内独领风骚。这些协议包括了 802.3 Ethernet 协议、802.5 Token Ring 协议、802.3z 100Base-T 快速以太网协议。在 1997 年，经过了 7 年的工作以后，IEEE 发布了 802.11 协议，这也是在无线局域网领域内的第一个国际上被认可的协议。在 1999 年 9 月，他们又提出了 802.11b "High Rate" 协议，用来对 802.11 协议进行补充，802.11b 在 802.11 的 1Mbps 和 2Mbps 速率下又增加了 5.5Mbps 和 11Mbps 两个新的网络吞吐速率。利用 802.11b，移动用户能够获得同 Ethernet 一样的性能、网络吞吐率、可用性。这个基于标准的技术使得管理员可以根据环境选择合适的局域网技术来构造自己的网络，满足他们的商业用户和其他用户的需求。802.11 协议主要工作在 ISO 协议的最下面两层上，并在物理层上进行了一些改动，加入了高速数字传输的特性和连接的稳定性。

1. 802.11 工作方式

802.11 定义了两种类型的设备：一种是无线站，通常是通过一台 PC 机器加上一块无线网络接口卡构成的；另一个称为无线接入点（Access Point，AP），它的作用是提供无线和有线网络之间的桥接。一个无线接入点通常由一个无线输出口和一个有线的网络接口（802.3 接口）构成，桥接软件符合 802.1d 桥接协议。接入点就像是无线网络的一个无线基站，将多个无线的接入站聚合到有线的网络上。无线的终端可以是 802.11 PCMCIA 卡、PCI 接口、ISA 接口，或者是在非计算机终端上的嵌入式设备（如 802.11 手机）。

2. 802.11 物理层

在 802.11 最初定义的三个物理层包括了两个扩散频谱技术和一个红外传播规范，无线传输的频道定义在 2.4GHz 的 ISM 波段内，这个频段，在各个国际无线管理机构中，例如美国的 USA，欧洲的 ETSI 和日本的 MKK 都是非注册使用频段的。这样，使用 802.11 的客户端设备就不需要任何无线许可。扩散频谱技术保证了 802.11 的设备在这个频段上的可用性和可靠的吞吐量，这项技术还可以保证同其他使用同一频段的设备不互相影响。802.11 无线标准定义的传输速率是 1Mbps 和 2Mbps，可以使用 FHSS（Frequency Hopping Spread Spectrum）和 DSSS（Direct Sequence Spread Spectrum）技术。需要指出的是，FHSS 和 DSSS 技术在运行机制上是完全不同的，所以采用这两种技术的设备没有互操作性。

3. 802.11b 的增强物理层

802.11b 在无线局域网协议中最大的贡献就在于它在 802.11 协议的物理层增加了两个新的速度：5.5Mbps 和 11Mbps。为了实现这个目标，DSSS 被选作该标准的唯一的物理层传输技术，这个决定使得 802.11b 可以和 1Mbps、2Mbps 的 802.11bps DSSS 系统互操作。最初 802.11 的 DSSS 标准使用 11 位的 chipping-Barker 序列进行数据编码并发送，每一个 11 位的 chipping 代表一个一位的数字信号 1 或者 0，这个序列被转化成波形（称为一个 Symbol），然后在空气中传播。这些 Symbol 以 1MSps（每秒 1M 的 symbols）的速度进行传送，传送的机制称为 BPSK（Binary Phase Shifting Keying），在 2Mbps 的传送速率中，使用了一种更加复杂的传送方式，称为 QPSK（Quadrature Phase Shifting Keying），QPSK 中的数据传输率是 BPSK 的 2 倍，以此提高了无线传输的带宽。

在 802.11b 标准中，一种更先进的编码技术被采用了，在这个编码技术中，抛弃了原有的 11 位 Barker 序列技术，而采用了 CCK（Complementary Code Keying）技术，它的核心编码中有一个 64 个 8 位编码组成的集合，在这个集合中的数据有特殊的数学特性使得它们能够在经过干扰或者由于反射造成的多方接收问题后还能够被正确地互相区分。5.5Mbps 使用 CCK 串来携带 4 位的数字信息，而 11Mbps 的速率使用 CCK 串来携带 8 位的数字信息。两个速率的传送都利用 QPSK 作为调制的手段，不过信号的调制速率为 1.375MSps。这也是 802.11b 获得高速的机理。表 7-1 中列举了这些数据。

表 7-1 802.11b 数据传送速率规范

数据传送速率	编码长度	调制方式	波串速率	位数/波串
1Mbps	11 （BS 串）	BPSK	1MSps	1
2Mbps	11 （BS 串）	QPSK	1MSps	2
5.5Mbps	8（CCK）	QPSK	1.375MSps	4
11Mbps	8（CCK）	QPSK	1.375MSps	8

为了支持在有噪声的环境下能够获得较好的传输速率，802.11b 采用了动态速率调节技术，以允许用户在不同的环境下自动使用不同的连接速度来补充环境的不利影响。在理想状态下，用户以 11Mbps 的全速运行，然而，当用户移出理想的 11Mbps 速率传送的位置或者距离时，或者潜在地受到了干扰的话，就把速度自动按序降低为 5.5Mbps、2Mbps、1Mbps。同样，当用户回到理想环境的话，连接速度也会以反向增加，直至 11Mbps。速率调节机制是在物理层自动实现而不会对用户和其他上层协议产生任何影响。

4. 802.11 数字链路层

802.11 的 MAC 和 802.3 协议的 MAC 非常相似，都是在一个共享媒体之上支持多个用户共享资源，由发送者在发送数据前先进行网络的可用性检测。在 802.3 协议中，是由一种称为 CSMA/CD（Carrier Sense Multiple Access with Collision Detection）的协议来完成调节的，而在 802.11 无线局域网协议中，冲突的检测存在一定的问题，这个问题称为 Near/Far 现象，这是由于要检测冲突，设备必须能够一边接收数据信号一边传送数据信号，而这在无线系统中是无法办到的。鉴于这个差异，在 802.11 中对 CSMA/CD 进行了一些调整，采用了新的协议 CSMA/CA（Carrier Sense Multiple Access with Collision Avoidance）或者 DCF（Distributed Coordination Function）。 CSMA/CA 利用 ACK 信号来避免冲突的发生。也就是说，只有当客户端收到网络上返回的 ACK 信号后才确认送出的数据已经正确到达目的。CSMA/CA 通过这种方式来提供无线的共享访问，这种显式的 ACK 机制在处理无线问题时非常有效。然而不管是对于 802.11 还是 802.3 来说，这种方式都增加了额外的负担，所以 802.11 网络和类似的 Ethernet 网比较总是在性能上稍逊一筹。

另一个的无线 MAC 层问题是 hidden node 问题。两个相反的工作站利用一个中心接入点进行连接，这两个工作站都能够“听”到中心接入点的存在，而互相之间却可能由于障碍或者距离原因无法感知到对方的存在。为了解决这个问题，802.11 在 MAC 层上引入了一个新的 Send/Clear to Send（RTS/CTS）选项，当这个选项打开后，一个发送工作站传送一个 RTS 信号，随后等待访问接入点回送 RTS 信号，由于所有的网络中的工作站都能够“听”到访问接入点发出的信号，所以 CTS 能够让它们停止传送数据，这样发送端就可以发送数据和接收 ACK 信号而不会造成数据的冲突，这就间接解决了 hidden node 问题。由于 RTS/CTS 需要占用网络资源而增加了额外的网络负担，一般只是在那些大数据报上采用（重传大数据报会耗费较大）。

802.11MAC 子层还提供了另两个强大的功能：CRC 校验和包分片。在 802.11 协议中，每一个在无线网络中传输的数据报都被附加上了校验位以保证它在传送时不出现错误，这和 Ethernet 中通过上层 TCP/IP 协议来对数据进行校验有所不同。包分片的功能允许大的数据报在传送的时候被分成较小的部分分批传送。这在网络十分拥挤或者存在干扰的情况下（大数据报在这种环境下传送非常容易遭到破坏）是一个非常有用的特性。这项技术大大降低了许多情况下数据报被重传的概率，从而提高了无线网络的整体性能。MAC 子层负责将收到的被分片的大数据报进行重新组装，对于上层协议这个分片的过程是完全透明的。

5. 联合结构、蜂窝结构和漫游

802.11 的 MAC 子层负责解决客户端工作站和访问接入点之间的连接。当一个 802.11 客户端进入一个或者多个接入点的覆盖范围时，它会根据信号的强弱及包错误率来自动选择一个接入点来进行连接，一旦被一个接入点接收，客户端就会将发送接收信号的频道切换为接入点的频段。这种重新协商通常发生在无线工作站移出了它原连接的接入点的服务范围信号衰减后。其他的情况还发生在建筑物造成的信号的变化或者仅仅由于原有接入点中的拥塞。在拥塞的情况下，这种重新协商实现“负载平衡”的功能，使得整个无线网络的利用率达到最高。802.11 的 DSSS 中一共存在着相互覆盖的 14 个频道，在这 14 个频道中，仅有 3 个频道是完全不覆盖的，利用这些频道来作为多蜂窝覆盖是最合适的。如果两个接入点的覆盖范围互相影响，而且又使用了互相覆盖的频段，会造成它们在信号传输时的互相干扰，从而降低了各自网络的性能和效率。

7.3.2 几种无线通信标准的比较

目前，无线局域网仍处于众多标准共存时期。在美国和欧洲，形成了几个互不相让的高速无线标准：美国 IEEE 创建的高速无线标准 802.11（包括 802.11a 和 802.11b）、HomeRF 标准和 Bluetooth 标准。802.11b 标准的最高数据传输速率能达到 11Mbps，规定采用 2.4GHz 频带，这个标准目前在北美非常流行；另外一种高速无线标准 802.11a，其数据传输速率为 54Mbps，规定采用 2.4GHz 频带，比当前的 802.11b 技术快了近 5 倍。

现在，没有人能够解决无线互联标准不统一的问题，主要是因为行业发展太快而标准跟不上，造成标准的“百花齐放”现象。表 7-2 就是对这几种标准做的一个比较。

表 7-2 各标准之间的对比

	802.11b	HomeRF	Bluetooth
传输速度	11 Mbps	1Mbps、2Mbps、10Mbps	30～400Kbps
应用范围	办公区和校园局域网	家庭办公室，私人住宅和庭院的网络	
终端类型	笔记本电脑，桌面 PC，掌上电脑和 Internet 网关	笔记本电脑，桌面 PC，MODEM，电话，移动设备和 Internet 网关	笔记本电脑，蜂窝式电话，掌上电脑，轿车
接入方式	接入方式多样化	点对点或每节点多种设备的接入	
覆盖范围	50～300 英尺	150 英尺	30 英尺
传输协议	直接顺次发射频谱	跳频发射频谱	窄带发射频谱
支持公司	Cisco，Lucent，3Com，WECA consortium	Apple，Compaq，Dell，HomeRF 工作群，Intel，Motorola，Proxim	“蓝牙”研究组，Ericsson，Motorola，Nokia
参考链接	www.wirelessethernet.com	www.homerf.org	www.bluetooth.com

7.3.3　有线网络和无线网络的对比

有线网络和无线网络的对比详情如表 7-3 所示。

表 7-3　有线网络和无线网络的对比

	有线网络	IEEE 802.11 无线网络
布　线	布线烦琐，办公室电缆线泛滥。在高度信息化的社会，办公室成为信息网络系统的末梢。在办公室内，各种网络系统共存，已经出现电缆线的“洪水”	完全不需要布线，再也不会出现到处是线缆的状况，如果是临时租用办公室或者不允许线缆布设的环境是非常理想的解决方案
吞吐率	10Mbps、100Mbps、1000Mbps	2Mbps、11Mbps
成　本	安装成本高，设备成本低，维护成本高	由于不需要布设线缆和无线网络本身的许多特征，安装成本非常低廉，但是由于无线网络是新生物，它的设备成本还较高，然而维护成本低使得它的整体拥有成本还是较有线网络有优势
移动性	非常低效，将工作人员限制在办公桌椅边，无法在移动的同时访问局域网和互联网的资源	移动性强。在一些特殊的情况下，人员需要在某一范围内工作，如施工现场、实地勘测、库房管理、公安值勤等，这种情况下只有使用无线网才能实现移动办公。有线网需要在每个工作地点布信息点，资源浪费巨大
二层漫游	支持	支持
三层漫游	支持（通过 Mobile IP 技术）	支持（类 Mobile IP 技术或者 DHCP）
扩 充 性	较弱。由于一些原因，原有布线所预留的端口不够用，增加新用户就会遇到重新布置线缆烦琐、施工周期长等麻烦	较强，只需要增加适配卡就可以了，如果网络出现瓶颈，则也只需增加一个接入点就可以实现扩充
线路费用	对于楼宇等之间的远距离连接，如果采用租用线路的方式，费用极高，传输速度也低	不需要增加任何租用费用，只需要架设天线等一次性投资即可
安全性	高，主要在三层及以上实现	高，二层和三层共同实现

7.3.4　无线网络的组建

无线局域网可以简单也可以复杂，最简单的网络只需将两个装有无线适配卡（wireless adapter card）的 PC 放在有效距离内，这就是所谓的对等（peer-to-peer）网络，这类简单网络无须经过特殊组合或专人管理，任何两个移动式 PC 之间不需中央服务器（central server）就可以相互对通，如图 7-9 所示。

图 7-9　最简单的对等网络

1. 对等方式无线网络

无线网络访问点（Access Point，AP）可增大 Ad-Hoc 网络移动室 PC 之间的有效距离到原来的 2 倍。因为访问点是连接在有线网络上的，每一个移动式 PC 都可经服务器与其他移动式 PC 实现网络的互联互通，每个访问点可容纳许多 PC，视其数据的传输实际要求而定，一个访问点容量可达 15～63 个 PC，如

图 7-10 所示。

图 7-10　对等方式无线网络

2. 通过无线网络接入点连接

无线网络交换机和 PC 之间有一定的有效距离，在室内约为 150m，户外约为 300m。在大的场所（如仓库或在学校）中，可能需要多个访问点，网桥的位置需要事先考察决定，使有效范围覆盖全场并互相重叠，且每个用户都不会和网络失去联络。用户可以在一群访问点覆盖的范围内漫游（roam）。访问点在不知不觉中把用户从一个访问点的覆盖范围转移到另一个访问点的覆盖范围，确保通信不会中断。

为了解决覆盖问题，在设计网络时可用接力器（Extension Point，EP）来增大网络的转接范围，接力器看起来和功能上都像是访问点，但接力器并不接在有线网络上。接力器的作用就是把信号从一个 AP 传递到另一个 AP 或 EP，从而延伸无线网络的覆盖范围。EP 可串在一起，将信号从一个 AP 传递到遥远的地方。

最后谈一下定向天线，若要将在第一栋楼内无线网络的范围扩展到 1km 甚至数千米以外的第二栋楼，其中的一个方法是在每栋楼上都安装一个定向天线，天线的方向互相对准，第一栋楼的天线经过网桥连到有线网络上，第二栋楼的天线是接在第二栋楼的网桥上，如此无线网络就可接通相距较远的两个或多个建筑物，如图 7-11 所示。

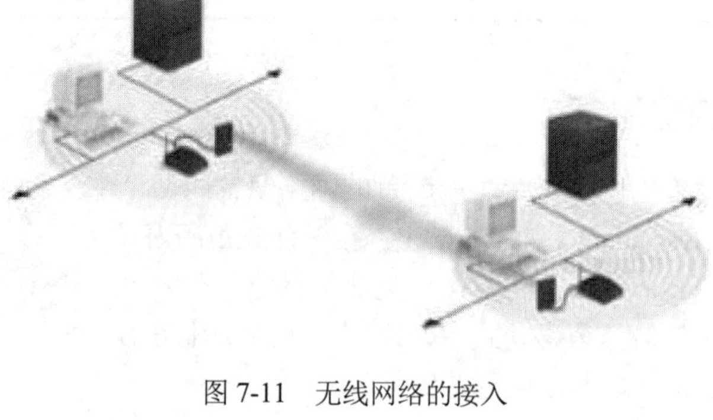

图 7-11　无线网络的接入

7.3.5　无线局域网的网络安全

1. 扩展频谱技术

扩展频谱技术在 50 年前第一次被军方公开介绍，它用来进行保密传输。从一开始它就设计成抗噪声、干扰、阻塞和未授权检测。扩展频谱发送器用一个非常弱的功率信号在一个很宽的频率范围内发射出去，与窄带射频相反，它将所有的能量都集中到一个单一的频点。扩展频谱的实现方式有多种，最常用的两种是直接序列和跳频序列。

2. 用户认证——口令控制

我们推荐在无线网的站点上使用口令控制——当然未必要局限于无线网。诸如 Novell NetWare 和 Microsoft NT 等网络操作系统和服务器提供了包括口令管理在内的内建多级安全服务。口令应处于严格的控制之下并经常予以变更。由于无线局域网的用户包括移动用户，而移动用户倾向于把他们的笔记本电脑移来移去，因此，严格的口令策略等于增加了一个安全级别，它有助于确认网站是否正被合法的用户使用。

3. 数据加密

假如用户对数据要求极高的安全性，例如商用网或军用网上的数据，那就需要采取一些特殊的措施。最高级别的安全措施就是在网络上整体使用加密产品。数据包中的数据在发送到局域网之前都要用软件或硬件的方法进行加密。只有那些拥有正确密钥的站点才可以恢复，读取这些数据。如果需要全面的安全保障，加密是最好的方法。而一些网络操作系统本身就具有加密能力。基于每个用户或服务器、价位较低的第三方加密产品也可以胜任。鉴于第三方加密软件开发商致力于加密事务，并可为用户提供最好的性能、质量。服务和技术支持，WLAN 赞成使用第三方加密软件。

4. 其他无线网络方面的考虑

无线局域网还有些其他好的安全特性。首先，无线接入点会过滤那些对相关无线站点而言毫无用处的网络数据，这就意味着大部分有线网络数据根本不会以电波的形式发射出去；其次，无线网的节点和接入点有个与环境有关的转发范围限制，这个范围一般是几英尺。这使得窃听者必须处于节点或接入点的附近。而且，无线用户具有流动性，他们可能在一次上网时间内由一个接入点移动至另一个接入点，与之对应，他们进行网络通信所使用的跳频序列也会发生变化，这使得窃听毫无可能。

无论是否有无线网段，大多数的局域网都必须有一定级别的安全措施。在内部好奇心、外部攻击和电线窃听面前，甚至有线网都显得很脆弱。没有人愿意冒险将局域网上的数据暴露于不速之客和恶意攻击者之前。而且，如果用户的数据相当机密，比如是银行网和军用网上的数据，那么，为了确保机密，必须采取特殊措施。

7.3.6　无线局域网的应用

无线技术给人们带来的影响是无可争议的。如今每一天大约有 15 万人成为新的无线用户，全球范围内的无线用户数量目前已经超过 2 亿人。这些人包括大学教授、仓库管理员、护士、商店负责人、办公室经理和卡车司机等。他们使用无线技术的方式和他们自身的工作一样都在不断地更新。

无线局域网的应用范围非常广泛，如果将其应用划分为室内和室外的话，室内应用包括大型办公室、车间、酒店宾馆、智能仓库、临时办公室、会议室、证券市场；室外应用包括城市建筑群间通信、学校校园网络、工矿企业厂区自动化控制与管理网络、银行金融证券城区网、矿山、水利、油田、港口、码头、江河湖坝区、野外勘测实验、军事流动网、公安流动网等。

1. 计算机无线网技术适用范围

（1）在不能使用传统走线方式的地方、传统布线方式困难、布线破坏性很大或因历时等原因不能布线的地方。

（2）有水域或不易跨过的区域阻隔的地方。

（3）重复地临时建立设置和安排通信的地方。

（4）无权铺设线路或线路铺设环境可能导致线路损坏的地方。

（5）时间紧急，需要迅速建立通信，而且使用有线不便、成本高或耗时长的地方。

（6）局域网的用户需要更大范围进行移动计算的地方。

2. 行业应用

（1）企业应用（见图 7-12）。

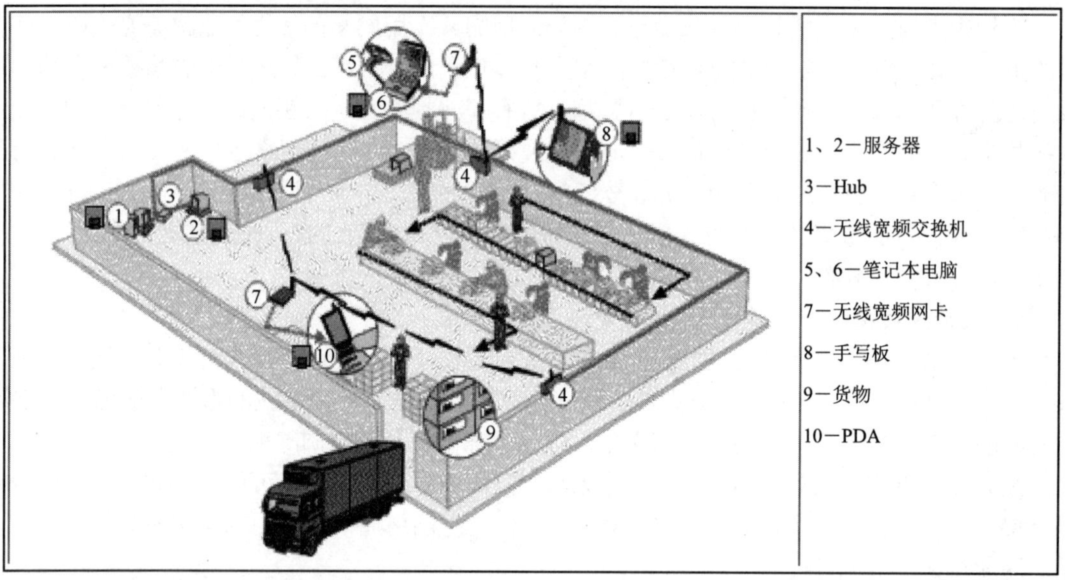

图 7-12　无线局域网在企业中的应用

网络要在企业中得到深入广泛的应用，就必须从企业管理进入企业的各个领域，包括复杂繁忙的生产现场或是多样化的企业环境。计算机网络确实推进了企业的管理方式和生产能力，但是网络布线却成为网络在企业中生长的棘手问题。企业网络化的改造受到网络布线的重大限制，甚至在一些生产场合，网络布线的代价很高，甚至可能性很小。企业的网络必须从烦琐的网络布线中解脱，而无线网络技术和产品正帮助着渴望计算机网络迅速成长的企业。无线网络产品在企业环境中的典型应用包括以下几类。

① 生产环境及安全的远程监控。

② 远程数据采集及传送，生产数据查询。

③ 自动化生产过程远程控制。

④ 数控设备远程控制、机器人/机械手控制。

⑤ 库存管理，仓库盘点，大中型企业内部建筑物网络连接。

⑥ 企业工地应用。

⑦ 故障处理及各种临时性连接。

（2）交通运输（见图 7-13）。

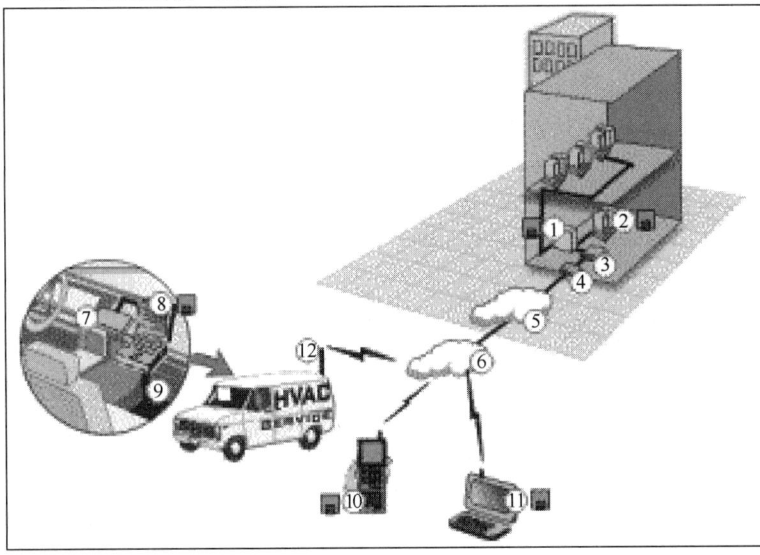

图 7-13 无线局域网在交通运输中的应用

交通运输行业的重要特征之一就是流动性，包括行业中的承运管理方、承运的工具、流动的货物、流动的旅客等。而迅速流动的特征及对象正是无线网络产品的主要针对市场，因为无线网络解决方案具有构建迅速、使用自由的重要特征，这些特征是任何基于线缆的网络产品无法比拟的，例如在空旷的码头、机场、货物集散中心这些场合，利用无线网络产品可以在不依赖环境的情况下构建局域网络。无线网络不仅可以用于交通运输行业的生产和管理，而且还可以为网络时代的交通运输环境提供信息增值服务。在交通运输行业，无线网络产品至少可以在以下的应用中体现出其吸引力。

① 计算机辅助调度。

② 实时远程交通报告系统。

③ 车队指挥及控制：城市公交、学校班车、租车服务、机场车辆服务。

④ 无线安全监控，包括码头、航道、道路、机场。

⑤ 具有空间自由的停车管理系统。

⑥ 航空行李及货物控制。

⑦ 实时旅客信息发布（信息咨询站、车站、路牌等）。

⑧ 移动售票服务。

⑨ 机场旅客 Internet 访问无线接入服务。

（3）零售行业（见图 7-14）。

零售行业大型化、集团化的趋势产生了对计算机管理系统的依赖性。在大型的经营场地中，计算机网络担任了重要的业务数据处理角色。然而经营场地的扩建、调整对计算机网络设计和建设却提出了相当高的要求，随着场地的扩充和信息点的迅速增长，网络系统的建设费用已经相当可观，况且还存在着无法预见的应用需求。无线网络产品空间自由的特征正是解决零售行业这一问题的轻松方案。如果大型商场的仓储管理、POS 结算受到网络线缆的约束，不仅会给经营者带来不便，对消费者同样也会有很大的影响。利用无线网络产品，商场的经营自由度将会得到前所未有的发展。在零售行业，无线网络产品可以方便地应用于以下方面。

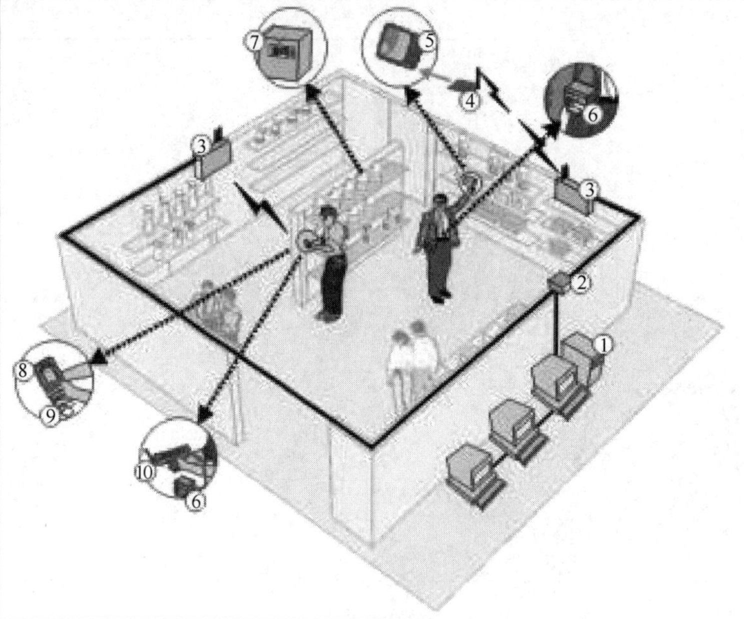

图 7-14　无线局域网在零售行业中的应用

① 仓储管理及盘点工作。

② 货品价格管理及检验。

③ 实时销售记录访问。

④ 利用商品数据库提供灵活多样的顾客服务。

⑤ 货物归还处理。

⑥ 迅速建立自由的收费点（POS）。

（4）医疗行业。

无线网络产品的自由和便捷是对医疗行业最具有吸引力的特点。任何密集的网络线缆都无法满足医疗行业环境及业务特征的需求，突发、移动、清洁、便利等特性是用于医疗行业的计算机网络必须具有的性能。但是直到无线网络产品的出现，并没有一种性能价格比优秀的网络组网方案能够满足医疗卫生行业的需求。摆脱了网络线缆束缚的无线网络产品，为医疗卫生行业的应用提供了无可挑剔的行业解决方案。如：

① 病房看护监控。

② 生理支持系统及监控。

③ 支持系统供给及资源管理。

④ 急救系统监控。

⑤ 灾情救援支持。

（5）教育行业。

教育行业是多媒体网络技术展现优势的大舞台，从幼儿园到高等院校，计算机网络建设正在迅速地开展着。校园网络已经成为大多数校园的必要设施。无论对于一个已经拥有宽带校园网络的，或是一个还未建设校园网络的教育单位，无线网络技术仍然是一个可以发挥巨大优势的新事物。利用无线网络技术和产品，可以迅速建立一个校园网络，以满足学生和教师的任意联网需要。对于较为完善的校园信息系统，通过无线网络可以使访问网上教育资源变得自由和轻松，无论在教室、宿舍、学术交流中心，甚至是充满绿意的校园草坪，无线网络将铺盖校园的任何地方。如果还受到网络布线的限制，如何能够做到真正在知识的海洋中遨游？在教育行业，以下这些典型的应用都将充满巨大的诱惑力。

① 迅速建立小型或中型的校区网络，投资甚少。

② 为已建成的校园网络增加网络覆盖面，使网络覆盖整个校区。

③ 学生宿舍网络接入系统。

④ 校园活动需要的临时性网络，如招生活动、学术交流活动。

⑤ 任意地点访问教育网络资源，包括教室、会议中心，甚至户外。

7.4　习题

1．填空题

（1）广义上的网络是指由 ______和____________构成的图。

（2）现代信息网络主要包括____________、_______、_______和_________四部分。

（3）传统的 BWA 技术主要包括_______和_______ 两部分。

（4）电磁波作为无线网络传播的介质它的传播特性包括____、_____、______三个方面，由于_____和________，无线信号在传输过程中发生了衰落。

（5）调制就是对信号源的信息进行处理加到_____上，使其变为适合于信道传输的信号的过程。

（6）对于十六进制的数字调制来说，每种调制波形（调制符号）代表_____比特的信息。

（7）按调制的方式分，数字调制大致可以分为_____、_______、______、_____等。

（8）实现无线宽带传输最基本的两种方式是______和_______。

（9）无线局域网是计算机网络与无线通信技术相结合的产物，它以______作为传输媒介，利用 ______完成数据交互，实现传统有线局域网的功能。

（10）多址技术实质为信道共享的技术，主要包括______、_____和______ 三类最基本的多址。

第 8 章 网络服务器的配置与管理

8.1 任务描述

程老师家里有多台计算机，由于工作需要，要在家里建一个简单的网络服务器中心，用于测试网络设备及调试她用.net 所写的网络应用程序。经过初步的思考，她准备用一台台式计算机作为服务器，在上面安装 Windows Server 2012，把她所需要的服务功能都安装到这台计算机上。

8.2 设计与实施

8.2.1 设计

在安装与配置网络服务器时，第一要考虑好使用哪一个 IP 地址；第二要想好使用哪一个域名（当然作为测试环境可以任意）。

8.2.2 安装 Windows Server 2012

（1）把 Windows Server 2012 光盘放到机器的光驱内，进入 BIOS 中，把启动顺序改为光盘启动后，系统自动从光盘开始安装，出现如图 8-1 所示的安装界面。

（2）单击“下一步”按钮，出现如图 8-2 所示的安装界面。

（3）单击“现在安装”按钮，将出现如图 8-3 所示的选择安装操作系统界面，为了以后管理的方便，这里选择的是带有 GUI 的服务器。

图 8-1 安装 Windows Server 2012 界面

图 8-2 现在安装界面

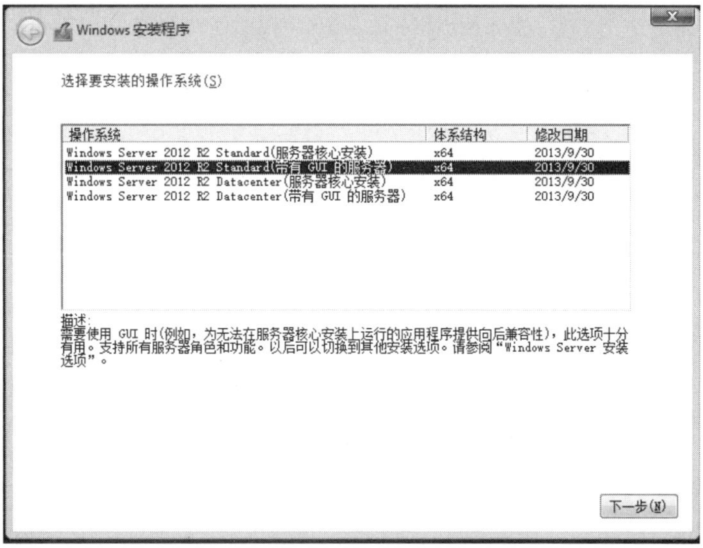

图 8-3 选择安装操作系统界面

（4）单击“下一步”按钮后，出现如图 8-4 所示的“许可条款”界面，勾选“我接受许可条款”。

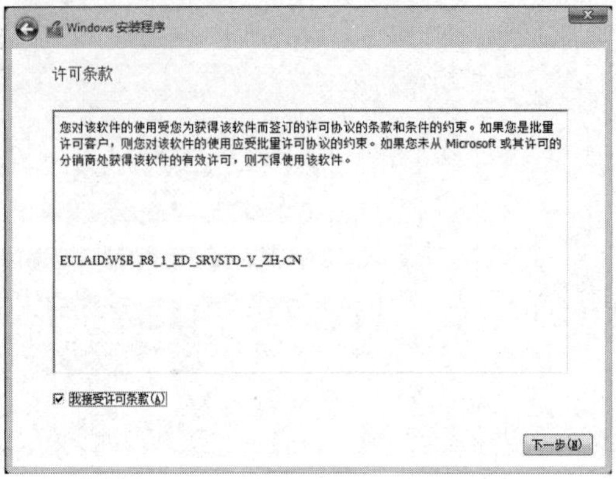

图 8-4　“许可条款”界面

（5）经过许可条款后，出现如图 8-5 所示的“你想执行哪种类型的安装？”界面，在本界面中，建议选择自定义安装。

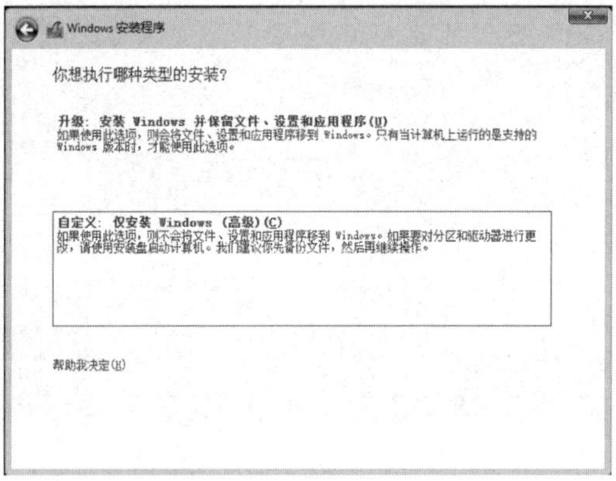

图 8-5　“你想执行哪种类型的安装？”界面

（6）全新安装 Windows Server 时，要对硬盘进行分区与格式化，如图 8-6 和图 8-7 所示。

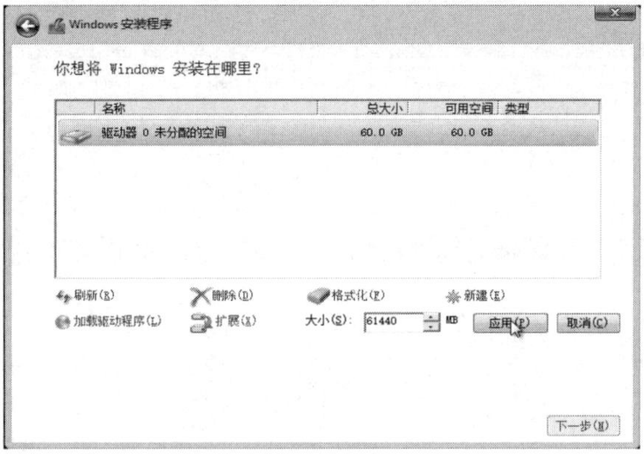

图 8-6　硬盘分区

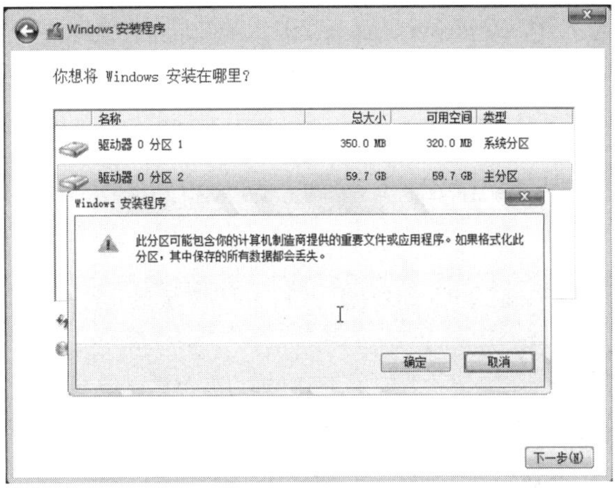

图 8-7　硬盘格式化

（7）分区并格式化后，即可对 Windows 进行安装，如图 8-8 所示。

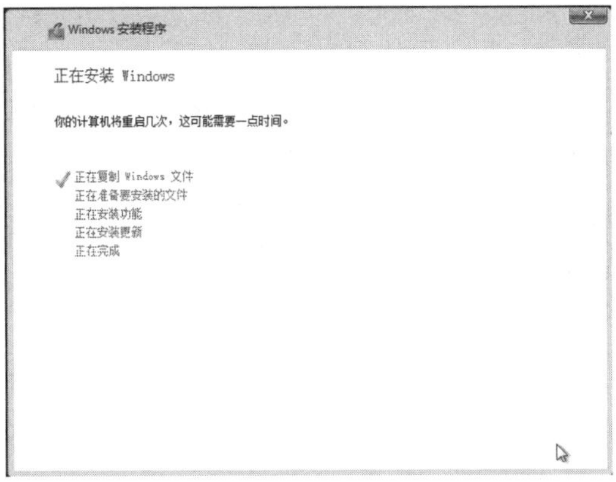

图 8-8　Windows Server 安装进程

（8）安装完成后，系统会自动重新启动，启动后，将安装并准备设备。准备完成后，会再次重启，并将出现如图 8-9 所示的界面。在本界面中，设置密码时要注意密码的强度，要有大小写字母、数字等的组合。

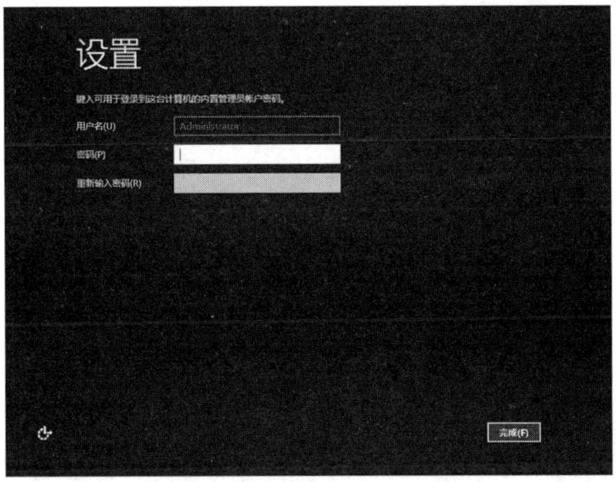

图 8-9　设置密码界面

设置完密码后，即进入了 Windows Server 2012 的界面。到此，服务器软件安装完毕。

8.2.3 配置 DHCP 服务

（1）单击“开始”按钮，弹出如图 8-10 所示的开始界面，在界面中，选择并单击“服务器管理器”图标。

图 8-10　开始界面

（2）图 8-11 显示的是“服务器管理器、仪表板”界面，在本界面中，选择“2 添加角色和功能”选项。

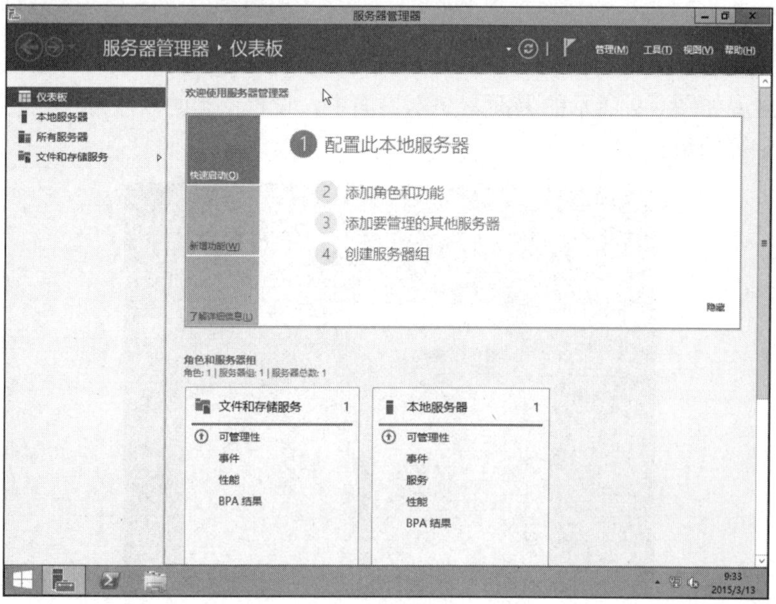

图 8-11　“服务器管理器、仪表板”界面

（3）选择了“添加角色和功能”项后，出现如图 8-12 所示的“添加角色和功能向导”开始之前对话界面。在本界面中，提示我们在安装相关的服务器功能软件时，要在完成静态 IP 地址等网络设置后，单击“下一步”按钮。

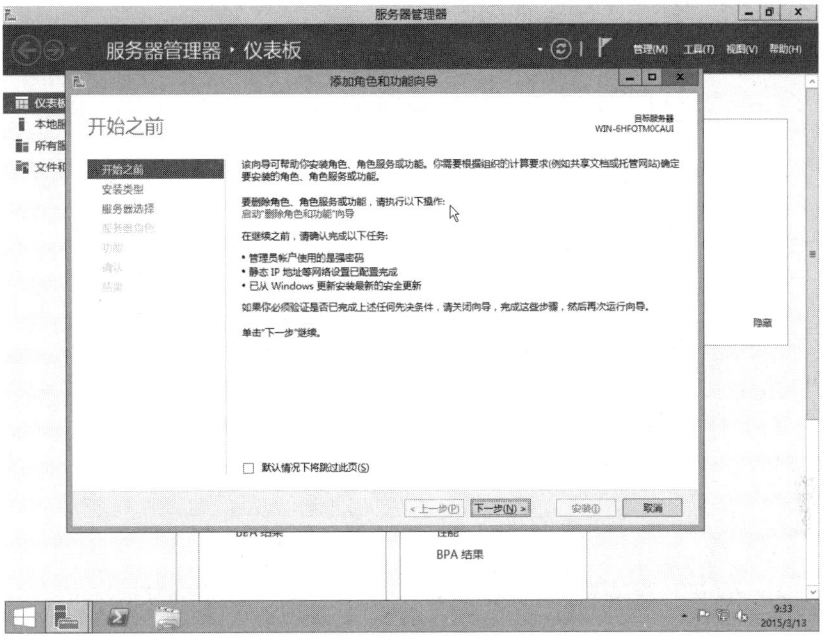

图 8-12 开始之前

（4）在如图 8-13 所示的安装类型中，选中“基于角色或基于功能的安装”单选按钮。单击“下一步”按钮。

图 8-13 安装类型

（5）选择完安装类型后，出现如图 8-14 所示的“选择目标服务器”界面。在本界面中，选中“从服务器池中选择服务器”单选按钮。单击“下一步”按钮。

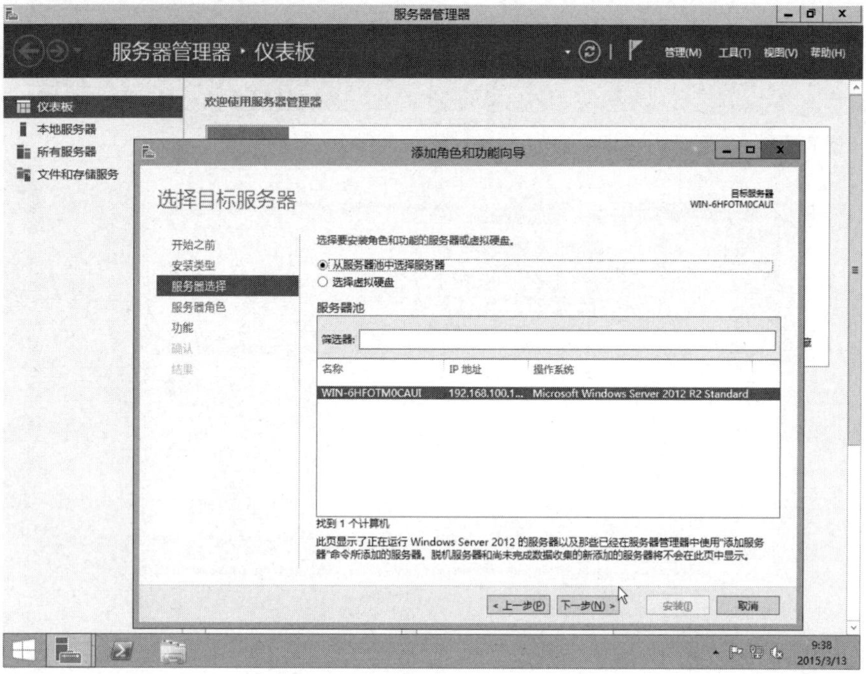

图 8-14 选择目标服务器

（6）经过服务器选择后，弹出如图 8-15 所示的“角色”选择框。

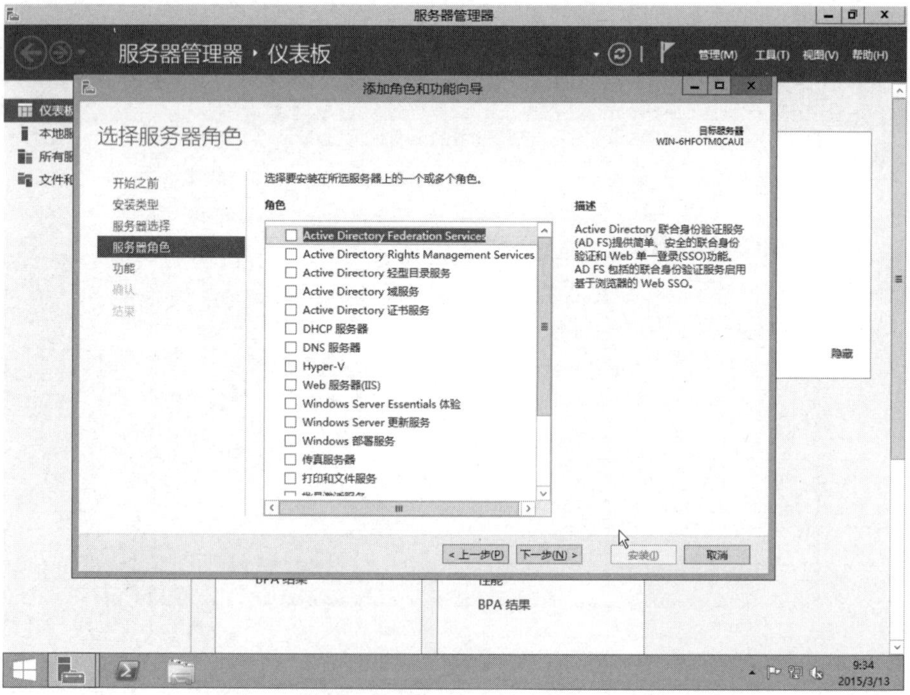

图 8-15 “角色”选择框

（7）在图 8-15 中，勾选“DHCP 服务器”选项，出现如图 8-16 所示的“添加角色和功能向导”界面，单击“添加功能”按钮。

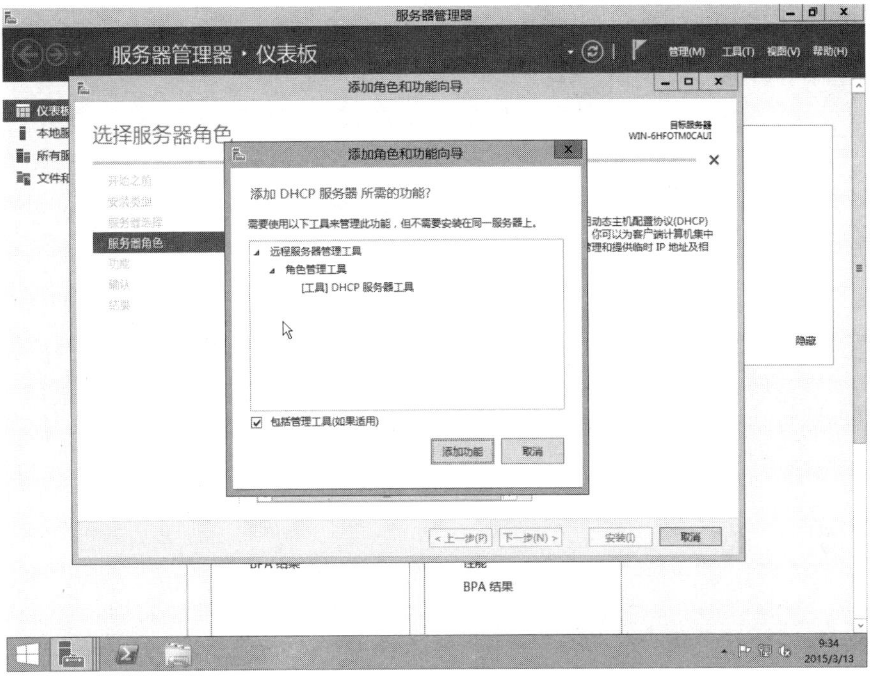

图 8-16 添加 DHCP 服务器所需的功能

（8）出现如图 8-17 所示的功能选择界面，本界面设置按默认值进行。

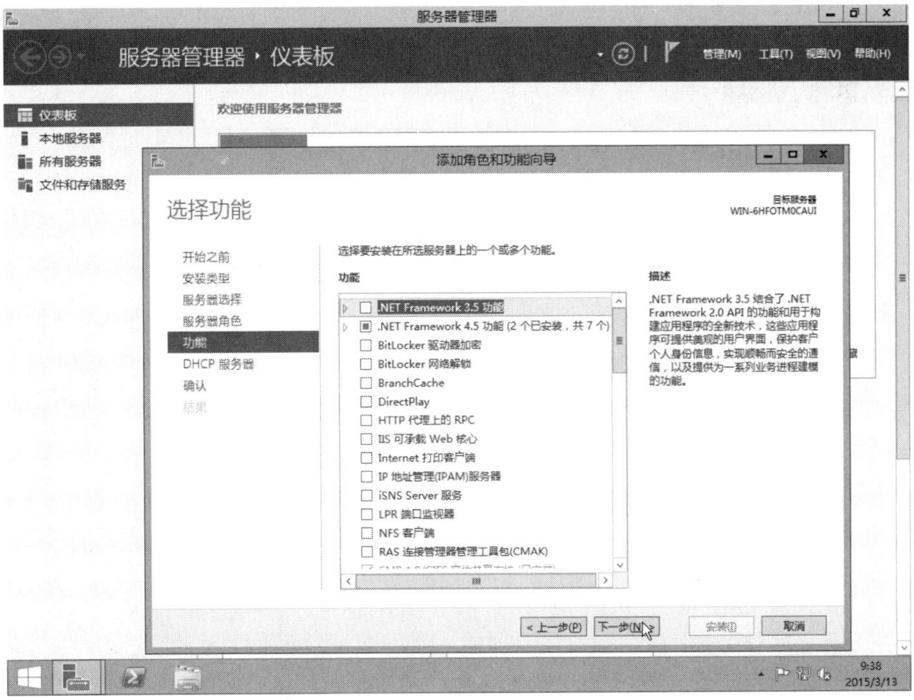

图 8-17 选择要安装在服务器上的功能

（9）在图 8-17 中，单击“下一步”按钮，出现如图 8-18 所示的服务器功能注意事项界面。

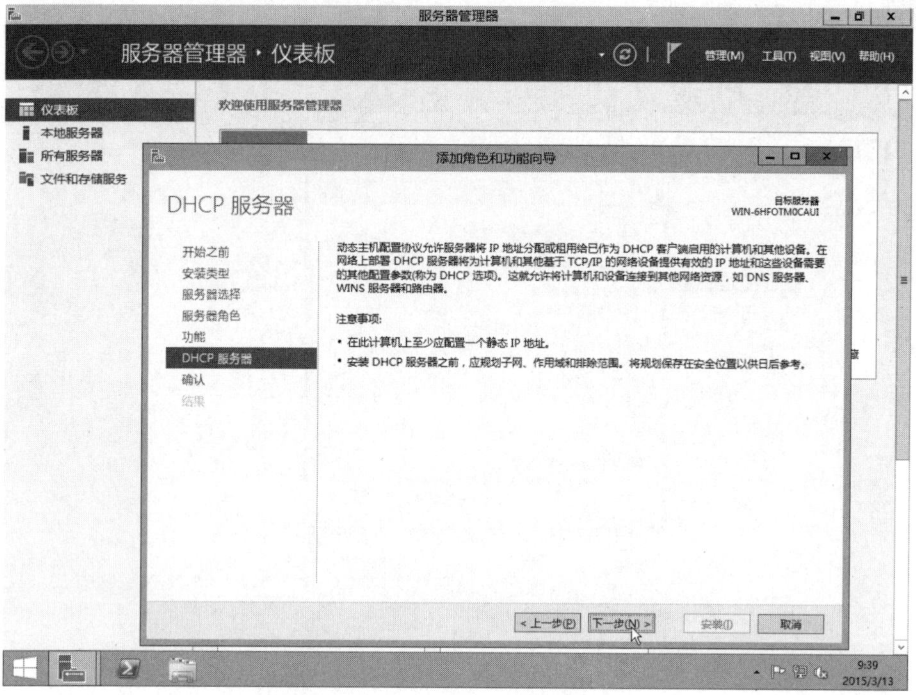

图 8-18　DHCP 服务器注意事项

（10）在图 8-18 中，单击“下一步”按钮，出现如图 8-19 所示的界面。

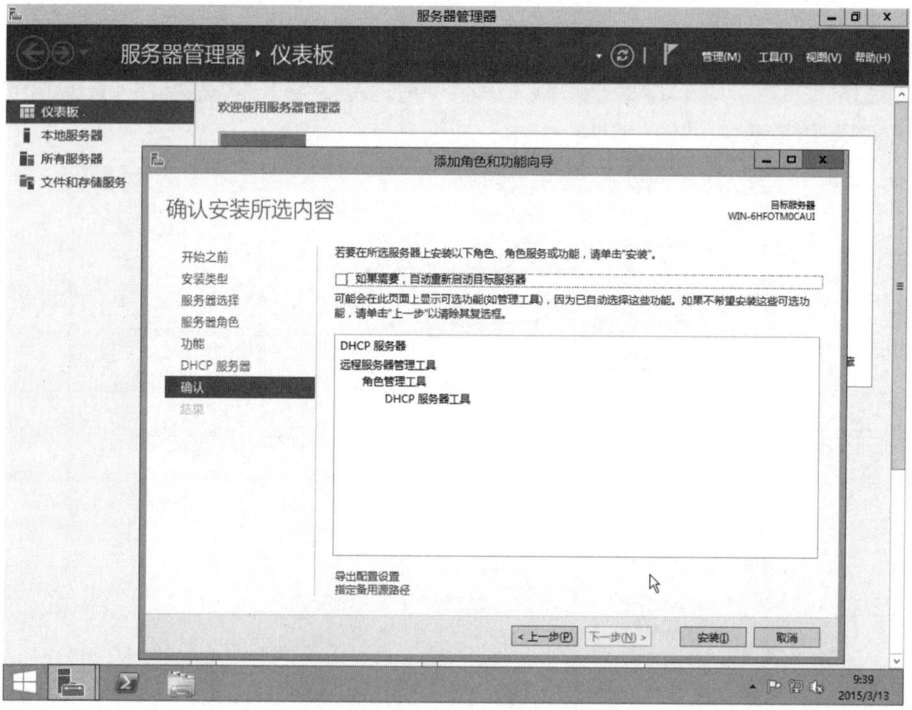

图 8-19　确认安装所选内容

（11）在图 8-19 中，单击“安装”按钮，系统将安装 DHCP 服务器相关的软件及管理工具，安装完成后，出现如图 8-20 所示的界面，在本界面中，单击“关闭”按钮，即完成了 DHCP 服务器软件的安装。

图 8-20　DHCP 安装完成

（12）单击“开始”按钮，在“开始”菜单中选择“管理工具”选项，如图 8-21 所示。双击 DHCP 快捷项，启动 DHCP 服务器管理进程。

图 8-21　启动 DHCP 服务器管理进程

（13）进入 DHCP 服务器管理工具后，单击“操作”菜单，选择下拉菜单项中的“新建作用域”菜单项，如图 8-22 所示，对 DHCP 作用域进行配置。

图 8-22 启动新建作用域

（14）启动新建作用域向导，对本作用域命名，如图 8-23 所示。在命名作用域时，如果只有一个作用域，可以使用任意的字符给予命名；有多个作用域时，建议使用网络号进行命名。

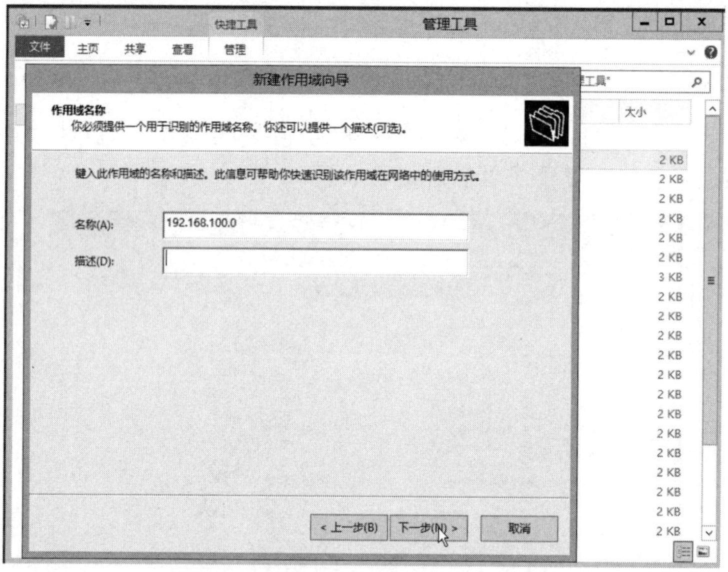

图 8-23 作用域名称

（15）给作用域命名后，就要对该作用域的地址池进行设置，如图 8-24 所示。设置完地址池后，单击“下一步”按钮将会出现“排除地址”和“租用期限”两个界面，在这两个界面中，按默认值直接单击“下一步”按钮。

（16）在配置如图 8-25 所示的 DHCP 选项界面中，选择“是，我想现在配置这些选项”。在配置 DHCP 选项时，关键的是只要配置“路由器”和“域名服务器”，其他的可以不配置。

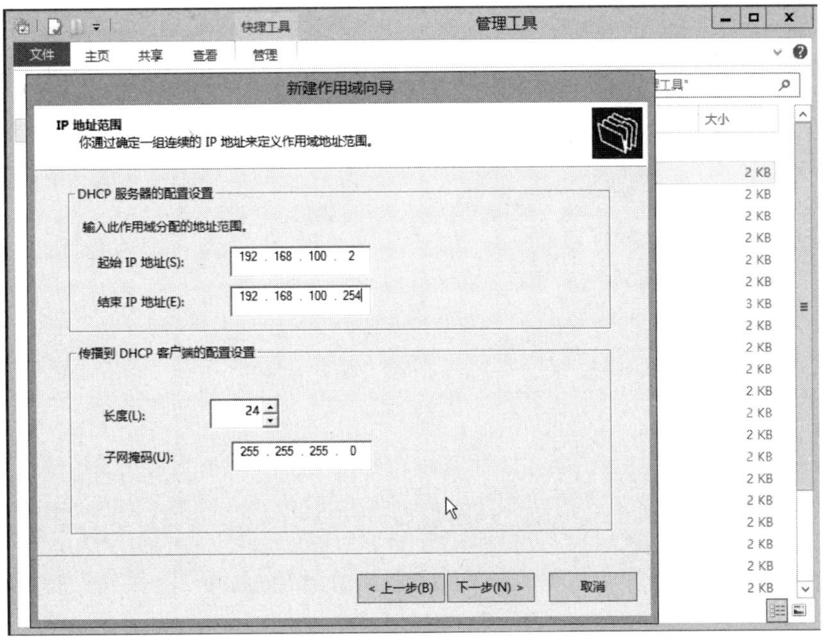

图 8-24　地址池

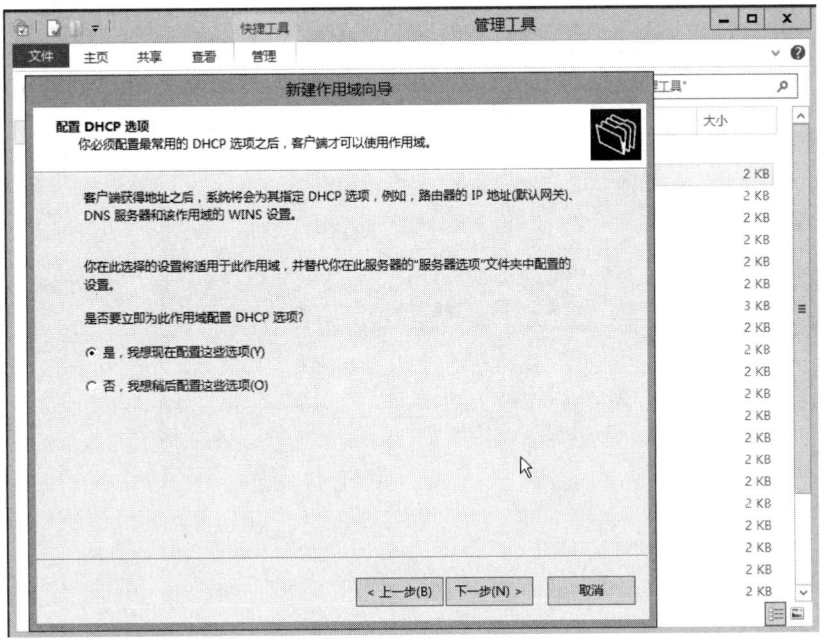

图 8-25　配置选项

（17）配置路由器（默认网关）地址，如图 8-26 所示。这里的路由器，指的是本网段的网关地址，一般在三层交换机上，有的在路由器的接口上。

（18）配置完路由器地址后，要进一步配置的是 DNS 服务器地址，如图 8-27 所示。

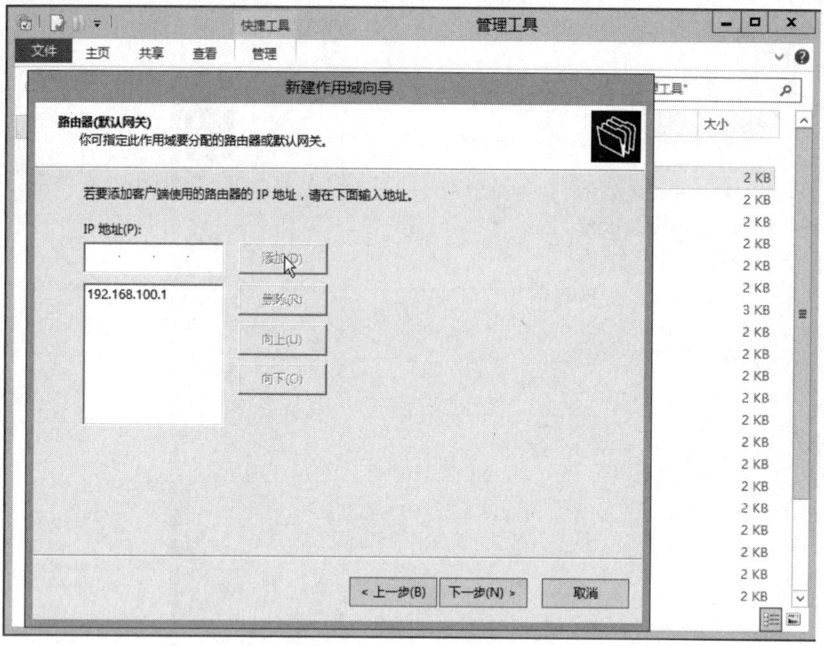

图 8-26　配置路由器 IP 地址

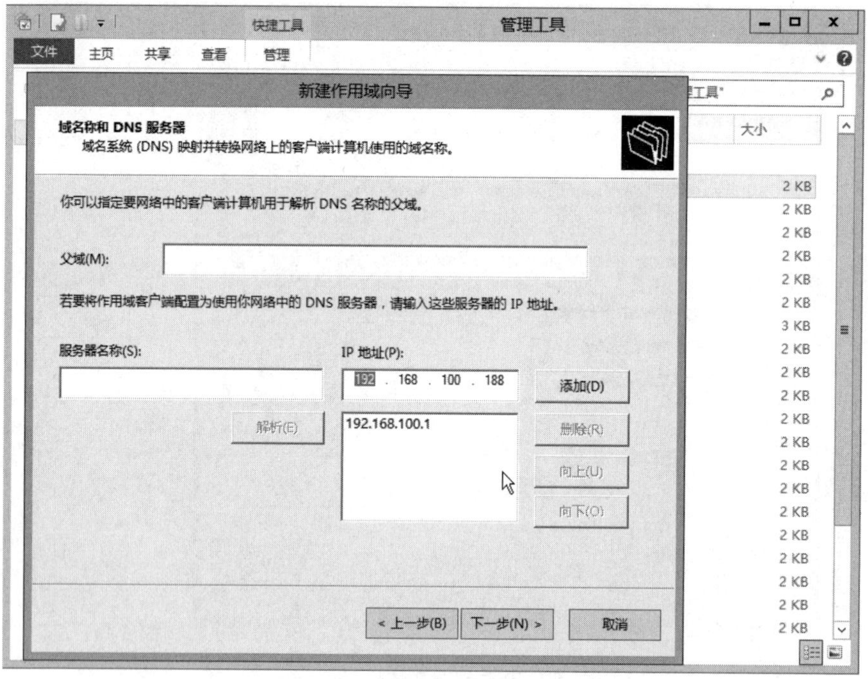

图 8-27　配置 DNS 服务器地址

（19）配置完前面的选项后，要激活作用域，如图 8-28 所示。

图 8-28 激活作用域

（20）激活作用域后，即完成了本次的 DHCP 服务器配置，如图 8-29 所示。如果有多个作用域要配置，请重复步骤（13）～步骤（20）。

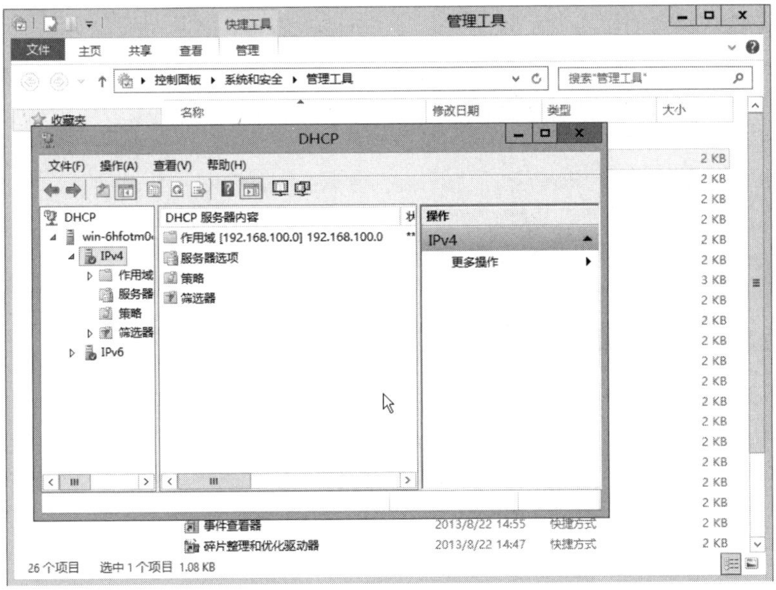

图 8-29 配置完成的作用域

8.2.4 配置 DNS 服务器

（1）启动服务器管理器，按 DHCP 服务器配置的相关界面进行操作，进入如图 8-30 所示的服务器角色选择界面，在“DNS 服务器”前打上钩。

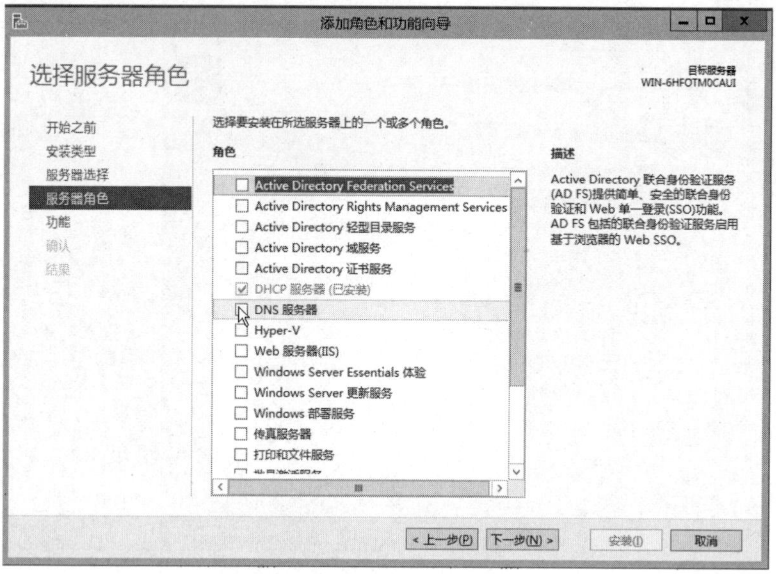

图 8-30　选择服务器角色

（2）单击“下一步”按钮，依照系统的提示，选择“添加功能”并单击“下一步”按钮，出现“确认安装所选内容”界面 ，如图 8-31 所示。单击“安装”按钮，即完成了 DNS 服务器的软件安装任务。

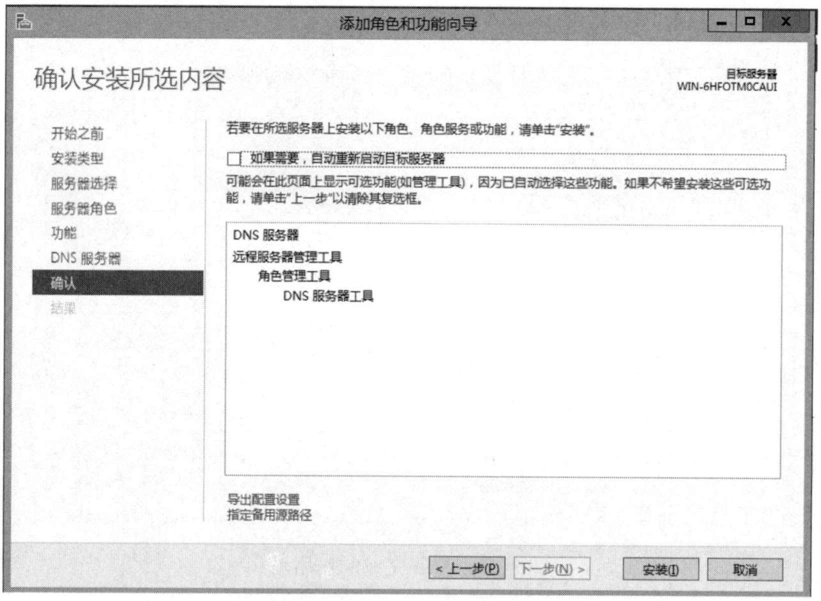

图 8-31　确认安装所选内容

（3）完成了 DNS 服务器的安装后，单击“开始”→“管理工具”→“DNS 管理器”命令，启动 DNS 服务器的管理界面，单击 DNS 服务器下三角按钮，出现如图 8-32 所示的 DNS 管理器界面。

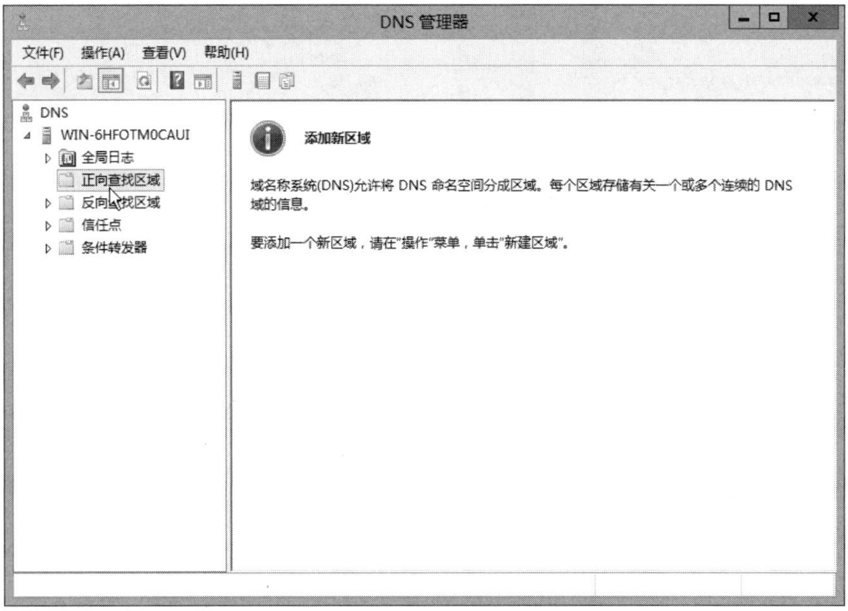

图 8-32 DNS 管理器

（4）右击“正向查找区域”选项，在弹出的菜单中选择“新建区域”命令，如图 8-33 所示。

图 8-33 新建区域

（5）利用 DNS 服务器的新建区域向导，来完成 DNS 服务器的配置。配置时，要输入区域的名称，这个名称在做实验时可以输入，如 test.com 域名结构。其过程如图 8-34 所示。

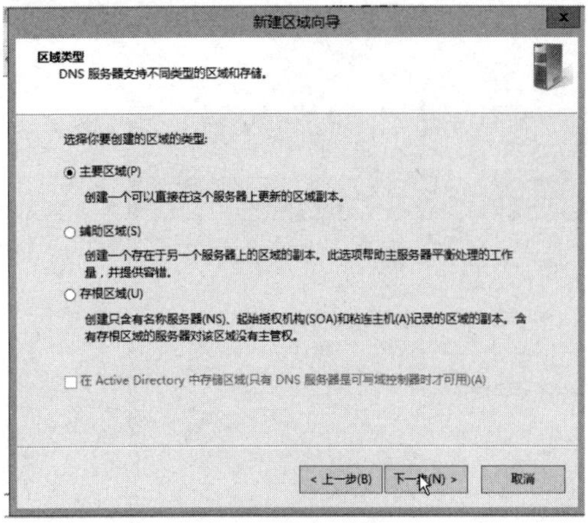

(a) 选择区域类型

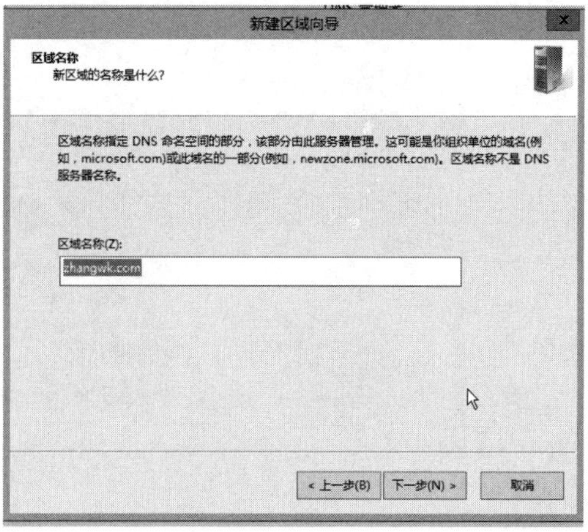

(b) 区域名称

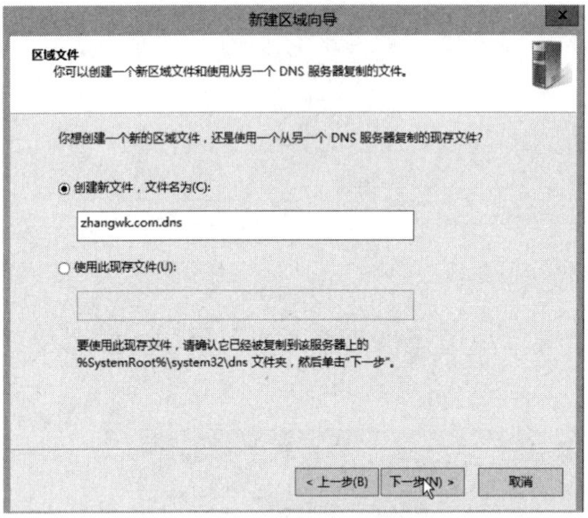

(c) 区域文件

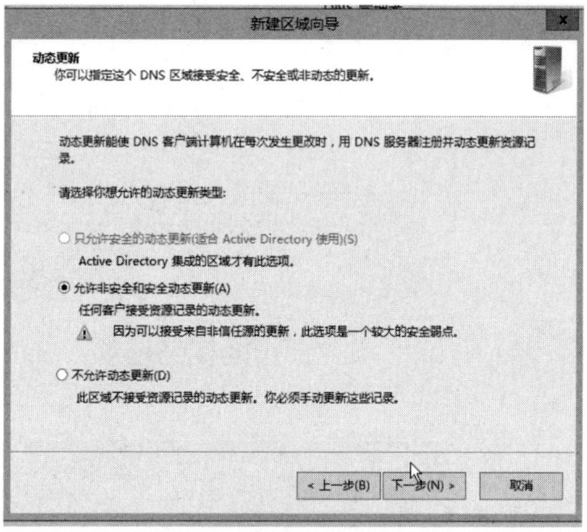

(d) 动态更新

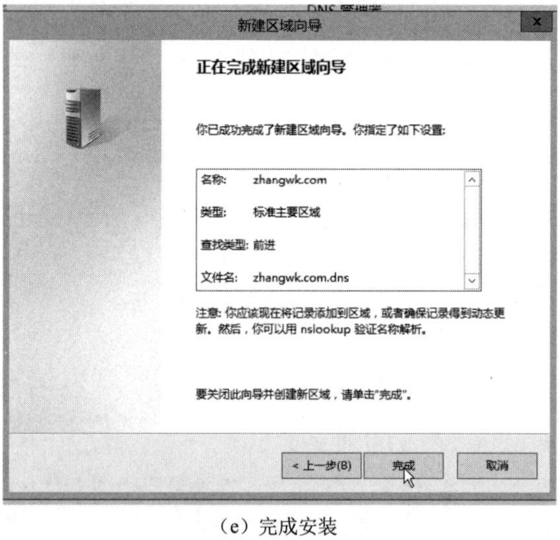

(e) 完成安装

图 8-34　配置 DNS 区域

(6) 当完成了 DNS 的区域配置后，就要对本区域添加相应的服务器，如 Web 服务器

（使用 www 表示）。单击刚建好的 zhangwk.com 区域，鼠标移到右边空白的区域内，单击右键，弹出一个菜单，如图 8-35 所示。选择“新建主机（A 或 AAAA）”命令，进入新建主机界面。

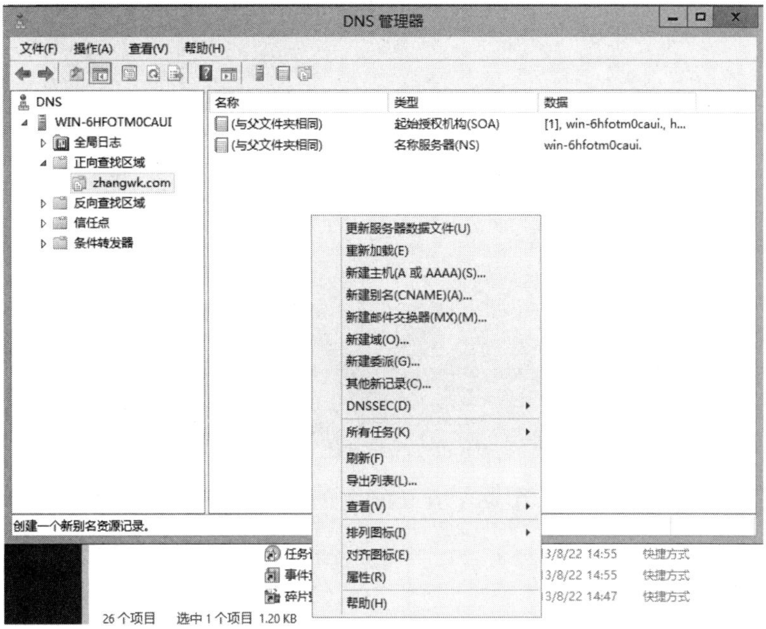

图 8-35 选择新建主机

（7）弹出如图 8-36 所示的新建主机的名称界面。在这个界面中，输入了数据后要注意“完全限定的域名（FQDN）”内显示的完整主机域名。在这里，我们输入的名称为“www”，把 IP 地址项输入“192.168.100.200”，这表示域名 www.zhangwk.com 所对应的 IP 地址为 192.168.100.200。

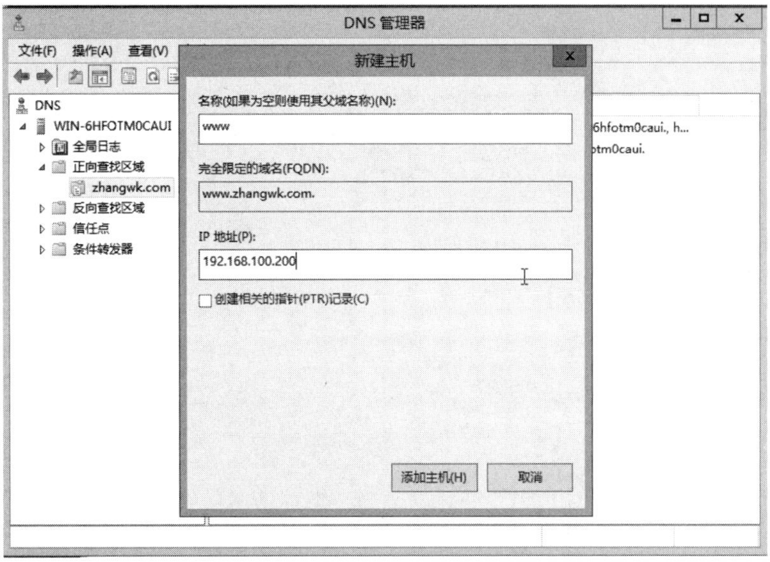

图 8-36 新建主机

（8）当完成上面的配置后，就完成了 DNS 服务器的配置。可以启动主机的“命令提示符”，进入字符界面，测试本服务器是否解析正常。测试的命令及结果如图 8-37 所示。

图 8-37　测试的命令及结果

8.2.5　配置 WWW 服务器

（1）选择“开始”→“管理工具”→“服务器管理器”命令，按系统的默认选择，单击“下一步”按钮，直到出现如图 8-38 所示的“选择服务器角色”界面。在这个界面中，勾选“Web 服务器（IIS）”选项。

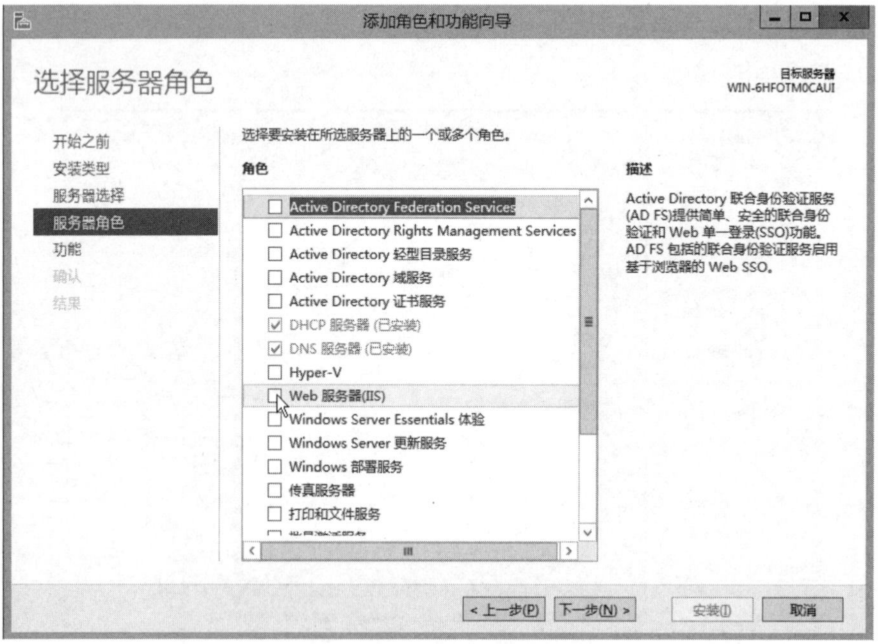

图 8-38　选择 Web 服务器

（2）单击“下一步”按钮，出现如图 8-39 所示的确认安装界面。在本界面中，单击“安装”按钮，开始安装。安装完后，单击“完成”按钮，即完成了 Web 服务器的安装。

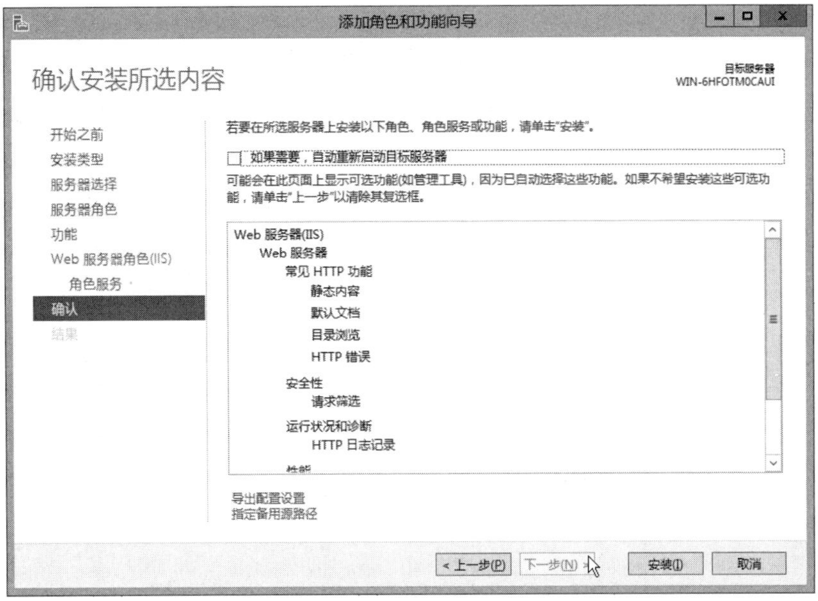

图 8-39　安装 Web 服务器

（3）完成了 Web 服务器软件的安装后，就要对 Web 服务器进行配置。在正常情况下，不对服务器的参数进行修改，Windows 下的 Web 服务器也能很好地工作。选择“开始”→“管理工具”→“Internet Information Services（IIS）管理器”命令即可启动 Web 服务器的管理器，如图 8-40 所示。

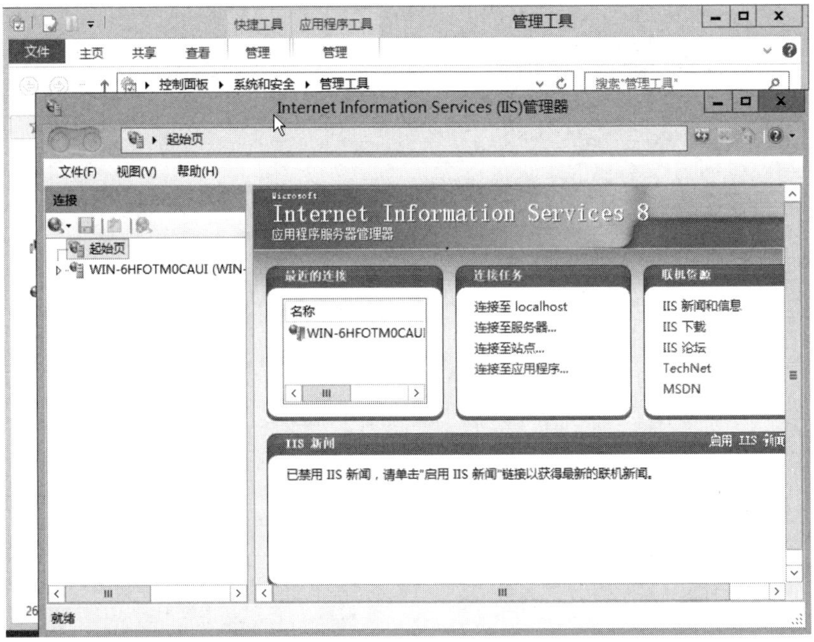

图 8-40　启动 IIS 管理器

（4）用鼠标右击如图 8-41 所示的“Default Web Site”选项，在弹出的菜单中选择“管理网站”→“高级设置”命令。

图 8-41　管理网站

（5）在如图 8-42 所示的“高级设置”页面中，要注意“物理路径”所在的位置。默认的情况下，Web 服务器文档保存的位置为系统所在盘的 inetpub\wwwroot 目录下。如果对本目录进行了修改，就要对修改后的目录给出相应的权限，否则 Web 服务器无法访问其中的文件。

图 8-42　高级设置

（6）用记事本在 Web 服务器的根目录内新建一个文件，在其中输入文字，如图 8-43 所示。并把这个文件重新命名为 index.htm，注意扩展名也要修改。

图 8-43　新建 index.htm 文件

（7）启动本机的浏览器软件，在地址栏内输入 http://27.0.0.1，这时就应会出现如图 8-44 所示的界面。在这个界面中的内容与我们新建的文件的内容相同时，表示 Web 服务器配置正确，并工作正常。

图 8-44　测试 Web 服务器

8.2.6 配置 FTP 服务器

（1）选择“开始”→“管理工具”→“服务器管理器”命令，按系统的默认选项单击“下一步”按钮，直到出现如图 8-45 所示的“选择服务器角色”界面。在这个界面中，单击“Web 服务器（IIS）”前的下三角按钮，会出现已经安装完成的与 Web 相关的程序，勾选“FTP 服务器”。

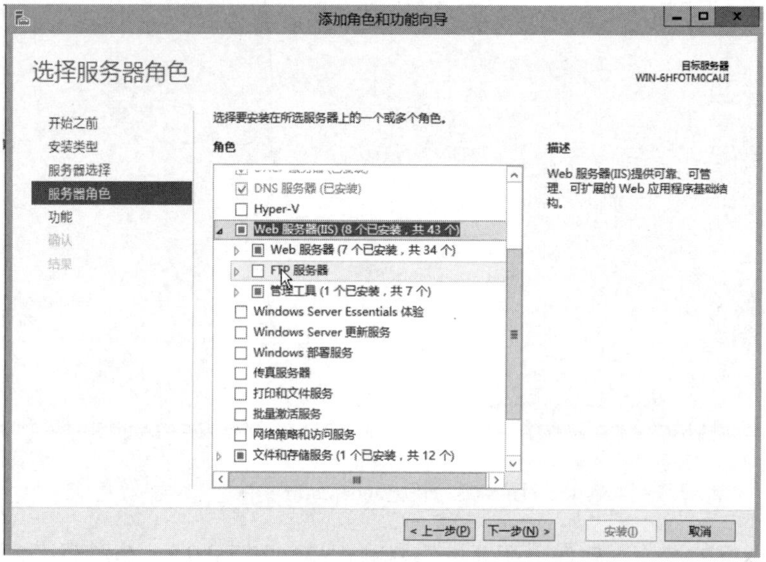

图 8-45　安装 FTP 服务器

（2）单击“下一步”按钮，出现如图 8-46 所示的确认安装 FTP 服务器界面，单击“安装”按钮即对 FTP 服务器相关软件进行安装。

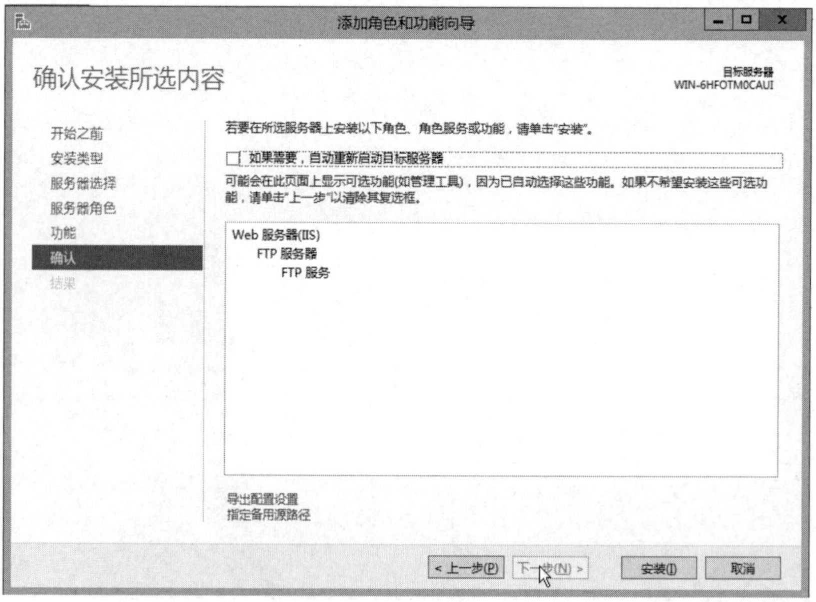

图 8-46　确认安装

（3）完成 FTP 服务器软件的安装后，选择“开始”→“管理工具”→“Internet Information Services（IIS）管理器”命令，启动 Web 服务器的管理器，在管理器中选择服务器名称，单击鼠标右键，弹出如图 8-47 所示的界面，在界面内右击，选择“添加 FTP 站点”命令。

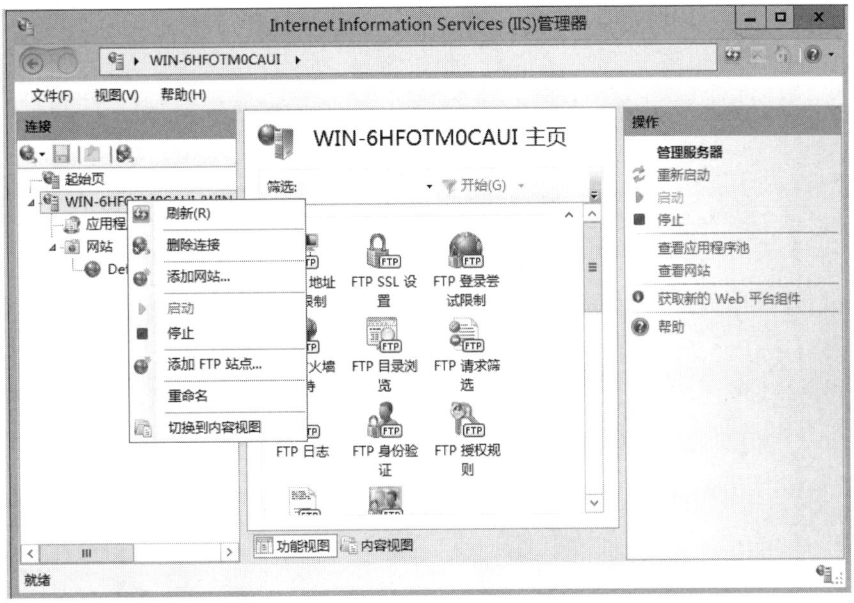

图 8-47　FTP 管理界面

（4）给新建的 FTP 站点命名，指定 FTP 服务器的工作目录，如图 8-48 所示。

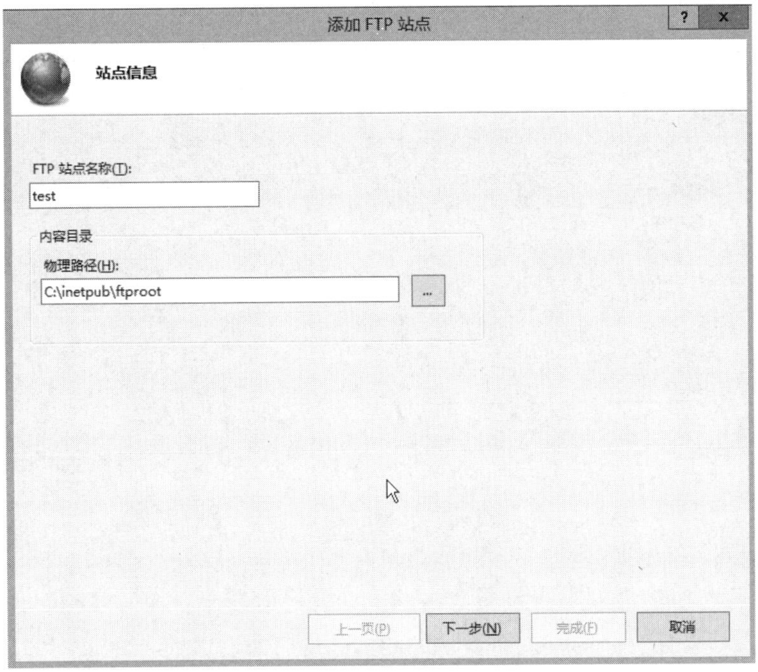

图 8-48　命名 FTP 站点名称

（5）命名完 FTP 站点后，要绑定 FTP 服务器的 IP 地址与端口号。如果本机只有一个 FTP 服务进程，可以不用修改端口号，使用默认值，如图 8-49 所示。

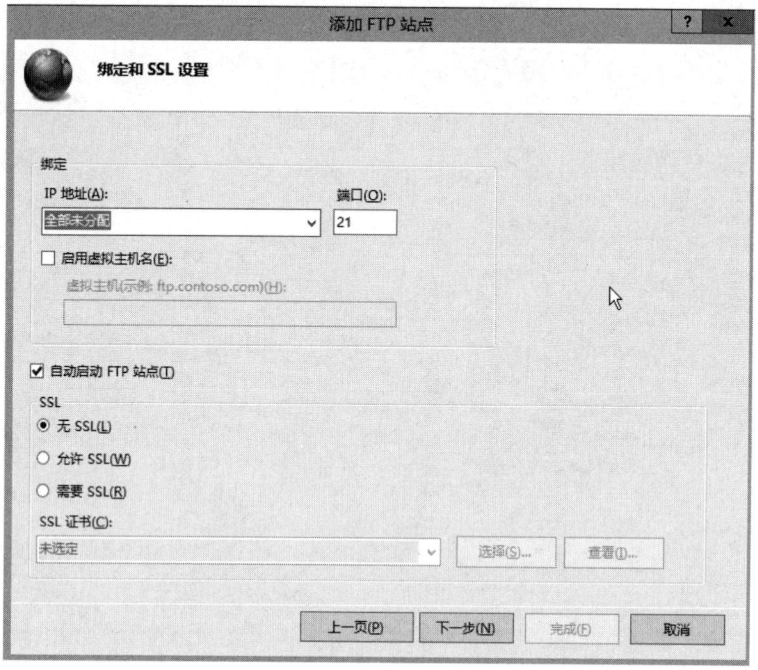

图 8-49　绑定 IP 与端口号

（6）给本服务器设置相应的访问权限，如图 8-50 所示。

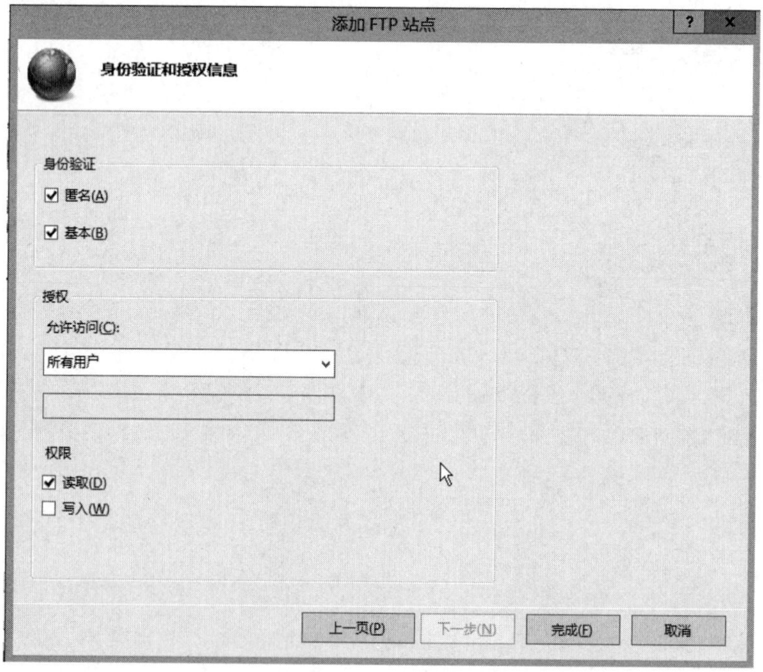

图 8-50　设置 FTP 访问权限

（7）测试 FTP 服务器，打开 IE 浏览器，在地址栏内输入 ftp://127.0.0.1，将看到如图 8-51 所示的界面。当出现本界面时，表示 FTP 服务器安装配置正确。

图 8-51　测试 FTP 的界面

8.3　相关知识

8.3.1　网络操作系统概述

1. 操作系统（OS）

操作系统（OS）是计算机系统中负责提供应用程序的运行环境及用户操作环境的系统软件，同时也是计算机系统的核心与基石。它的职责包括对硬件的直接监管、对各种计算资源的管理及提供诸如作业管理之类的面向应用程序的服务等。

2. 网络操作系统（NOS）

网络操作系统除了实现单机操作系统全部功能外，还具备管理网络中的共享资源，实现用户通信及方便用户使用网络等功能，是网络的心脏和灵魂。

网络操作系统是网络用户与计算机网络之间的接口，是计算机网络中管理一台或多台主机的软硬件资源、支持网络通信、提供网络服务的程序集合。

3. 网络操作系统的功能与特性

（1）网络操作系统的功能。

① 共享资源管理。

② 网络通信。

③ 网络服务。
④ 网络管理。
⑤ 互操作能力。
（2）网络操作系统的特性。
① 客户/服务器模式。
② 32 位操作系统。
③ 抢先式多任务。
④ 支持多种文件系统。
⑤ Internet 支持。
⑥ 并行性。
⑦ 开放性。
⑧ 可移植性。
⑨ 高可靠性。
⑩ 安全性。
⑪ 容错性。
⑫ 图形化界面（GUI）。

8.3.2 典型网络操作系统

1. UNIX

UNIX 是美国贝尔实验室开发的一种多用户、多任务的操作系统。作为网络操作系统，UNIX 因其安全、稳定、可靠的特点和完善的功能，被广泛应用于网络服务器、Web 服务器、数据库服务器等高端领域。UNIX 主要有以下几个特点。

（1）可靠性高：UNIX 在安全性和稳定性方面具有非常突出的表现，对所有用户的数据都有非常严格的保护措施。

（2）网络功能强：作为 Internet 技术基础的 TCP/IP 协议就是在 UNIX 上开发出来的，而且成为 UNIX 不可分割的组成部分。UNIX 还支持所有最通用的网络通信协议，这使得 UNIX 能方便地与单主机、局域网和广域网通信。

（3）开放性好。

UNIX 的缺点是系统过于庞大、复杂，一般用户很难掌握。

2. NetWare

NetWare 是 Novell 公司开发的网络操作系统，也是以前最流行的局域网操作系统。NetWare 主要使用 IPX/SPX 协议进行通信。主要具有以下特点。

（1）强大的文件和打印服务功能：NetWare 通过高速缓存的方式实现文件的高速处理，还可以通过配置打印服务实现打印机共享。

（2）良好的兼容性及容错功能：NetWare 不仅与不同类型的计算机兼容，还与不同的操作系统兼容。同时，NetWare 在系统出错时具有自我恢复的能力，从而将因文件丢失而带来的损失降到最小。

（3）比较完备的安全措施：NetWare 采取了四级安全控制，以管理不同级别用户对网络资源的使用。

NetWare 的缺点：相对于 Windows 操作系统来说，NetWare 网络管理比较复杂。它要求管理员熟悉众多的管理命令和操作，易用性差。

3. Linux

Linux 是一个“类 UNIX”的操作系统，最早是由芬兰赫尔辛基大学的一名学生开发的。

Linux 是自由软件，也称源代码开放软件，用户可以免费获得并使用 Linux 系统。Linux 主要有以下特点。

（1）是免费的。

（2）较低的系统资源需求。

（3）广泛的硬件支持。

（4）极强的网络功能。

（5）极高的稳定性与安全性。

Linux 的缺点：相对于 Windows 系统来说，Linux 的易用性较差。

4. Windows NT/2000/2003/2008/2012

（1）Windows NT4.0。

Windows NT4.0 是微软开发的网络操作系统，主要是针对局域网开发的。因其界面友好，易于使用，功能强大而抢占了几乎 80%的中低端网络操作系统的市场份额。

Windows NT4.0 共有两个版本：Windows NT Workstation（工作站版）和 Windows NT Server（服务器版）。工作站版主要作为单机和网络客户机操作系统，而服务器版则用于配置局域网服务器。

（2）Windows 2000。

Windows 2000 是微软 Windows 家族的一个重量级产品，是微软众多程序开发者集体的智慧的结晶。主要有以下特性。

① 多任务。

② 大内存。

③ 多处理器。

④ 即插即用。

⑤ 集群：利用集群技术，Windows 2000 可以将多个服务器虚拟为一个功能强大的服务器，同时为用户提供服务，以此增强其处理能力和提供容错功能。

⑥ 文件系统：Windows 2000 在原有文件系统基础上引入了 NTFS 5.0 文件系统，从而支持文件级安全、加密、压缩、磁盘配额等功能。

⑦ 良好的服务质量：服务质量即对网络通信带宽的保障。

⑧ 终端服务：通过终端服务，可以使多个用户通过终端窗口同时连接到一台服务器，使用一台计算机的资源，真正实现分步操作。同时，也可以通过终端服务，远程管理服务器。

⑨ 远程安装服务：通过远程安装服务，可以快速安装网络客户端。比如我们可以通过远程安装服务同时安装整个网络的客户端系统，大大提高工作效率。

⑩ 活动目录：Windows 2000 的活动目录是一个大型数据库，用于保存 Windows 2000 网络的资源信息、管理和控制信息。有了活动目录，使我们访问、管理、控制网络资源更加方便。

（3）Windows Server 2003。

Windows Server 2003 是微软于 2003 年 4 月正式推出的。Windows Server 2003 与 Windows 2000 相比速度更快、更稳定和更安全，同时也增加了一些新功能，如邮件服务、IPv6、微软.NET

技术等。Windows Server 2003 同样分为 4 个版本，但全部为服务器版，没有单机版本。Windows Server 2003 的 4 个版本分别介绍如下。

① Web 服务器版：是微软针对 Web 服务器开发的操作系统，支持 2 个处理器、2GB 物理内存，支持 IIS 6.0 和 Internet 防火墙，同时提供了对微软 ASP.NET 的支持，是构建 Web 服务器的理想平台。

② 标准版：是微软针对中小企业服务器开发的操作系统，相当于 Windows 2000 服务器版，支持 4 个处理器、4GB 物理内存，可以作为中小企业服务器的操作系统。

③ 企业版：是微软针对大型企业服务器开发的操作系统，相当于 Windows 2000 的高级服务器版，支持 8 个处理器、32GB 物理内存，可以作为大型企业服务器的操作系统。

④ 数据中心版：是微软针对大型数据仓库开发的操作系统。分 2 个版本，分别为 32 位版本和 64 位版本。其中 32 位版本支持 32 个处理器、64GB 物理内存；64 位版本支持 64 个处理器、512GB 物理内存，可以作为大型数据仓库的操作系统。

（4）Windows 2008。

① 内置虚拟技术可以在单个服务器上虚拟 Windows、Linux 等多个操作系统。通过操作系统内置的虚拟技术和更加简单、灵活的授权策略，可以更容易地利用虚拟化的各种优势并节省成本。

② 集中式应用程序访问和远程发布应用程序的无缝集成。功能改进还使系统可以跨越防火墙连接到远程应用程序，无须使用 VPN，因此可以快速响应位于任何位置的用户的需求。

③ 新的部署选项提供最适合用户环境的方法。

④ 与现有环境互操作。

⑤ 活跃的技术社区可在整个产品生命周期内提供丰富体验。

（5）Windows 2012。

它是 Windows 8.1 的服务器版本。

① 存储转换。

Windows Server 2012 R2 存储空间的存储分层功能自动根据存储性能和成本将数据分层至硬盘和固态硬盘。

② 软件定义网络。

Windows Server 2012 R2 中的网络虚拟化，加上 System Center 2012 R2 中的管理功能，提供了在任意节点部署任意虚拟机的灵活性，而不用考虑 IP 地址等因素。

新的 in-box 网关扩展了虚拟化网络功能，提供了与物理网络、虚拟网络的完整链接。

③ 虚拟化和动态迁移。

跨版本动态迁移可以将运行在 Windows Server 2012 上的虚拟机在不停工的情况下迁移到 Windows Server 2012 R2 主机上。

动态迁移节约了大量时间（50%甚至更多）。

开启了 RDMA 的动态迁移，加快了 NICs 迁移进程。

④ 访问和信息保护。

让用户选择自己要工作的设备，提供更简单的注册进程。

为企业应用和数据提供基于策略的访问控制，并在跨设备之间提供一致体验。

保护企业信息和管理风险。

⑤ Java 应用程序监控。

提供性能和异常事件报警。

支持 Tomcat、Java JDK 和其他 Java 网络服务器框架。

行代码级别可追溯性，.NET 性能、异常指标和 Java 应用程序监控。

8.3.3 文件系统

1. 什么是文件系统

文件系统又被称作文件管理系统，它是指操作系统中负责管理和存储文件信息的软件机构。文件系统由与文件管理有关的软件、被管理的文件及实施文件管理所需的数据结构 3 部分构成。

从系统角度来看，文件系统是对文件存储器空间进行组织和分配，负责文件的存储并对存入的文件进行保护和检索的系统。具体地说，它负责为用户建立文件，存入、读出、修改、转储文件，控制文件的存取，当用户不再使用时撤销文件等。

2. 常见的文件系统类型

Microsoft Windows 系列操作系统中共使用了 5 种不同的文件系统，它们分别是 FAT12、FAT16、FAT32、NTFS 和 HPFS。

（1）FAT12 文件系统。

FAT12 文件系统是伴随着 DOS 操作系统设计的最古老的 FAT 文件系统。

① FAT12 文件系统的特点。

FAT12 文件系统采用 12 位文件分配表，它被使用在 DOS 3.0 以前，并因此而得名。目前这种文件系统仍然在软盘驱动器中使用，其他介质中基本已经不再使用这种文件系统了。

FAT12 文件系统可管理的磁盘容量是 8MB，在当时没有硬盘的情况下，这个磁盘管理能力是非常大的。

② FAT12 文件系统的限制。

文件名：只能是 8.3 格式的文件名。

磁盘容量：最多 8MB（4096clusters×4sectors/clusters×512bytes、sectors）。

文件碎片严重（只在磁盘上，不存储在不连续的簇内）。

（2）FAT16 文件系统。

在 DOS 2.0 的使用过程中，对更大磁盘的管理能力的需求已经出现，因此在 DOS 3.0 中，微软推出了 FAT16 文件系统。

① FAT16 文件系统的特点。

FAT16 文件系统采用 16 位字长的分区表，可使用的簇的总数增加到 2 的 16 次幂（65536）个。

FAT16 文件系统在刚推出时可管理磁盘的能力为 32MB。随着硬盘技术的发展，DOS 4.0 之后的 FAT16 文件系统可管理 128MB 的磁盘。这个数字不断地发展，直至发展至 2GB。

② FAT16 文件系统的限制。

磁盘分区最大只能到 2GB；FAT16 文件系统限于 65525 个簇，簇大小必须为 2 的次方且小于 65536 字节，即最大簇大小为 32768 字节（32KB），将最大簇数（65525）乘以最大簇大小（32768）等于 2GB。

磁盘利用效率低，在微软的 DOS 和 Windows 系列中，磁盘文件的分配以簇为单位，一个簇只分配给一个文件使用，不管这个文件占用整个簇容量有多少。这样，即使一个很小的文件也要占用一个簇，剩余的簇空间便全部闲置，造成磁盘空间的浪费。

（3）FAT32 文件系统。

FAT32 文件系统是 FAT 系列文件系统的最后一个产品，它采用 32 位的文件分配表，磁盘的管理能力大大增强，突破了 FAT16 2GB 的分区容量的限制。

FAT32 文件系统的特点：FAT32 文件系统可支持的磁盘分区的大小最大为 32GB，但不支持小于 512MB 的分区；支持的最大单个文件的大小为 2GB；FAT32 文件系统采用大小为 4KB 的簇，磁盘利用效率高，可更有效地保存信息；FAT32 文件系统的启动记录被包含在一个含有关键数据的结构中，减少了计算机文件系统崩溃的可能性。

（4）NTFS 文件系统。

NTFS 文件系统是一个基于安全性的文件系统，是 Windows NT 所采用的独特的文件系统结构，它是建立在保护文件和目录数据基础上的，同时照顾节省存储资源、减少磁盘占用量的一种先进的文件系统。

① NTFS 文件系统的特点。

NTFS 可以支持的分区（如果采用动态磁盘则称为卷）最大可以达到 2TB； NTFS 是一个可恢复的文件系统。 NTFS 通过使用标准的事物处理日志和恢复技术来保证分区的一致性。发生系统失败事件时，NTFS 使用日志文件和检查点信息自动恢复文件系统的一致性。

NTFS 支持对分区、文件夹和文件的压缩。

任何基于 Windows 的应用程序对 NTFS 分区上的压缩文件进行读/写时都不需要事先由其他程序进行解压缩，当对文件进行读取时，文件将自动进行解压缩；文件关闭或保存时会自动对文件进行压缩。NTFS 采用了更小的簇，可以更有效地管理磁盘空间。基于 Windows 2000 的 NTFS 文件系统下可以进行磁盘配额管理。

② NTFS 文件系统的优点。

- 具备错误预警的文件系统：在 NTFS 分区中，最开始的 16 个扇区是分区引导扇区，其中保存着分区引导代码，接着就是主文件表（Master File Table，以下简称 MFT），但如果它所在的磁盘扇区恰好出现损坏，NTFS 文件系统会比较智能地将 MFT 换到硬盘的其他扇区，保证了文件系统的正常使用。而以前的 FAT16 和 FAT32 的 FAT（文件分配表）则只能固定在分区引导扇区的后面，一旦遇到扇区损坏，那么整个文件系统就会瘫痪。
- 文件读取速度更高效：NTFS 文件系统中如果文件或文件夹小于 1500 字节（计算机中有相当多这样大小的文件或文件夹），那么它们的所有属性，包括内容都会常驻在 MFT 中，而 MFT 是 Windows 一启动就会载入内存中的，这样当查看这些文件或文件夹时，其实它们的内容早已在缓存中了，自然大大提高了文件和文件夹的访问速度。
- 磁盘自我修复功能：NTFS 利用一种“自我疗伤”的系统，可以对硬盘上的逻辑错误和物理错误进行自动侦测和修复。在 FAT16 和 FAT32 时代，我们需要借助 Scandisk 程序来标记磁盘上的坏扇区，但当发现错误时，数据往往已经被写在了坏的扇区上了，损失已经造成。
- “防灾赈灾”的事件日志功能：在 NTFS 文件系统中，任何操作都可以被看成一个“事件”。事件日志的作用不在于它能挽回损失，而在于它监督所有事件，从而让系统永远知道完成了哪些任务，哪些任务还没有完成，保证系统不会因为断电等突发事件发生紊乱，最大限度地降低了破坏性。
- NTFS 动态磁盘功能：动态磁盘提供了基本磁盘不具备的一些特性，例如创建可跨越多个磁盘的卷（跨区卷和带区卷）和创建具有容错能力的卷（镜像卷和 RAID-5 卷）的能力，动态磁盘上的所有卷都是动态卷。

（5）HPFS 文件系统。

HPFS（High Performance File System）高性能文件系统是 IBM OS/2 操作系统的一种文件系统。

HPFS 文件系统用来在多个硬盘（最大支持 2TB）间处理大文件（最大支持 2GB），同时支持长文件名（多达 256 个比特）。HPFS 应用一个中央定位的根目录及 B 树来增加文件访问速度，可以与 MS-DOS、FAT 同时运行或者各自独立运行。

① HPFS 文件系统的优点。

利用支持邻域存储的扩展属性避免了 MS-DOS 的 EA DATA SF 文档问题；不产生文件碎片；文件簇大小比 DOS 要小；支持大容量驱动器（高达 512GB）；支持快速磁盘操作。

② HPFS 文件系统的限制。

占用内存较大；在 MS-DOS 下无法看到 HPFS 驱动器，因此不能用软盘来启动 DOS 系统对 HPFS 驱动器进行操作；需要第三方软件（比如 PQ 分区魔术师）才可以在 DOS 下访问 HPFS 驱动器。

8.4　习题

1. 填空题

（1）Windows Server 2003 的_____版本适用于中、小型企业，主要用作服务器，提供各种常见的网络功能，如文件服务、打印服务、通信服务、Web 服务等。

（2）通过查看_______ 列表文件，可以确认 Windows Server 2003 操作系统是否与一台计算机的硬件设备兼容。

（3）在检测软件兼容性时，需要在________命令后附加的参数为 checkupgradeonly。

（4）Windows Server 2003 支持的文件系统格式有：_____、_____ 和___。

（5）在 Windows Server 2003 中，_____文件系统格式支持文件加密。

（6）如果一个员工长时间不工作，那么为安全起见，管理员应该将他的账户______。

（7）_______服务器用于对打印设备进行管理并为网络用户提供打印功能。

（8）DNS 服务器支持_____向查询，即将 DNS 客户机请求的完全合格域名解析为对应的 IP 地址。

（9）DNS 服务器支持____ 向查询，即将 DNS 客户机请求的 IP 地址解析为对应的完全合格域名。

（10）在网络中，实现为计算机自动分配 IP 地址的服务，叫做_______服务。

2. 选择题

（1）用户可以利用（　　）命令检测用户计算机是否能够正确地与网络中的其他计算机通信。

A．Ntbackup　　B．ping　　C．Dcpromo　　D．Gpupdate

（2）在一台 Windows 计算机上，输入（　　）命令来查看网卡 MAC 地址。

A．nbtstat -n　　B．ipconfig /all

C．ipconfig /displaydns　　D．ipconfig /flushdns

（3）管理员可以随时释放自动获取的 IP 地址租约，操作命令为（　　）。

A．ipconfig /renew　　B．ipconfig /flushdns

C．nbtstat －c　　D．ipconfig /release

（4）管理员可以在 DHCP 客户机上手工对 IP 地址租约进行更新，操作命令为（　　）。

A．nbtstat －c　　B．ipconfig /release

C．ipconfig /renew　　D．ipconfig /flushdns

（5）如果一个 DHCP 客户机找不到 DHCP 服务器，那么它会给自己临时分配一个网络 ID 号为（　　）的 IP 地址。

A．10.0.0.0　　B．127.0.0.0　　C．131.107.0.0　　D．169.254.0.0

（6）当一个 DHCP 客户机租用的 IP 地址期限超过了租约的（　　）时，DHCP 客户机会自动向为其提供 IP 地址的 DHCP 服务器发送 DHCPREQUEST 广播数据包，以便要求继续租用原来的 IP 地址。

A．30%　　B．50%　　C．70%　　D．90%

（7）在安装 DHCP 服务器之前，必须保证这台计算机具有（　　）的 IP 参数。

A．静态的　　B．动态的

（8）当 DNS 服务器收到 DNS 客户机查询 IP 地址的请求后，如果自己无法解析，那么会把这个请求发送给（　　），继续进行查询。

A．DHCP 服务器　　B．Internet 上的根 DNS 服务器

C．邮件服务器　　D．打印服务器

（9）在域树中，父域和子域之间自动被双向的、可传递的（　　）联系在一起，使得两个域中的用户账户均具有访问对方域中资源的能力。

A．迭代关系　　B．传递关系　　C．包含关系　　D．信任关系

（10）在域中，可以使用（　　）对域中的特定对象进行单独的管理。

A．组织单位　　B．域用户账户　　C．森林　　D．域控制器

3．判断题

（1）在 Windows Server 中，可以使用自带的工具直接把 NTFS 分区转换成 FAT 分区并且保证分区中数据的完整性。（　　）

（2）假设一个工作组中有 100 台计算机，如果一个用户希望访问每台计算机上的资源，那么只需要在工作组中为他创建一个用户账户即可。（　　）

（3）默认时，任何用户账户都有权共享本地计算机上的文件夹。（　　）

（4）一个用户账户可以被多个用户同时使用。（　　）

（5）当对共享文件夹进行复制或移动的操作时，复制或移动后的文件夹仍然是共享文件夹。（　　）

（6）如果一个用户对一个共享打印机具有“管理文档”的权限，那么该用户可以向该打印机提交文档并进行打印。（　　）

（7）在不同的 DHCP 服务器上，针对同一个网络 ID 号可以分别建立多个不同的作用域。（　　）

（8）在一个 Windows 网络中，一台计算机的 NetBIOS 名称可以不唯一。（　　）

（9）在把一台计算机加入域后，需要重新启动计算机才可使该设置生效。（　　）

（10）可以把一台 Windows 计算机同时加入两个域中。（　　）

第9章 接入Internet

9.1 任务描述

计算机只有接入Internet才能更充分地发挥作用，享受网络无穷无尽的资源。张老师家有一台计算机，现需要接入Internet。之后，家里又增加了两台笔记本电脑，想使用原来的账户和密码让这两台计算机也同时接入Internet。张老师家的两台笔记本电脑都是通过无线AP连接起来组成的无线局域网，邻居李老师家里有一台笔记本电脑也想通过无线AP连接到张老师家里共享接入Internet。

9.2 设计与实施

9.2.1 PC通过ADSL接入Internet

接入Internet的方法有很多，如公用电话交换网（PSTN）拨号接入、综合业务数字网（ISDN）接入、非对称数字线路（ADSL）接入、混合光纤/同轴电缆（HFC）接入、光纤接入、专线接入等。光纤接入是未来网络接入的主流方式，光纤到桌面是人们对未来网络的向往。但在目前过渡阶段，很多地方的光纤网络建设还不成熟，通过电话拨号接入Internet仍是一个主要的方式。因此，建议张老师采用ADSL实现家中的计算机上网，不过，上网之前需到中国电信或联通等部门申请上网账号和密码。

1. 连接模式为计算机—路由器—ADSL MODEM的连接设置

（1）单击“开始”→“控制面板”→“网络和共享中心”命令，设定当前的网络类型（一般选择工作网络），如图9-1所示。IP地址如非特殊需要就不用设置，路由器会自动为计算机分配运行时的IP地址。

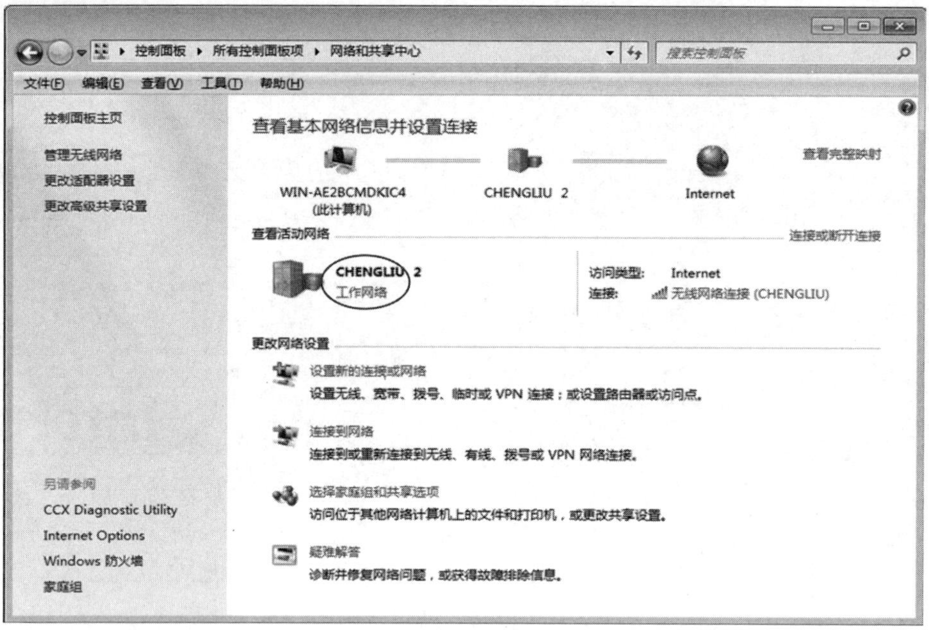

图 9-1 网络和共享中心

（2）路由器自动拨号。

启动路由器，打开浏览器，输入路由器的 IP 地址，一般是 192.168.1.1；也可运行 CMD，输入 ipconfig 查看到网关的 IP 地址，输入路由器的登录账号和密码，一般都是 admin。

打开路由器设置界面，如图 9-2 所示，单击“网络参数”→“WAN 口设置”选项，在界面中输入上网账号和密码，然后单击“连接”按钮，这样只要每次路由器和 ADSL MODEM 一接上电源就会自动控制 ADSL 登录网络，非常简单，避免了手动再次干预的麻烦。

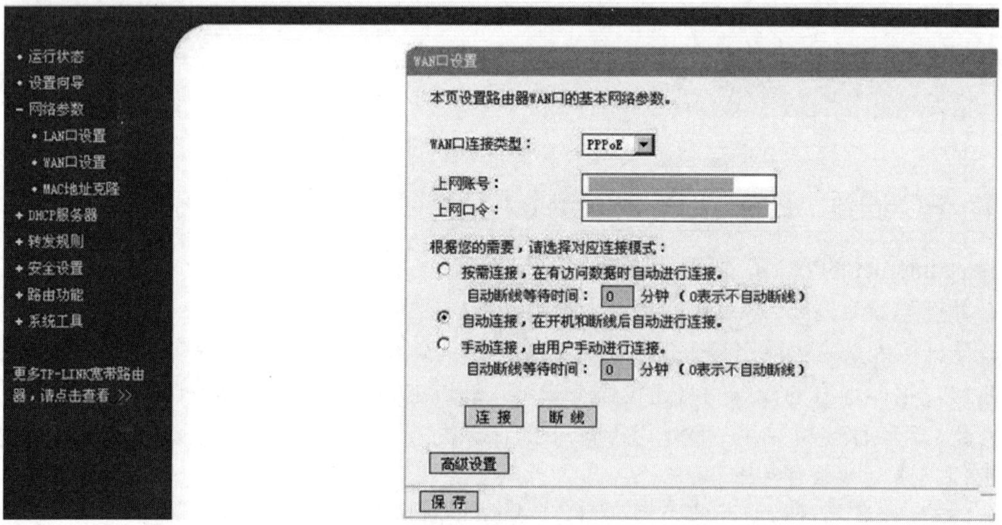

图 9-2 路由器设置

（3）设置完毕，只要确认路由器是否已经可以正常连通网络，无须设置 Windows 系统了，默认参数交由操作系统完成即可。

2. 连接模式为计算机—ADSL MODEM 的 ADSL 计算机拨号设置

对于没有路由器的用户，可在 Windows 系统中进行 PPPoE 的拨号设置，具体设置方法如下。

（1）单击“开始”→“控制面板”→“网络和共享中心”命令，选择“更改网络设置”→“设置新的连接或网络”选项，如图 9-3 所示。然后选择“连接到 Internet”选项，如图 9-4 所示。

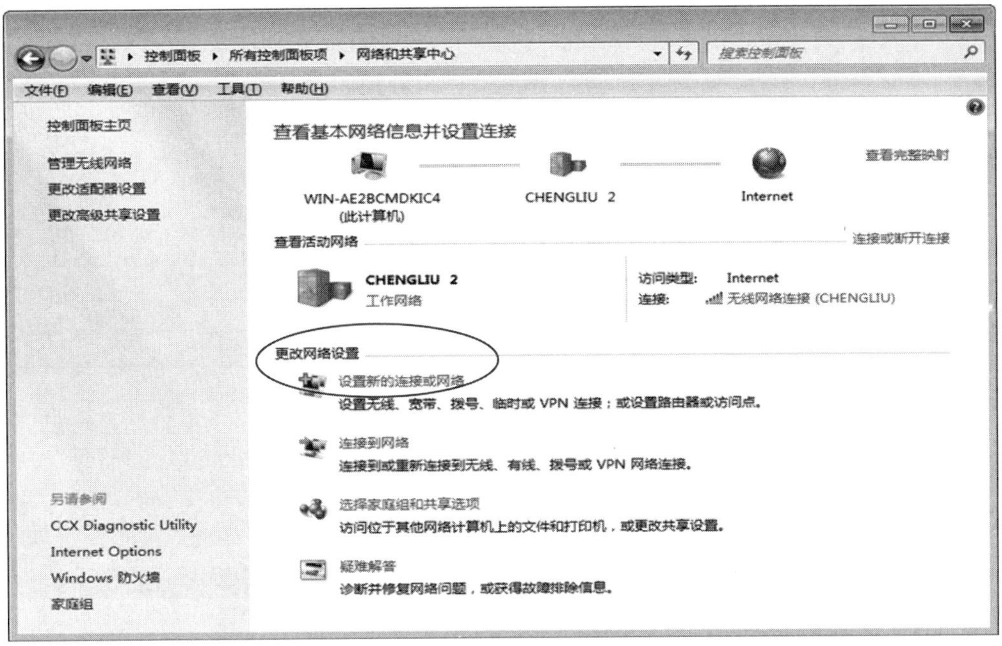

图 9-3　更改网络设置

图 9-4　设置连接或网络

（2）当连接上网络后，就会出现如图 9-5 所示的界面，选择“仍要设置新连接”选项。然后选择“宽带（PPPoE）（R）”选项，如图 9-6 所示。输入上网账号和密码即可。

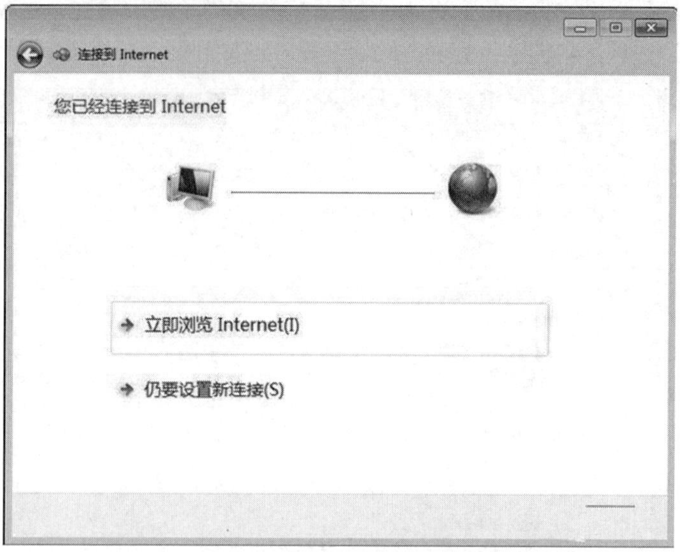

图 9-5　连接到 Internet

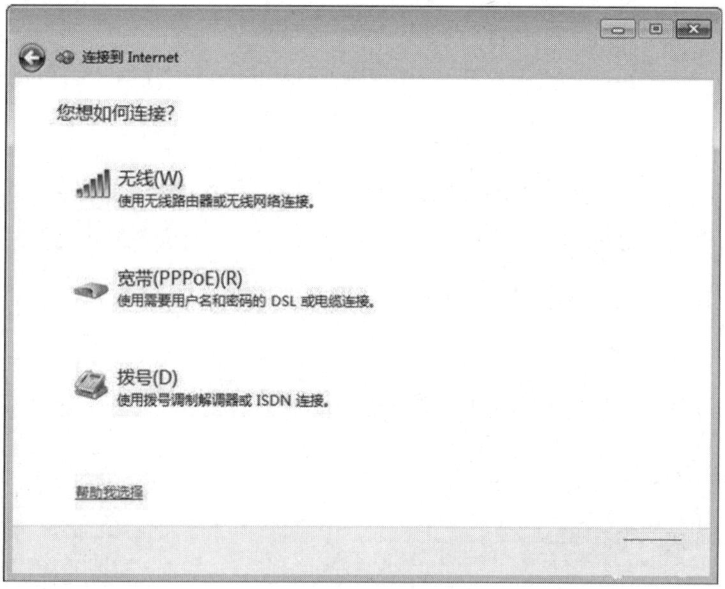

图 9-6　选择连接

9.2.2　Internet 连接共享接入 Internet

当张老师家中的计算机又增加了 2 台时，有多种方法可以接入，其中最常用的、最简单的方法是可以采用 Windows 操作系统自带的“Internet 连接共享”方式接入 Internet。

（1）打开“网络和共享中心”窗口，选择“设置新的连接或网络”选项，在向导中选择“设置无线临时（计算机到计算机）网络”选项，如图 9-7 所示，单击“下一步”按钮。

图 9-7 设置无线临时（计算机到计算机）网络

（2）输入网络名及安全密钥（推荐），如图 9-8 所示，单击“下一步”按钮完成为网络命名并选择安全选项向导。注意：请记住安全密钥，其他计算机需要通过此密钥连接临时网络。

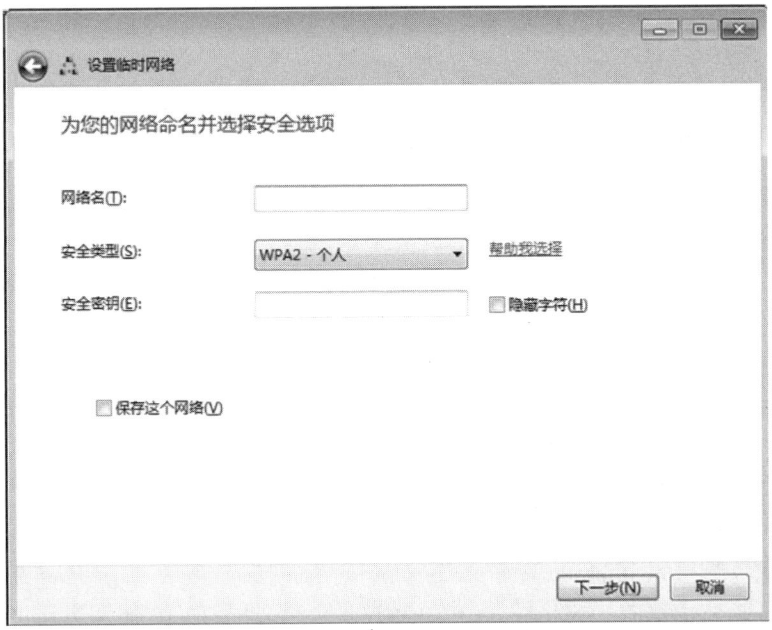

图 9-8 设置临时网络

（3）单击“启用 Internet 连接共享”按钮，如图 9-9 所示，以开启共享网络，如图 9-10 所示，然后单击“关闭”按钮以完成向导。至此，网络已经就绪，并等待其他计算机的接入。

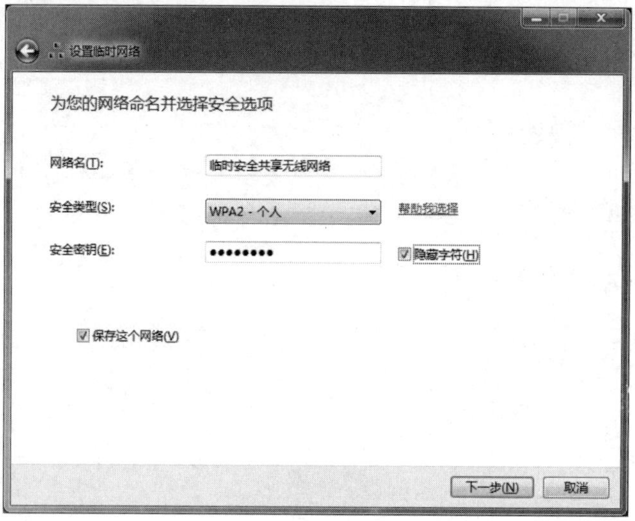

图 9-9　启用 Internet 连接共享

图 9-10　连接共享

9.2.3　无线路由共享接入 Internet

邻居李老师家的笔记本电脑也想通过无线 AP 连接到张老师家里共享接入 Internet，因此建议采用无线路由共享接入 Internet。

（1）设置连接路由器的计算机的 TCP/IP 协议为 “自动获取 IP 地址”和“自动获取 DNS 服务器地址”。

（2）打开 IE 浏览器在地址栏并输入 192.168.1.1，如图 9-11 所示，进入路由器设置界面，如图 9-12 所示，输入用户名为 admin，密码为 admin。

（3）单击“确定”按钮，如图 9-13 所示，选择“设置向导”选项，然后单击“下一步”按钮。

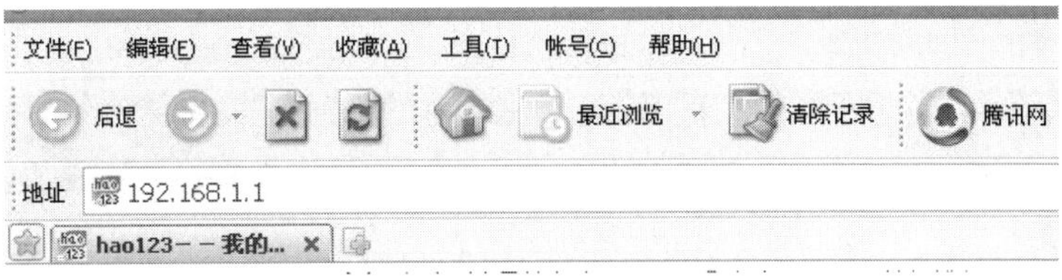

图 9-11　进入路由器设置

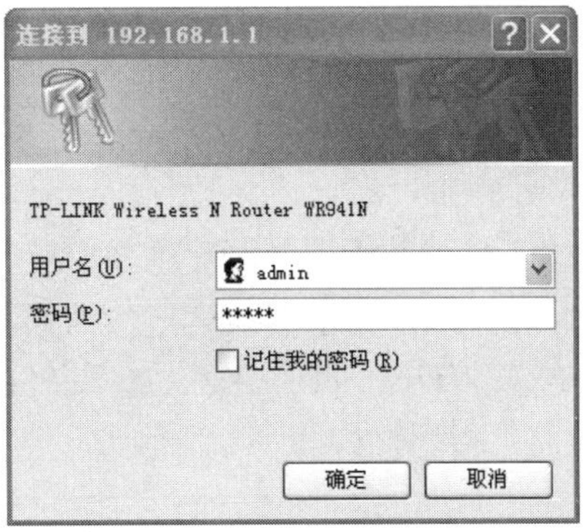

图 9-12　连接到路由器

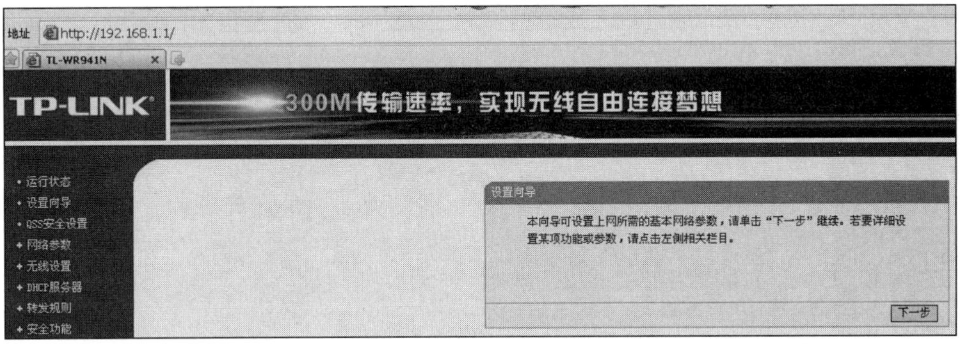

图 9-13　路由器设置向导

（4）如图 9-14 所示，选择“PPPoE（ADSL 虚拟拨号）”，单击“下一步”按钮。如图 9-15 所示，输入账号和口令（也就是电信或网通公司给的宽带账号和密码），单击“下一步”按钮，进行无线设置。

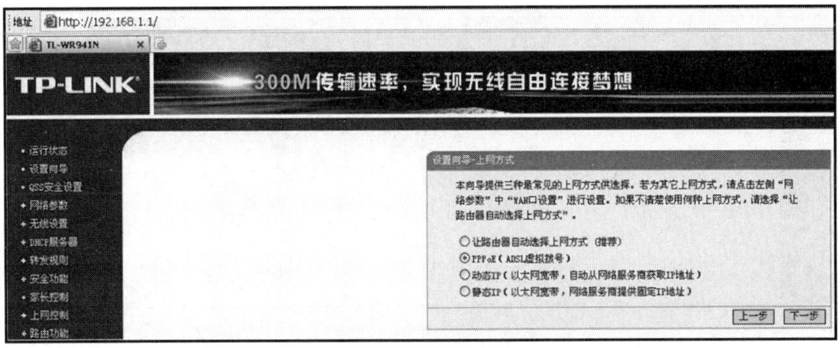

图 9-14　上网方式

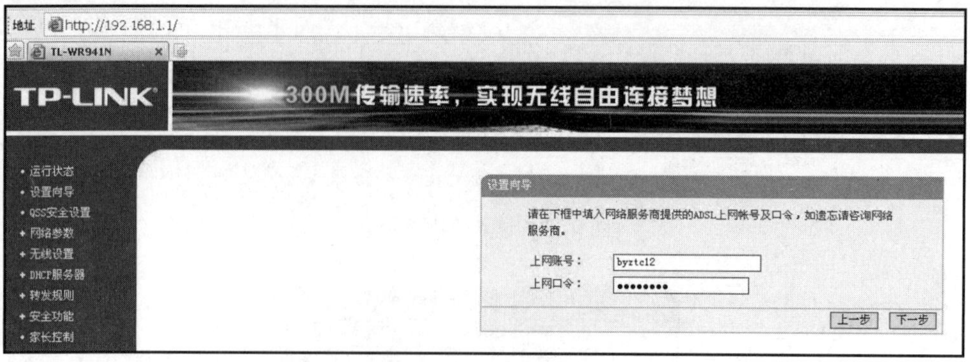

图 9-15　账号和口令

（5）如图 9-16 所示，设置“无线状态”为开启。在 SSID 中输入无线用户账号（最好是拼音字母加数字），信道选“自动”，模式选路由器最大数值，频段选“自动”，最大发送速率选最大，无线安全选项选 WPA—PSK/WPA2—PSK，然后输入 PSK 密码（无线上网密码），单击“保存”按钮，然后再单击“重启”按钮，如图 9-17 所示。

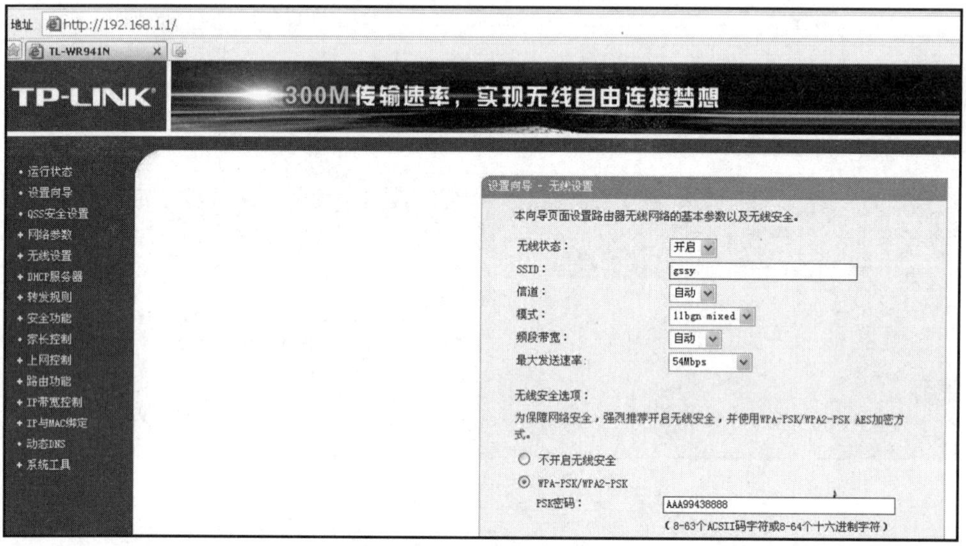

图 9-16　无线设置

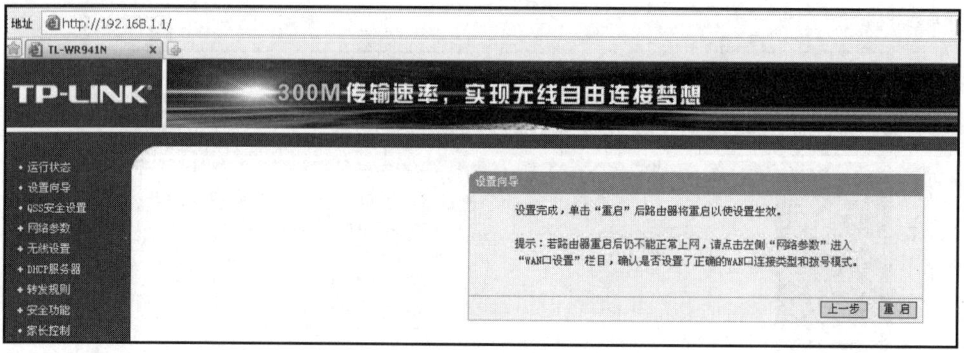

图 9-17　设置向导完成

（6）如图 9-18 所示，选择“网络参数”→“LAN 口设置”，在 IP 地址中输入 192.168.1.1，在子网掩码中输入 255.255.255.0，然后单击“保存”按钮。

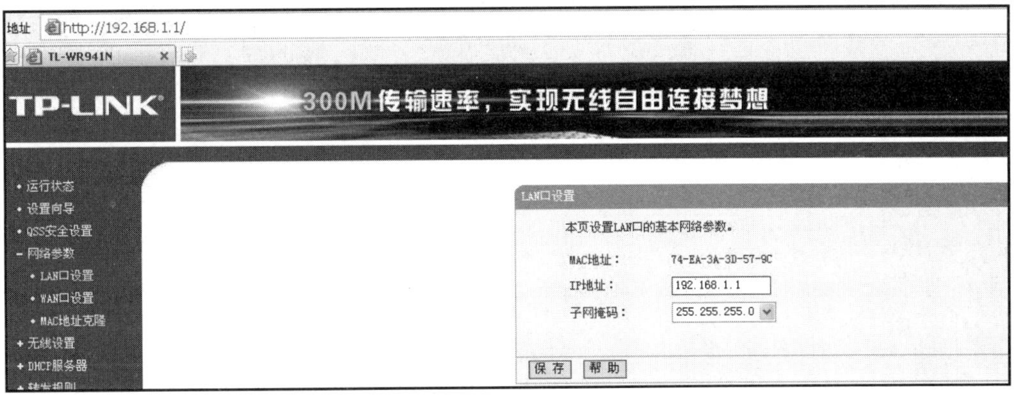

图 9-18 LAN 口设置

（7）选择“DHCP 服务器”→“DHCP 服务”命令，然后单击“启用”按钮，在地址池开始地址中输入 192.168.1.100，在地址池结束地址中输入 192.168.1.199，在地址租期中输入默认值 120（按后面的提示默认值输入，否则时间一到无线网就上不了），在网关中输入 192.168.1.1，默认域名、主 DNS 服务器、备用 DNS 服务器都不用输入，最后单击“保存”按钮，如图 9-19 所示（其中结束地址可根据需要的计算机台数输入，输入的数值越高，接的无线上网计算机越多，家用的 IP 地址尾数最好输入 102，这样 3 台计算机可无线上网，以减少别人的蹭网；或者结束地址直接输入 100，这样最多连一台计算机无线上网，有线的无所谓，直接连路由器即可）。

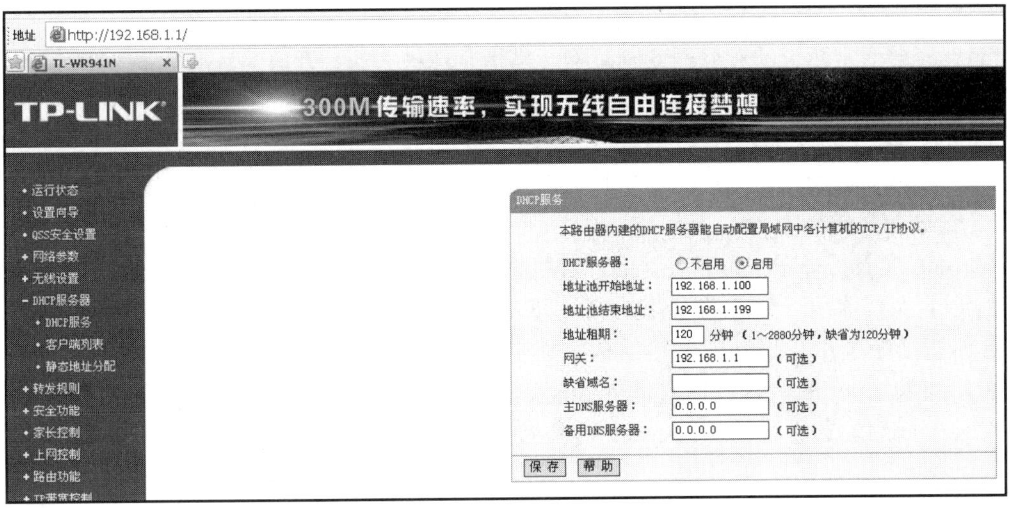

图 9-19 DHCP 设置

（8）选择“安全设置”选项，把所有的设置都启用，然后单击“保存”按钮即可，如图 9-20 所示。所有的设置完成后保存并重启，路由器设置即完毕。

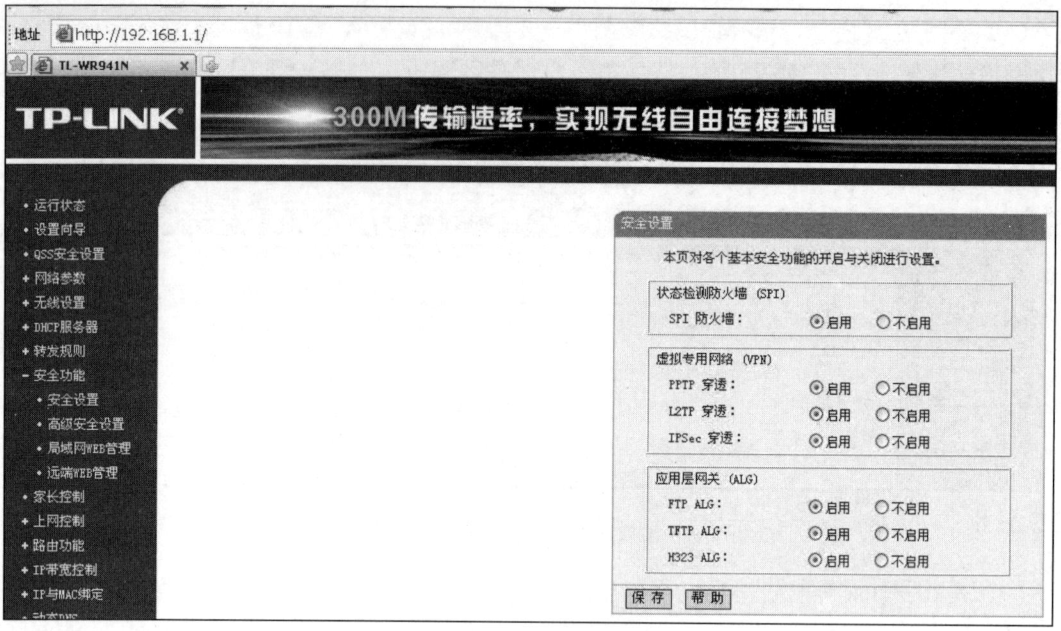

图 9-20　安全设置

9.3　相关知识

9.3.1　Internet 技术

Internet 即通常所说的互联网或网际网，是指全球最大的、开放的、基于 TCP/IP 协议的众多网络相互连接而成的计算机网络。

Internet 丰富的联机信息几乎已覆盖人们想象的所有领域，一旦与 Internet 连接，就会感到进入一个全新的虚拟世界，这个虚拟世界表现出以下特点。

1. 全球信息传播

Internet 连入了分布在世界各地的计算机，并且按照“全球统一”的规则为每台计算机命名，制订了“全球统一”的协议来约束计算机之间的交往。而从技术的角度来看，Internet 从一开始就打破了中央控制的网络结构，让全世界都能拥有 Internet，而不必担心谁控制谁的问题。加入 Internet，就可以与世界各地的人们交换信息，及时获得最新信息，还可以实现针对某一问题的远程讨论。Internet 使世界变成了一个“地球村”，而每一个人则变成了地球村的“村民”。

2. 信息容量大、时效长

由于现代计算机存储技术的发展提供了近乎无限的信息存储空间，国际 Internet 现已成为一个涉及政治、经济、科研、文化、教育、体育、娱乐、企业产品广告、招商引资信息等各个方面内容的全球最大的信息资源库。信息一旦进入发布平台，即可长期存储，长效发布。

3. 检索使用便捷

与一般媒体相比，Internet 上的信息可以更为方便地检索，传输过程也极为迅速。如通过网络搜索引擎，可以很容易地检索出全球大部分生产销售某种产品的厂商，实现与厂商的直接接触。光纤技术的运用使得信息的发送与检索瞬间即可完成。由于计算机空间把全球信息“一网打尽”，我们可以很容易地从一个国家到另一个国家，或者同时与不同国家的不同厂商订购不同的产品，而这一切只需几分钟时间，足不出户即可完成。

4. 灵活多样的入网方式

灵活多样的入网方式是 Internet 获得高速发展的重要原因。任何计算机只要采用 TCP/IP 协议与 Internet 中的任何一台主机通信，就可以成为 Internet 的一部分。Internet 所采用的 TCP/IP 协议簇成功地解决了不同硬件平台、不同网络产品和不同操作系统之间的兼容性问题，标志着网络技术的一个重大进步。因此，无论是大型主机或小型机、计算机或工作站都可以运行 TCP/IP 协议并与 Internet 进行通信。正因为如此，目前 TCP/IP 已经成为事实上的国际标准。

加入 Internet 也是自愿的，可以说，Internet 是由它的所有成员自愿组成的。几年以前，Internet 还处在形成期的时候，一些美国联邦部门的网络通过协商以相同的连接方式加入 Internet，各个网络都采用 TCP/IP 协议。一些不执行 TCP/IP 协议的网络，诸如 BITNET、USENET、DECNET，通过开发异型网络的连接技术，也都自愿地同 Internet 连接起来。起初，将这些连接设施称为“网关”（gateway），只用于在两个网络之间转换与传输电子邮件。后来，有的网关不断扩充功能，直到成为在两个网络之间的完全服务转换器。

9.3.2 Internet 应用服务

Internet 上的服务都是客户机/服务器模式的，即一台计算机或其上运行的某个应用程序作为客户端，客户端是提出服务请求的一端；而另一台计算机或其上运行的某个应用程序作为服务器端，向申请服务的客户端提供服务。作为世界上最大的信息资源数据库和最廉价的通信方式，Internet 为用户获取相关信息提供了许多服务，其中最常见的有电子邮件（E-mail）、WWW 服务、文件传输（FTP）、远程登录（Telnet）、网络新闻（News）等。

1. 电子邮件（E-mail）

电子邮件（Electronic Mail）亦称 E-mail。它是用户或用户组之间通过计算机网络收发信息的服务。目前，电子邮件已成为网络用户之间快速、简便、可靠且成本低廉的现代通信手段，也是 Internet 上使用最广泛、最受欢迎的服务之一。

电子邮件使网络用户能够发送或接收文字、图像和语音等多种形式的信息。目前，Internet 网上 60%以上的活动都与电子邮件有关。使用 Internet 提供的电子邮件服务，实际上并不一定需要直接与 Internet 联网。只要通过已与 Internet 联网并提供 Internet 邮件服务的机构收发电子邮件即可。

使用电子邮件服务的前提：拥有自己的电子信箱，一般又称为电子邮件地址（E-mail Address）。电子信箱是提供电子邮件服务的机构为用户建立的，实际上是该机构在与 Internet 联网的计算机上为用户分配的一个专门用于存放往来邮件的磁盘存储区域，这个区域是由电子邮件系统管理的。电子邮件系统的特点如下。

（1）方便性。

像使用留言电话那样在自己方便的时候处理记录下来的请求。

通过电子邮件传送文本信息、图像文件、报表和计算机程序等。

（2）广域性。

电子邮件系统具有开放性，许多非 Internet 网上的用户可以通过网关（Gateway）与 Internet 网上的用户交换电子邮件。

（3）廉价性和快捷性。

电子邮件系统采用“存储转发”方式为用户传递电子邮件。通过在一些 Internet 的通信节点计算机上运行相应的软件，可以使这些计算机充当“邮局”的角色。用户使用的“电子邮箱”就是建立在这类计算机上的。当用户希望通过 Internet 给某人发送信件时，他先要与为自己提供电子邮件服务的计算机联机，然后将要发送的信件与收信人的电子邮件地址发送给电子邮件系统。电子邮件系统会自动将用户的信件通过网络一站一站地发送到目的地，整个过程对用户来讲是透明的。

若在传递过程中某个通信站点发现用户给出的收信人电子邮件地址有误而无法继续传递的，系统会将原信逐站退回并通知不能送达的原因。当信件被发送到目的地的计算机后，该计算机的电子邮件系统就将它放入收信人的电子邮箱中等候用户自行读取。用户只要随时以计算机联机方式打开自己的电子邮箱，便可以查阅自己的邮件了。

2. WWW 服务

WWW 是环球信息网的缩写（亦作 Web、WWW、'W3'，英文全称为 World Wide Web），中文名字为“万维网”、“环球网”等，常简称为 Web。其分为 Web 客户端和 Web 服务器程序。WWW 可以让 Web 客户端（常用浏览器）访问浏览 Web 服务器上的页面。它是一个由许多互相链接的超文本组成的系统，通过互联网访问。在这个系统中，每个有用的事物，都被称为“资源”；并且由一个全局“统一资源标识符”（URI）标识；这些资源通过超文本传输协议（Hypertext Transfer Protocol）被传送给用户，而后者通过点击链接来获得资源。

WWW 将位于全世界 Internet 网上不同网址的相关数据信息有机地编织在一起，通过浏览器（Browser）提供一种友好的查询界面：用户仅需要提出查询要求，而不必关心到什么地方去查询及如何查询，这些均由 WWW 自动完成。WWW 为用户带来的是世界范围的超级文本服务，只要操作鼠标，就可以通过 Internet 调来希望得到的文本、图像和声音等信息。另外，WWW 仍可提供传统的 Internet 服务：Telnet、FTP、Gopher、News、E-mail 等。通过使用浏览器，一个不熟悉网络使用的人可以很快成为使用 Internet 的行家。

3. 文件传输（FTP）

文件传输是指计算机网络上主机之间传送文件，它是在网络通信协议 FTP（File Transfer Protocol）的支持下进行的。

用户一般不希望在远程联机情况下浏览存放在计算机上的文件，更乐意先将这些文件取回到自己的计算机中，这样不但能节省时间和费用，还可以从容地阅读和处理这些取来的文件。Internet 提供的文件服务 FTP 正好能满足用户的这一需求。Internet 网上的两台计算机在地理位置上无论相距多远，只要两者都支持 FTP 协议，网上的用户就能将一台计算机上的文件传送到另一台。

FTP 与 Telnet 类似，也是一种实时的联机服务。使用 FTP 服务，用户首先要登录到对方的计算机上，与远程登录不同的是，用户只能进行与文件搜索和文件传送等有关的操作。使用 FTP 可以传送任何类型的文件，如正文文件、二进制文件、图像文件、声音文件、数据压缩文件等。

普通的 FTP 服务要求用户在登录到远程计算机时提供相应的用户名和口令。许多信息服务机构为了方便用户通过网络获取其发布的信息，提供了一种称为匿名 FTP 的服务

（Anonymous FTP）。用户在登录到这种 FTP 服务器时无须事先注册或建立用户名与口令，而是以 anonymous 作为用户名，一般用自己的电子邮件地址作为口令。

匿名 FTP 是最重要的 Internet 服务之一。许多匿名 FTP 服务器上都有免费的软件、电子杂志、技术文档及科学数据等供人们使用。匿名 FTP 对用户使用权限有一定限制：通常仅允许用户获取文件，而不允许用户修改现有文件或向它传送文件；另外对于用户可以获取的文件范围也有一定限制。为了便于用户获取超长的文件或成组的文件，在匿名 FTP 服务器中，文件预先进行压缩或打包处理。用户在使用这类文件时应具备一定的文件压缩与还原、文件打包与解包等处理能力。

4. 远程登录（Telnet）

远程登录（Remote-login）是 Internet 提供的最基本的信息服务之一，远程登录是在网络通信协议 Telnet 的支持下使本地计算机暂时成为远程计算机仿真终端的过程。在远程计算机上登录，必须事先成为该计算机系统的合法用户并拥有相应的账号和口令。登录时要给出远程计算机的域名或 IP 地址，并按照系统提示，输入用户名及口令。登录成功后，用户便可以实时使用该系统对外开放的功能和资源，例如：共享它的软硬件资源和数据库，使用其提供的 Internet 的信息服务，如：E-mail、FTP、Archie 、Gopher、WWW 、WAIS 等。

Telnet 是一个强有力的资源共享工具。许多大学图书馆都通过 Telnet 对外提供联机检索服务，一些政府部门、研究机构也将它们的数据库对外开放，使用户通过 Telnet 进行查询。

5. 网络新闻（News）

网络新闻（Network News）通常又称作 USENET。它是具有共同爱好的 Internet 用户相互交换意见的一种无形的用户交流网络，它相当于一个全球范围的电子公告牌系统。

网络新闻是按不同的专题组织的。志趣相同的用户借助网络上一些被称为新闻服务器的计算机开展各种类型的专题讨论。只要用户的计算机运行一种称为“新闻阅读器”的软件，就可以通过 Internet 随时阅读新闻服务器提供的分门别类的消息，并可以将用户的见解提供给新闻服务器以便作为一条消息发送出去。

网络新闻是按专题分类的，每一类为一个分组。目前有 8 个大的专题组：计算机科学、网络新闻、娱乐、科技、社会科学、专题辩论、杂类及候补组。而每一个专题组又分为若干子专题，子专题下还可以有更小的子专题。到目前为止已有 15000 多个新闻组，每天发表的文章已超过几百兆字节。故很多站点由于存储空间和信息流量的限制，对新闻组不得不限制接收。一个用户所能读到的新闻的专题种类取决于用户访问的新闻服务器。每个新闻服务器在收集和发布网络消息时都是“各自为政”的。

9.3.3 企业内部网 Intranet

1. Intranet 概述

Intranet 称为企业内部网，或称内部网、内联网、内网，是一个使用与因特网同样技术的计算机网络，它通常建立在一个企业或组织的内部并为其成员提供信息的共享和交流等服务，例如万维网、文件传输、电子邮件等。

可以说 Intranet 是 Internet 技术在企业内部的应用。它的核心技术是基于 Web 的计算。Intranet 的基本思想是在内部网络上采用 TCP/IP 作为通信协议，利用 Internet 的 Web 模型作为标准信息平台，同时建立防火墙把内部网和 Internet 分开。当然 Intranet 并非一定要和 Internet

连接在一起，它完全可以自成一体作为一个独立的网络。

Intranet 与 Internet 相比，可以说 Internet 是面向全球的网络，而 Intranet 则是 Internet 技术在企业机构内部的实现，它能够以极少的成本和时间将一个企业内部的大量信息资源高效合理地传递到每个人。Intranet 为企业提供了一种能充分利用通信线路、经济而有效地建立企业内联网的方案，应用 Intranet，企业可以有效地进行财务管理、供应链管理、进销存管理、客户关系管理等。

过去，只有少数大公司才拥有自己的企业专用网，而现在不同了，借助于 Intranet 技术，各个中小型企业都有机会建立起适合自己规模的内联网，企业关注 Intranet 的原因是，它只为一个企业内部专有，外部用户不能通过 Internet 对它进行访问。

2. Intranet 的特点

（1）开放性和可扩展性。

由于采用了 Internet 的 TCP/IP、FTP、HTML、Java 等一系列标准，Intranet 具有良好的开放性，可以支持不同计算机、不同操作系统、不同数据库、不同网络的互联。在这些相异的平台上，各类应用可以相互移植、相互操作，使它们有机地集成为一个整体。在此基础上，应用的规模也可以增量式扩展，先从关键的小的应用着手，在小范围内实施取得效益和经验后，再加以推广和扩展。

Intranet 的开放性和可扩展性使之成为构筑机构组织及信息公路的主流。对内方面，Intranet 可将机构内部各自封闭的局域网信息孤岛连成一体，实现机构组织的信息交流、资源共享和业务运作；对外方面，可方便地接入 Internet，成为全球信息网的成员，实现世界级信息交流和电子商务。

（2）通用性。

Intranet 的通用性表现在它的多媒体集成和多应用集成两个方面。

在 Intranet 上，用户可以利用图、文、声、像等各类信息，实现机构组织所需的各种业务管理和信息交流。

Intranet 从客户终端、应用逻辑和信息存储三个层次上支持多媒体集成。在客户终端，Web 浏览器允许在一个程序里展现文本、声音、图像、视频等多媒体信息；在应用逻辑层，Java 提供交互的、三位的虚拟现实界面；在信息存储层，面向对象数据库为多媒体的存储和管理提供了有效的手段。

利用 TCP/IP、Web、Java 和分布式面向对象等开放性技术，Intranet 能支持不同内容应用在不同平台上的集成，这些应用可运行在同一机构组织的不同部门，也可运行在不同机构组织之间。

（3）简易性和经济性。

Intranet 的性能价格比远高于其他通信方式，这主要体现在其网络基础设施的费用投入较少。由于采用开放的协议和技术标准，大部分机构组织的现存平台，包括网络和计算机，均可继续利用。

作为 Intranet 的基本组成，Web 服务器和浏览器不仅价格较低，而且安装配置简易。作为开发语言，HTML 和 Java 等容易掌握和利用，使开发周期缩短。另外，Intranet 可扩展性不仅支持新系统的增量式构造，从而降低开发风险，而且支持与现存系统的接口和平滑过渡，可充分利用已有资源。

超文本的界面统一标准，操作简易友善，超链使用户只要简单地操纵鼠标就可浏览和存取所需的信息。由此，对用户的培训可以大大地简化。

Intranet 的简易性和经济性不仅表现在开发和使用上，而且也表现在管理和维护上。由于 Intranet 采用瘦客户机方式，其客户端不存在程序代码，所以维护更新和管理可以方便地在服务器上进行。另外，由于 Intranet 开发和维护技术要求简单，可以让更多部门甚至个人参与开发，从而降低了 IT 人员的负荷和数量。

（4）安全性。

Intranet 的安全性是它区别于 Internet 的最大特征之一。Intranet 的实现基于 Internet 技术，两个地理位置不同的部门或子机构也可能利用 Internet 相互连接。由于 Intranet 通常限于内部使用，所以在与 Internet 互联时，必须加密数据，设置防火墙，控制职员随意接入 Internet，以防止内部数据泄密、篡改和黑客入侵，其结构如图 9-21 所示。

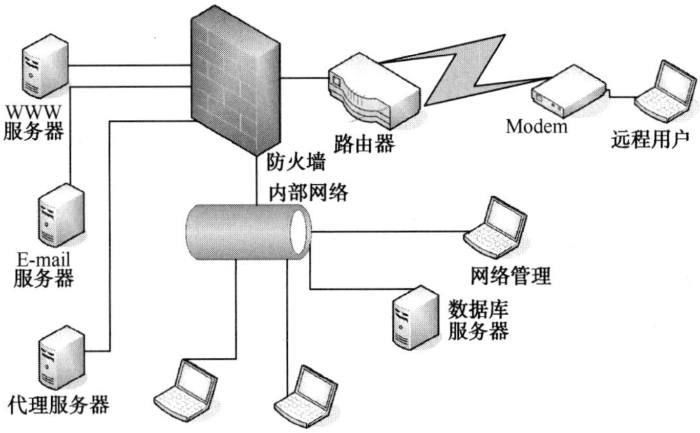

图 9-21 内部网络连接结构

9.3.4 接入技术

从接入业务的角度看，接入方式，可简单地分为适用于窄带业务的接入网技术和适用于宽带业务的接入网技术。从用户入网方式角度来看，Internet 接入技术可以分为有线接入和无线接入两大类。无线接入技术分固定接入技术和移动接入技术。

1. 基于双绞线的 ADSL 技术

非对称数字用户线系统（ADSL）是充分利用现有电话网络的双绞线资源，实现高速、高带宽的数据接入的一种技术。ADSL 是 DSL 的一种非对称版本，它采用 FDM（频分复用）技术和 DMT 调制技术，在保证不影响正常电话使用的前提下，利用原有的电话双绞线进行高速数据传输。

从实际的数据组网形式上看，ADSL 所起的作用类似于窄带的拨号 Modem，担负着数据的传送功能。按照 OSI 七层模型的划分标准，ADSL 的功能从理论上应该属于七层模型的物理层。它主要实现信号的调制、提供接口类型等一系列底层的电气特性。同样，ADSL 的宽带接入仍然遵循数据通信的对等层通信原则，在用户层对上层数据进行封装后，在网络层的同一层上进行开封。因此，要实现 ADSL 的各种宽带接入，在网络层也必须有相应的网络设备相结合。

ADSL 的接入模型主要由中央交换局端模块和远端模块组成，中央交换局端模块包括中心 ADSL Modem 和接入多路复用系统 DSLAM，远端模块由用户 ADSL Modem 和滤波器组成。

ADSL 能够向终端用户提供 8Mbps 的下行传输速率和 1Mbps 的上行速率，比传统的 28.8Kbps 模拟调制解调器将近快 200 倍，这也是传输速率达 128Kbps 的 ISDN（综合业务数据网）所无法比拟的。与电缆调制解调器（Cable Modem）相比，ADSL 具有独特的优势是它是针对单一电话线路用户的专线服务，而电缆调制解调器则要求一个系统内的众多用户分享同一带宽。尽管电缆调制解调器的下行速率比 ADSL 高，但考虑到将来会有越来越多的用户在同一时间上网，电缆调制解调器的性能将大大下降。另外，电缆调制解调器的上行速率通常低于 ADSL。

不容忽视的是，目前，全世界有将近 7.5 亿铜制电话线用户，而享有电缆调制解调器服务的家庭只有 1200 万户。ADSL 无须改动现有铜缆网络设施就能提供宽带业务，由于技术成熟，产量大幅上升，ADSL 已开始进入大力发展阶段。

目前，众多 ADSL 厂商在技术实现上，普遍将先进的 ATM 服务质量保证技术融入 ADSL 设备中，DSLAM（ADSL 的用户集中器）的 ATM 功能的引入，不仅提高了整个 ADSL 接入的总体性能，为每一用户提供了可靠的接入带宽，为 ADSL 星形组网方式提供了强有力的支撑，而且完成了与 ATM 接口的无缝互联，实现了与 ATM 骨干网的完美结合。

2. 基于 HFC 网的 Cable Modem 技术

基于 HFC 网（光纤和同轴电缆混合网）的 Cable Modem 技术是宽带接入技术中最先成熟和进入市场的，其巨大的带宽和相对经济性使其对有线电视网络公司和新成立的电信公司很具吸引力。

Cable Modem 的通信和普通 Modem 一样，是数据信号在模拟信道上交互传输的过程，但也存在差异，普通 Modem 的传输介质在用户与访问服务器之间是独立的，即用户独享传输介质，而 Cable Modem 的传输介质是 HFC 网，将数据信号调制到某个传输带宽与有线电视信号共享介质；另外，Cable Modem 的结构较普通 Modem 复杂，它由调制解调器、调谐器、加/解密模块、桥接器、网络接口卡、以太网集线器等组成，无须拨号上网，不占用电话线，可提供随时在线连接的全天候服务。

目前 Cable Modem 产品有欧、美两大标准体系，DOCSIS 是北美标准，DVB/DAVIC 是欧洲标准。

欧、美两大标准体系在频道划分、频道带宽及信道参数等方面的规定，都存在较大差异，因而互不兼容。北美标准是基于 IP 的数据传输系统的，侧重于对系统接口的规范，具有灵活的高速数据传输优势；欧洲标准是基于 ATM 的数据传输系统的，侧重于 DVB 交互信道的规范，具有实时视频传输优势。从目前情况看，兼容欧洲标准的 Euro DOCSIS1.1 标准前景看好，我国工业和信息化部——CM 技术要求（征求意见稿）类似于这一标准。

Cable Modem 的工作过程是以 DOCSIS 标准为例，Cable Modem 的技术实现一般是从 87～860MHz 电视频道中分离出一条 6MHz 的信道用于下行传送数据的。通常下行数据采用 64QAM（正交调幅）调制方式或 256QAM 调制方式。上行数据一般通过 5～65MHz 的一段频谱进行传送，为了有效抑制上行噪声积累，一般选用 QPSK 调制（QPSK 比 64QAM 更适合噪声环境，但速率较低）。CMTS（Cable Modem 的前端设备）与 CM（Cable Modem）的通信过程：CMTS 从外界网络接收的数据帧封装在 MPEG-TS 帧中，通过下行数据调制（频带调制）后与有线电视模拟信号混合输出 RF 信号到 HFC 网络，CMTS 同时接收上行接收机输出的信号，并将数据信号转换成以太网帧发送给数据转换模块。用户端的 Cable Modem 的基本功能就是将用户计算机输出的上行数字信号调制成 5～65MHz 射频信号进入 HFC 网的上行通道，同时，CM 还将下行的 RF 信号解调为数字信号发送给用户计算机。

Cable Modem 的前端设备 CMTS 采用 10Base-T，100Base-T 等接口通过交换型 Hub 与外界设备相连，通过路由器与 Internet 连接，或者可以直接连到本地服务器，享受本地业务。CM（Cable Modem）是用户端设备，放在用户的家中，通过 10Base-T 接口，与用户计算机相连。

3. 基于 5 类线的以太网接入技术

从 20 世纪 80 年代开始，以太网就成为最普遍采用的网络技术，根据 IDC 的统计，以太网的端口数约为所有网络端口数的 85%。1998 年以太网卡的销售是 4800 万端口，而令牌网、FDDI 网和 ATM 等网卡的销售量总共才是 500 万端口，只是整个销售量的 10%。而以太网的这种优势仍然有继续保持下去的势头。

传统以太网技术不属于接入网范畴，而属于用户驻地网（CPN）领域。然而其应用领域却正在向包括接入网在内的其他公用网领域扩展。历史上，对于企事业用户，以太网技术一直是最流行的方法，利用以太网作为接入手段的主要原因如下。

（1）以太网已有巨大的网络基础和长期的经验知识。

（2）目前所有流行的操作系统和应用都与以太网兼容。

（3）性能价格比好、可扩展性强、容易安装开通及可靠性高。

（4）以太网接入方式与 IP 网很适应，同时以太网技术已有重大突破，容量分为 10/100/1000Mbps 三级，可按需升级。10Gbps 以太网系统也即将问世。

基于以太网技术的宽带接入网由局侧设备和用户侧设备组成。局侧设备一般位于小区内，用户侧设备一般位于居民楼内；或者局侧设备位于商业大楼内，而用户侧设备位于楼层内。局侧设备提供与 IP 骨干网的接口，用户侧设备提供与用户终端计算机相接的 10/100Base-T 接口。局侧设备具有汇聚用户侧设备网管信息的功能。

宽带以太网接入技术具有强大的网管功能。与其他接入网技术一样，能进行配置管理、性能管理、故障管理和安全管理；还可以向计费系统提供丰富的计费信息，使计费系统能够按信息量、连接时长或包月制等计费。

基于 5 类线的高速以太网接入无疑是一种较好的选择方式。它特别适合密集型的居住环境，非常适合中国国情。因为中国居民的居住情况不像西方发达国家，个人用户居住分散，中国住户大多集中居住，这一点尤其适合发展光纤到小区，再以快速以太网连接到户的接入方式。在局域网中，IP 协议都运行在以太网上，即 IP 包直接封装在以太网帧中，以太网协议是目前与 IP 配合最好的协议之一。以太网接入手段已成为宽带接入的新潮流，它将快速进入家庭。目前大部分的商业大楼和新建住宅楼都进行了综合布线，布放了 5 类 UTP（非屏蔽双绞线），将以太网插口布到了桌边。以太网接入能给每个用户提供 10Mbps 或 100Mbps 的接入速率，它拥有的带宽是其他方式的几倍或者几十倍，完全能满足用户对带宽接入的需要。ADSL 虽然比 56K 速度快，但与以太网相比，还有很大差距，它只是人们迈向宽带过程中的一个过渡技术。ADSL 和 Cable Modem 的费用都很高，造价和成本平均每一户将超过 1000 元。而以太网每户费用在几百元左右。所以以太网接入方式，在性能价格比上既适合中国国情，又符合网络未来发展趋势。在商业大楼和新建高档住宅楼中，以太网接入将会是最有前途的宽带接入手段。

4. 光纤接入技术

光纤通信具有通信容量大、质量高、性能稳定、防电磁干扰、保密性强等优点。在干线通信中，光纤扮演着重要角色，在接入网中，光纤接入也将成为发展的重点。光纤接入网指的是接入网中的传输介质为光纤的接入网。光纤接入网从技术上可分为两大类：有源光网络（Active Optical Network，AON）和无源光网络（Passive Optical Network，PON）。有源光网络又可分为基于 SDH 的 AON 和基于 PDH 的 AON，本文只讨论 SDH（同步光网络）系统。

（1）接入网用 SDH 系统。

有源光网络的局端设备（CE） 和远端设备（RE）通过有源光传输设备相连，传输技术是骨干网中已大量采用的 SDH 和 PDH 技术，但以 SDH 技术为主。远端设备主要完成业务的收集、接口适配、复用和传输功能。局端设备主要完成接口适配、复用和传输功能。此外，局端设备还向网络管理系统提供网管接口。在实际接入网建设中，有源光网络的拓扑结构通常是星形或环形。在接入网中应用 SDH（同步光网络）的主要优势在于 SDH 可以提供理想的网络性能和业务可靠性；SDH 固有的灵活性使对于发展极其迅速的蜂窝通信系统采用 SDH 系统尤其适合。当然，考虑到接入网对成本的高度敏感性和运行环境的恶劣性，适用于接入网的 SDH 设备必须是高度紧凑、低功耗和低成本的新型系统，其市场应用前景看好。

接入网用 SDH 的最新发展趋势是支持 IP 接入，目前至少需要支持以太网接口的映射，于是除了携带话音业务量以外，可以利用部分 SDH 净负荷来传送 IP 业务，从而使 SDH 也能支持 IP 的接入。支持的方式有多种，除了现有的 PPP 方式外，利用 VC12 的级联方式来支持 IP 传输也是一种效率较高的方式。总之，作为一种成熟可靠提供主要业务收入的传送技术在可以预见的将来仍然会不断改进支持电路交换网向分组网的平滑过渡。

（2）无源光网络 PON。

无源光网络（PON）是一种纯介质网络，避免了外部设备的电磁干扰和雷电影响，减少了线路和外部设备的故障率，提高了系统可靠性，同时节省了维护成本，是电信维护部门长期期待的技术。PON 的业务透明性较好，原则上可适用于任何制式和速率的信号。特别是一个 ATM 化的无源光网络（APON）可以通过利用 ATM 的集中和统计复用，再结合无源分路器对光纤和光线路终端的共享作用，使成本可望比传统的以电路交换为基础的 PDH/SDH 接入系统低 20%～40%。

APON 的业务开发是分阶段实施的，初期主要是 VP 专线业务。相对普通专线业务，APON 提供的 VP 专线业务设备成本低、体积小、省电、系统可靠稳定、性能价格比有一定优势。第二步实现一次群和二次群电路仿真业务，提供企业内部网的连接和企业电话及数据业务。第三步实现以太网接口，提供互联网上网业务和 VLAN 业务。以后再逐步扩展至其他业务，成为名副其实的全业务接入网系统。

APON 能否大量应用的一个重要因素是价格问题。目前第一代的实际 APON 产品的业务供给能力有限，成本过高，其市场前景由于 ATM 在全球范围内的受挫而不确定，但其技术优势是明显的。特别是综合考虑运行维护成本，在新建地区，高度竞争的地区或需要替代旧铜缆系统的地区，此时敷设 PON 系统，无论是 FTTC，还是 FTTB 方式都是一种有远见的选择。在未来几年能否将性能价格比改进到市场能够接受的水平是 APON 技术生存和发展的关键。

光纤接入技术与其他接入技术（如铜双绞线、同轴电缆、5 类线、无线等）相比，最大优势在于可用带宽大，而且还有巨大潜力可以开发，在这方面其他接入技术根本无法与其相比。光纤接入网还有传输质量好、传输距离长、抗干扰能力强、网络可靠性高、节约管道资源等特点。另外，SDH 和 APON 设备的标准化程度都比较高，有利于降低生产和运行维护成本。

当然，与其他接入技术相比，光纤接入网也存在一定的劣势。最大的问题是成本还比较高。

尤其是光节点离用户越近，每个用户分摊的接入设备成本就越高。另外，与无线接入相比，光纤接入网还需要管道资源。这也是很多新兴运营商看好光纤接入技术，但又不得不选择无线接入技术的原因。

根据光网络单元的位置，光纤接入方式可分为如下几种：FTTR（光纤到远端接点）、FTTB（光纤到大楼）、FTTC（光纤到路边）、FTTZ（光纤到小区）、FTTH（光纤到用户）。光网络单元具有光/电转换、用户信息分接和复接，以及向用户终端馈电和信令转换等功能。当用户终端为模拟终端时，光网络单元与用户终端之间还有数模和模数的转换器。

目前，无论是电信网的核心部分还是CATV（有线电视）网的骨干部分都向着高速、高带宽的方向发展。网络传输的业务种类会越来越多，带宽的需求越来越宽，交互性会越来越强，显然网络的瓶颈部分——接入网也将向着同样的方向发展，只有这样，才能实现网络的现代化和宽带化。

9.3.5 代理服务

1. 代理服务概述

代理（Proxy），也称网络代理，是一种特殊的网络服务，允许一个网络终端（一般为客户端）通过这个服务与另一个网络终端（一般为服务器）进行非直接的连接。一些网关、路由器等网络设备具备网络代理功能。一般认为代理服务有利于保障网络终端的隐私或安全，免受攻击。

提供代理服务的计算机系统或其他类型的网络终端称为代理服务器（Proxy Server）。一个完整的代理请求过程为客户端首先与代理服务器创建连接，接着根据代理服务器所使用的代理协议，请求对目标服务器创建连接或者获得目标服务器的指定资源（如文件）。在后一种情况中，代理服务器可能对目标服务器的资源下载至本地缓存，如果客户端所要获取的资源在代理服务器的缓存之中，则代理服务器并不会向目标服务器发送请求，而是直接返回缓存了的资源。一些代理协议允许代理服务器改变客户端的原始请求、目标服务器的原始响应，以满足代理协议的需要。代理服务器的选项和设置在计算机程序中，通常包括一个“防火墙”，允许用户输入代理地址，它会遮盖用户的网络活动，可以允许绕过互联网过滤实现网络访问。

代理服务器的功能就是代理网络用户去取得网络信息。形象地说：它是网络信息的中转站。代理服务器就好像一个大的Cache，这样就能显著提高浏览速度和效率。Proxy Server（代理服务器）是Internet链路级网关所提供的一种重要的安全功能，主要的功能如下。

（1）突破自身IP访问限制，访问国外站点。教育网、过去的169网等。

（2）网络用户可以通过代理访问国外网站。

（3）访问一些单位或团体内部资源，如某大学FTP（前提是该代理地址在该资源的允许访问范围之内），使用教育网内地址段免费代理服务器，就可以用于对教育网开放的各类FTP下载上传，以及各类资料查询共享等服务。

（4）突破中国电信的IP封锁：中国电信用户有很多网站是被限制访问的，这种限制是人为的，不同Serve对地址的封锁是不同的。所以不能访问时可以换一个国外的代理服务器试试。

（5）提高访问速度：通常代理服务器都设置一个较大的硬盘缓冲区，当有外界的信息通过时，同时也将其保存到缓冲区中，当其他用户再访问相同的信息时，则直接从缓冲区中取出信息，传给用户，以提高访问速度。

（6）隐藏真实 IP：上网者也可以通过这种方法隐藏自己的 IP，免受攻击。

鉴于上述原因，代理服务器大多被用来连接 Internet（国际互联网）和 Intranet（局域网）。在国内，所谓中国多媒体公众信息网和教育网都是独立的大型国家级局域网，是与国际互联网隔绝的。出于各种需要，某些集团或个人在两网之间开设了代理服务器，如果知道这些代理服务器的地址，就可以利用它到达国外网站。

2. 代理分类

代理服务器软件通常分为两大类。一类是 Windows 操作系统自带的，另一类是第三方代理服务器软件。代理服务的分类有以下几种。

（1）HTTP 代理。

WWW 对于每一个上网的人都再熟悉不过了，WWW 连接请求就是采用的 HTTP 协议，所以我们在浏览网页，下载数据（也可采用 FTP 协议）时就是用 HTTP 代理。它通常绑定在代理服务器的 80、3128、8080 等端口上。

（2）Socks 代理。

相应的，采用 Socks 协议的代理服务器就是 Socks 服务器，是一种通用的代理服务器。Socks 是个电路级的底层网关，是 David Koblas 在 1990 年开发的，此后就一直作为 Internet RFC 标准的开放标准。Socks 不要求应用程序遵循特定的操作系统平台，Socks 代理与应用层代理、HTTP 层代理不同，它只是简单地传递数据包，而不必关心是何种应用协议（如 FTP、HTTP 和 NNTP 请求）。所以，Socks 代理比其他应用层代理要快得多。它通常绑定在代理服务器的 1080 端口上。如果在企业网或校园网上，需要透过防火墙或通过代理服务器访问 Internet 就可能需要使用 Socks。一般情况下，对于拨号上网用户都不需要使用它。注意，浏览网页时常用的代理服务器通常是专门的 HTTP 代理，它和 Socks 是不同的。因此，能浏览网页不等于一定可以通过 Socks 访问 Internet。常用的防火墙，或代理软件都支持 Socks，但需要其管理员打开这一功能。如果不确信是否需要 Socks 或是否有 Socks 可用，请与网络管理员联系。为了使用 Socks，需要了解以下内容。

① Socks 服务器的 IP 地址。

② Socks 服务所在的端口。

③ Socks 服务是否需要用户认证？如果需要，要向网络管理员申请一个用户名和口令。

知道了上述信息，就可以把这些信息填入“网络配置”中，或者在第一次登录时填入，就可以使用 Socks 代理了。

在实际应用中 Socks 代理可以用在电子邮件、新闻组软件、网络传呼 ICQ、网络聊天 MIRC 和使用代理服务器上联众打游戏等各种游戏的应用软件当中。

（3）VPN 代理。

VPN 代理是指在共用网络上建立专用网络的技术。之所以称为虚拟网主要是因为整个 VPN 网络的任意两个节点之间的连接并没有传统专网建设所需的点到点的物理链路，而是架构在公用网络服务商 ISP 所提供的网络平台之上的逻辑网络。用户的数据是通过 ISP 在公共网络（Internet）中建立的逻辑隧道（Tunnel），即点到点的虚拟专线进行传输的。通过相应的加密和认证技术来保证用户内部网络数据在公网上安全传输，从而真正实现网络数据的专有性。

（4）反向代理。

反向代理服务器架设在服务器端，通过缓冲经常被请求的页面来缓解服务器的工作量。安装反向代理服务器有几个原因：加密和 SSL 加速、负载平衡、缓存静态内容、压缩减速上传安全外网发布和大多使用开放源代码的 squid 做反向代理。

（5）其他类型。

FTP 代理：能够代理客户机上的 FTP 软件访问 FTP 服务器。

RTSP 代理：能够代理客户机上的 Realplayer 访问 Real 流媒体服务器。

POP3 代理：能够代理客户机上的邮件软件用 POP3 方式收发邮件。

9.4 习题

1. 选择题

（1）WWW 客户机与 WWW 服务器之间通信使用的传输协议是（　　）。

A. FTP　　B. POP3　　C. HTTP　　D. SMTP

（2）利用电话线路接入 Internet，客户端必须具有（　　）。

A. 路由器　　B. 调制解调器　　C. 声卡　　D. 鼠标

（3）E-mail 系统运行于各个网络之上并遵守着 E-mail 系统的专门协议（　　）。

A. POP3 和 SMTP　　B. POP 和 FTP

C. TELNET 和 HTTP　　D. IMAP 和 HTTP

（4）“Internet 服务供应商”的缩写形式是（　　）。

A. ISP　　B. ICP　　C. FAQ　　D. IEEE

（5）在计算机网络中有一些计算机专门用来解析域名的服务器被称为（　　）。

A. HTML　　B. RIP　　C. DNS　　D. ASP

（6）HTML 是（　　）。

A. 超文本标识语言　　B. 超文本传输协议

C. 简单的邮件传输协议　　D. 文件传输协议

（7）以下各项中，属于因特网的重要功能的是 （　　）。

A. 电子邮件　　B. 全球万维网（WWW）

C. 文件传输（FTP）　　D. 远程登录（Telnet）

E. 网络新闻（USENET）

（8）想用 IE 浏览某网站时，可以（　　）。

A. 在地址栏中输入该网站的网址

B. 单击菜单项“文件”的“打开”

C. 单击“收藏”按钮，点击该网站

D. 打电话给该网站的网管

E. 发 E-mail 给该网站的网管

（9）在因特网上做如下操作，可能感染病毒的是（　　）。

A. 浏览 Web 网页　　B. 下载程序

C. 在 BBS 上张贴广告　　D. 向外发送电子邮件

E. 接收电子邮件

（10）关于 Internet，下列说法正确的有（　　）。

A. Internet 是全球性的国际网络　　B. Internet 起源于美国

C．通过 Internet 可以实现资源共享　D．Internet 不存在网络安全问题

2. 简答题

（1）接入技术有哪些？

（2）Internet 应用服务体现在哪些方面？

（3）简述利用 ADSL 方式上网的方法与步骤。

（4）什么是代理服务？

第 10 章

网络安全的管理

10.1 任务描述

小王有一台笔记本电脑，平时在家里通过路由器接入互联网，上学时在学校通过校园网接入互联网，其接入网络的方式如图 10-1 所示。由于小王平时需要用计算机完成网上聊天、网络购物、文件传输等功能，涉及用户账号、网上银行等关键信息，如果计算机感染了病毒或木马，将会带来不必要的损失。因此，通过适当的措施保障网络安全就显得尤为重要。

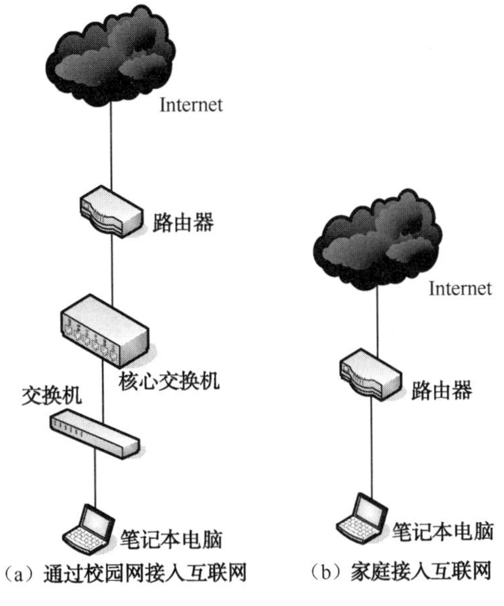

图 10-1　两种接入互联网方式

10.2 设计与实施

10.2.1 设计

依据网络安全的理论模型进行分析，有物理安全风险、链路安全风险、网络互联安全风险、系统安全风险、应用安全风险及管理安全风险。

针对不同的安全风险种类，相应的技术措施如表 10-1 所示。

表 10-1 网络安全威胁及应对策略

安全威胁种类	采取措施
物理安全：自然灾害、硬件损伤、电源故障、被偷盗	设备冗余、线路冗余、数据备份、异地服务器双备份
链路安全：传输线路上被窃取数据，尤其是无线网络	加密技术
网络互联安全：来自 Internet、系统内用户、系统外用户的安全威胁	防火墙、物理隔离、入侵检测、用户认证
系统安全：操作系统和协议的漏洞、配置错误	漏洞扫描、防火墙、入侵检测、病毒防护、系统更新
应用安全：应用软件、数据库漏洞，资源共享漏洞，E-mail 等引发的病毒传输	防火墙、物理隔离、入侵检测、病毒扫描、用户认证、数据加密、内容过滤、数据备份
管理安全：管理员权限错误、口令泄密、错误操作、资源乱用、内部泄密	管理体系、管理制度、管理技术措施

对个人上网而言，尤其需要保证系统和应用安全，可以通过安装防火墙和防病毒软件来确保系统和应用安全。

10.2.2 实施步骤

1. 所需材料

防火墙，防病毒软件。

2. 实施步骤

根据以上分析，个人接入互联网的安全防护体系部署措施如下：通过安装防火墙系统防止外部攻击；安装防病毒软件实现病毒防治。

（1）安装防火墙。

以 Windows 7 系统为例，由于 Windows 7 在系统安全性方面做了很多的改进，包括内置防火墙功能，其配置简单，功能实用，具体操作步骤如下。

① 依次打开“计算机”→“控制面板”→“Windows 防火墙”命令，如图 10-2 所示。

② 单击图 10-2 左侧的打开或关闭 Windows 防火墙，进入“配置防火墙”界面（另外单击更改通知设置也会进入这个界面），如图 10-3 所示。

图 10-2　打开 Windows 防火墙

图 10-3　配置 Windows 防火墙

从图 10-3 可以看出，私有网络和公用网络的配置是完全分开的，在启用 Windows 防火墙中还有以下两个选项：

- 阻止所有传入连接，包括位于允许程序列表中的程序，这个用默认值即可，否则可能会影响允许程序列表中的一些程序使用。
- Windows 防火墙阻止新程序时通知我，这一项对于个人日常使用肯定是需要选中的，方便自己随时作出判断响应。

如果需要关闭，只需要选择对应网络类型中的“关闭 Windows 防火墙（不推荐）”这一项，然后单击“确定”按钮即可。

完成基本设置并确认后，防火墙已经开始工作，能够防范恶意用户的攻击，当然，为确保所有功能正常使用，需要定期对系统进行更新，以提高网络安全性。

（2）安装防病毒软件。

目前最有效的病毒预防和清除方式是安装杀毒软件，在一般的单位或企业中，会购买一些软件，可以比较有效地防范病毒的入侵，保护公司系统的安全和保证数据的保密性。对于一般的用户，可以选择到网上寻找适当的资源。当然，杀毒软件需要通过在线或离线升级的方式适时更新最新的版本。

专业的杀毒软件有 Symantec Norton Antivirus、McAfee VirusScan、F-Secure AntiVirus、BitDefender，这些软件大多需要支付一定的费用。对个人计算机而言，在互联网上有很多公司提供了免费的防毒杀毒软件，比较常见的有 360 杀毒软件、瑞星杀毒软件、江民杀毒软件等。下面对 360 软件设置作简单介绍。

安装完 360 杀毒软件后，打开 360 杀毒软件界面，默认显示的是如图 10-4 所示的界面。

图 10-4　360 杀毒软件设置界面

初次安装后，可通过“全盘扫描”功能对计算机进行病毒查杀，如图 10-5 所示。

完成扫描后软件会提示扫描结果，如图 10-6 所示。对需要处理的项目，如病毒感染等，单击“立即处理”按钮，即可自动完成处理。当然，对一些软件误判的病毒行为，可以通过该项后面的“信任”按钮进行过滤。

图 10-5 360 杀毒软件病毒扫描界面

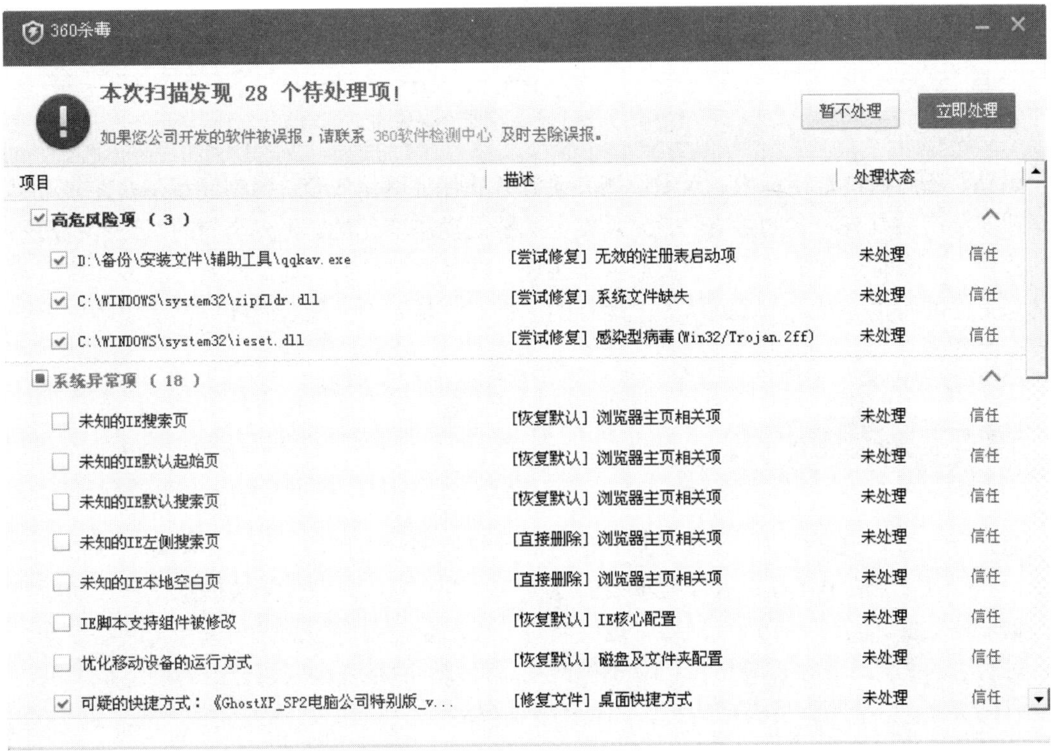

图 10-6 360 杀毒软件处理界面

当然，为提高杀毒软件工作效率，也可通过如图 10-4 所示的“设置”选项对杀毒软件进行设置，从而根据自己的需求确保系统安全。设置界面如图 10-7 所示。

图 10-7　360 杀毒软件设置界面

另外，还可通过定期备份、入侵检测系统等方式保证网络安全。值得注意的是，安全解决方案或安全产品具有一定的静态特性，而安全威胁是动态变化的。再安全的网络设备也离不开人的管理，再好的安全策略最终也要靠人来实现。只有由专业人员提供的安全服务才能适应这种动态变化的特性。因此保障网络安全运行的关键，主要取决于是否能够提供优质的安全管理和安全服务。

10.3　相关知识

随着计算机和网络技术的飞速发展，信息和网络已经涉及国家、政府、军事、文教等诸多领域，在人们的生活中已经占有非常重要的地位，网络的安全问题伴随着信息化步伐的加快而变得越来越重要。因此，在进行网络管理的同时，还需要使用专门的技术来保护网络安全，以防止对网络的恶意攻击，保障数据信息不被泄露。目前，网络安全问题已成为网络技术的一个重要研究课题。由于网络规模越来越大、越来越复杂，系统和网络故障处理时间要求越来越小，因此管理员通过网管工具检测系统和网络的运行状况，进行网络流量分析与统计，从而实施有效的网络安全策略，是实现网络安全的前提与保证。

10.3.1　网络安全概述

1. 网络安全概念

计算机网络安全是指计算机及其网络资源不受自然和人为有害因素的威胁和危害，即计算机、网络系统的硬件、软件及其系统中的数据受到保护，不因偶然或者恶意的原因而受到破坏、更改和泄露，确保系统能连续可靠而又正常地运行，使网络提供的服务不中断。网络安全包括5个基本要素：完整性、机密性、可用性、可控性与不可否认性。

完整性是指通过一定的机制，确保信息在存储和传输时不被恶意用户篡改、破坏，不会出现信息的丢失、乱序；机密性通过信息加密、身份识别等方式确保网络信息的内容不被未授权的第三方所获知；可用性是指防止非法用户进入系统使用资源及防止合法用户对系统资源的非法使用；可控性是指控制授权范围内的信息流向及行为方式；不可否认性是指用户在系统进行某种操作后，留下日志记录，无法加以否认。

2. 网络安全的内容

计算机网络的安全工作主要集中在以下方面。

（1）保密。保密是指信息系统防止信息非法泄露的特性，信息只限于授权用户使用，保密性主要通过信息加密、身份认证、访问控制、安全通信协议等技术实现，信息加密是防止信息非法泄露的最基本手段。

（2）鉴别。鉴别允许数字信息的接收者确认发送人的身份和信息的完整性。鉴别是授权的基础，用于识别是否是合法的用户及是否具有相应的访问权限，口令认证和数字签名是最常用的鉴别技术。

（3）访问控制。访问控制是网络安全防范和保护的主要策略，它的主要任务是保证网络资源不被非法使用和非法访问。它也是维护网络系统安全、保护网络资源的重要手段。

（4）病毒防范。病毒是一种具有自我繁殖能力的破坏性程序，影响计算机的正常运行甚至导致网络瘫痪，利用杀毒软件和建立相应的管理制度可以有效地防范病毒。

3. 网络安全的意义

由于科学家在设计互联网之初就缺乏对安全性的总体构想和设计，TCP/IP 协议主要考虑的是网络互连，在安全方面则缺乏考虑。这种基于地址的 TCP/IP 本身就会泄露口令，而且该协议是公开的，远程访问使许多攻击者无须到现场就能够得手，连接的主机是基于互相信任的原则等这些性质使网络更加不安全。互联网不仅是金融证券、贸易商务运作的平台，也是交流、学习、办公、娱乐的新场所，更是国家基础设施建设的重要组成部分。信息网络安全体系建设在当代网络经济生活中具有重要的战略意义。

对安全保密部门来说，必须将非法的、有害的或涉及国家机密的信息进行过滤和防堵，避免其通过网络泄露，能避免对社会产生危害和给国家造成损失甚至威胁国家安全。

从社会教育和意识形态角度来讲，控制网络上不健康的内容，可以避免对社会的稳定和人类的发展造成阻碍。

对网络管理者来说，应当确保所管理的网络避免出现病毒、非法存取、拒绝服务和网络资源的非法占用及非法控制等威胁，制止和防御网络黑客的攻击。

从普通用户的角度来说，涉及个人隐私和商业利益的信息在网络上传输时应当受到机密性、完整性和真实性的保护，避免其他人或对手利用窃听、冒充、篡改和抵赖等手段对用户的利益和隐私造成损害和侵犯。

4. 网络安全威胁

网络安全威胁是指某个实体（人、事件、程序等）对某一资源的机密性、完整性、可用性、真实性在合法使用时可能造成的危害。

网络安全威胁从表现形式上可分为故意威胁（如系统入侵）和偶然威胁（如将信息发到错误地址）两类。故意威胁可进一步分为被动威胁和主动威胁两类。

被动威胁即被动攻击，是指在传输中偷听/监视，目的是从传输中获取信息，只对信息进行监听，而不对其修改和破坏。当截获了信息后，如果信息未进行加密则可以直接得到信息的内容，即分析出信息内容，但如果加密了则要通过对信息的通信量和数据报的特性信息进行分析，得到相关信息，最后分析出信息的内容。

主动威胁即主动攻击，是指对信息进行故意篡改和破坏，使合法用户得不到可用信息，包括 3 种方式，即中断、篡改和伪造。中断是对信息的可用性进行攻击，使其不能到达目的地；篡改是针对信息的完整性，使其被修改后失去本来的含义；伪造是针对信息的真实性，假冒他人制造一个虚假的信息流以达到个人目的。

从威胁来源上，网络威胁可分为黑客攻击、管理欠缺、软件漏洞、网络陷阱四大类。

（1）黑客攻击。

"黑客"（Hack）是一群利用自己的技术专长专门攻击网站和计算机而不暴露身份的计算机用户，由于黑客技术被越来越多的人掌握和发展，目前世界上有超过 20 万个黑客网站，这些站点都介绍一些攻击方法和攻击软件的使用及系统的一些漏洞，因而任何网络系统、站点都有遭受黑客攻击的可能。从目前网络技术的发展趋势来看，黑客攻击的同时也越来越多地采用了病毒对网络进行破坏，它们采用的攻击和破坏方式多种多样，给网络的安全防护带来了严峻的挑战。

（2）管理欠缺。

因特网赖以生存的 TCP/IP 协议，缺乏相应的安全机制，在安全防范、服务质量、带宽和方便性等方面存在滞后性和不适应性。网络系统的严格管理是企业、组织及政府部门和用户免受攻击的重要措施。但事实上，很多企业、机构及用户的网站或系统都疏于这方面的管理，没有制定严格的管理制度。导致诸如网络内部用户的误操作、不能严格遵守行业内部关于信息安全的相关规定，引起一系列安全问题。

（3）软件漏洞。

随着系统和应用软件规模不断增大，其中的安全漏洞或"后门"也不可避免地存在，比如我们常用的操作系统，无论是 Windows 还是 UNIX 几乎都存在或多或少的安全漏洞，众多的各类服务器、浏览器、一些桌面软件等都被发现过存在安全隐患。例如大名鼎鼎的"熊猫烧香"病毒，就是我国一名黑客针对微软 Windows 操作系统安全漏洞设计的计算机病毒，依靠互联网迅速蔓延开来，数以万计的计算机不幸先后"中招"，受感染计算机的.exe 文件全部无法正常打开、系统运行速度减慢、常用办公软件的部分功能失效等。

（4）网络陷阱。

互联网世界的各类网站，有些网站恶意编制一些盗取他人信息的软件，并且可能隐藏在下载的信息中，只要登录或者下载网络的信息就会被其控制和感染病毒，计算机中的所有信息都会被自动盗走，该软件会长期存在于计算机中，操作者并不知情，如各种"木马"。

因此，为保证网络免受各类安全威胁，需要理清网络安全威胁的原因，对症下药，合理采用网络安全技术和手段种类，从而保障网络安全。

10.3.2　网络安全技术

1. 数据加密技术

数据加密技术是对存储或者传输的信息采取秘密的交换以防止第三者对信息的窃取，其思想核心是对在并不安全可靠的网络上交换的重要信息全部通过加密处理，以实现真正的信息安全。被交换的信息被称为明文（Plain text），变换过后的形式被称为密文（Cipher text），从明文到密文的变换过程被称为加密（Encryption），从密文到明文的变换过程被称为解密（Decryption）。对明文进行加密时采用的一组规则称为加密算法，对密文解密时采用的一组规则称为解密算法。加密算法和解密算法通常都是在一组密钥控制下进行的，密钥决定了从明文到密文的映射，加密算法所使用的密钥称为加密密钥，解密算法所使用的密钥称为解密密钥。

加密技术的要点是加密算法，加密算法可以分为对称加密、非对称加密和不可逆加密 3 类算法。

（1）对称加密算法。

对称加密算法是应用较早的加密算法，技术成熟。在对称加密算法中，数据发信方将明文（原始数据）和加密密钥一起经过特殊加密算法处理后，使其变成复杂的加密密文被发送出去。收信方收到密文后，若想解读原文，则需要使用加密用过的密钥及相同算法的逆算法对密文进行解密，才能使其恢复成可读明文。

对称加密算法的特点：算法公开；计算量小；加密速度快；加密效率高。

其不足之处是交易双方都使用同样的密钥，安全性得不到保证。每对用户每次使用对称加密算法时，都需要使用其他人不知道的唯一密钥，这会使得收发信双方所拥有的密钥数量呈几何级数增长，密钥管理成为用户的负担；同时，如果收信者和发信者不在同一地理位置，必须确保有一个安全渠道来传送密钥。但是如果确实存在这样一个安全渠道，加密就显得没有必要，非对称加密算法解决了这个问题。

（2）非对称加密算法。

非对称加密算法使用两把完全不同但又是完全匹配的一对钥匙—— 公钥和私钥。在使用非对称加密算法加密文件时，只有使用匹配的一对公钥和私钥，才能完成对明文的加密和对密文的解密过程。加密明文时采用公钥加密，解密密文时只有使用私钥才能完成，而且发信方（加密者）知道收信方的公钥，只有收信方（解密者）才是唯一知道自己私钥的人。如果发信方想发送只有收信方才能解读的加密信息，发信方必须首先知道收信方的公钥，然后利用收信方的公钥来加密原文。收信方收到加密密文后，只有使用自己的私钥才能解密密文。

（3）不可逆加密算法。

不可逆加密算法的特征是加密过程中不需要使用密钥，输入明文后，由系统直接经过加密算法处理成密文，这种加密后的数据是无法被解密的，只有重新输入明文，并再次经过同样不可逆的加密算法处理，得到相同的加密密文并被系统重新识别后，才能真正解密。显然，在这类加密过程中，加密的是自己，解密的还得是自己，而所谓解密，实际上就是重新加一次密，所使用的“密码”也就是输入的明文。

2. 入侵检测技术

入侵检测技术帮助系统对付网络攻击，扩展系统管理员的安全管理能力（包括安全审计、监视、进攻识别和响应），提高信息安全基础结构的完整性。它从计算机网络系统中的若干关键点收集信息，并分析这些信息，看看网络中是否有违反安全策略的行为和遭到袭击的迹象。入侵检测技术可分为 4 种。

（1）基于应用的监控技术。主要使用监控传感器在应用层收集信息。

（2）基于主机的监控技术。主要使用主机传感器监控本系统的信息。

（3）基于目标的监控技术。主要针对专有系统属性、文件属性、敏感数据等进行监控。

（4）基于网络的监控技术。主要利用网络监控传感器监控收集的信息。

综合以上 4 种方法进行监控，其特点是提高了侦测性能，但会产生非常复杂的网络安全方案。

入侵检测系统（Intrusion Detection System，IDS）是入侵检测技术的实际应用，主要通过以下几种活动来完成任务：监视、分析用户及系统活动；对系统配置和弱点进行审计；识别与已知的攻击模式匹配的活动；对异常活动模式进行统计分析；评估重要系统和数据文件的完整性；对操作系统进行审计跟踪管理并识别用户违反安全策略的行为；加入无线局域网的检测和对破坏系统行为作出反应的特性。

入侵检测作为一种积极主动的安全防护技术，提供了对内部攻击、外部攻击和误操作的实时保护，在网络系统受到危害之前拦截和响应入侵。从网络安全立体纵深、多层次防御的角度出发，入侵检测理应受到人们的高度重视，这从国外入侵检测产品市场的蓬勃发展上就可以看出。在国内，随着上网的关键部门、关键业务越来越多，迫切需要具有自主版权的入侵检测产品。

3. 报文摘要

与通信学中差错控制技术类似，报文摘要通过添加一定的冗余位计算密码检验和，即添加固定长度的认证码，附加在消息后面发送，根据认证码检验报文是否被篡改。设 M 是可变长的报文，K 是发送者和接收者共享的密钥，令 $MD = C_K(M)$，即为算出的报文摘要。由于报文摘要是原报文唯一的压缩表示，代表了原报文的特征，所以也叫做数字指纹。

4. 访问控制技术

访问控制是指主体依据某些控制策略或权限对客体本身或其资源进行的不同授权访问。访问控制的目的是控制主体对客体资源的访问权限，包括以下 3 个要素。

主体：提出请求或要求的实体，是动作的发起者。如某个用户、进程、服务和设备等。

客体：接受其他实体访问的被动实体，例如信息、资源和对象都可以被认为是客体。

控制策略：主体对客体的访问规则集。简单地说，就是客体对主体的权限允许。

对一个系统进行访问控制的常用方法是对没有合法用户名及口令的任何人的企图进入进行限制。例如，如果用户的用户名和口令是正确的，则系统允许该用户对系统进行访问。如果不正确，就不能进入。有些系统只要求用户输入口令，而其他的系统则要求同时输入用户名（或登录号）和口令。

有 3 种主要方法可以实现访问控制。第一种方法基于登录验证，要求用户输入一些保密信息，如前面提到的用户名和口令，也可以采用一些物理识别设备，如访问卡、钥匙或令牌登录。第二种方法基于操作权限，限制不同的用户对系统和文件和不同的操作等级；第三种方法基于物理设备，做好通信介质、主机设备、联网设备的控制和保护。另外，还可以用生物统计学系统，基于某种特殊的物理特征对用户进行唯一性识别。

由于后两种方法更为复杂和昂贵，所以最常见的访问控制方法是密码。密码是一种容易实现并有效地只让授权用户进入系统的方法。

（1）基于登录验证的访问控制技术。

登录验证中最常采用的是密码验证。密码是只有系统管理员和用户自己才知道的简单字符串。它是实现访问控制的一种最简单和有效的方法。没有一个正确的密码，入侵者就很难闯入计算机系统。所以，只要保证密码机密，非授权用户一般就无法使用该账户。但密码只是一个字符串，一旦被别人获取，就不能提供任何安全了。因此，尽可能选择较安全的密码是非常必要的。系统管理员和系统用户都有保护密码的职责。管理员为每个账户建立一个用户名和密码，而用户必须建立“有效”的密码并对其进行保护。管理员可以告诉用户什么样的密码是最有效的。另外，依靠系统中的安全系统，使管理员能对用户的密码进行强制性修改。设置密码的最短长度限制及使用时限，可以防止用户采用很容易被猜测的密码或一直使用同一个密码。

此外，也可以采用一些物理识别设备，如访问卡、钥匙或令牌登录以提高安全性。

（2）基于操作权限的访问控制技术。

基于操作权限的访问控制技术，即选择性访问控制，其思想在于明确规定了对文件和数据的操作权限。对于进入系统的授权用户，需要限制该用户在计算机系统中所能访问的内容和访问的权限。也就是说，规定用户可以做什么或不能做什么，比如能否运行某个特别的程序、能否阅读某个文件、能否修改存放在计算机上的信息或删除其他人创建的文件等。

从安全性的角度考虑，很多操作系统都内置了选择性访问控制功能。通过操作系统，可以规定用户或组（group）的权限及对某个文件和程序的访问权限。此外，用户对自己创建的文件具有所有的操作权限，而且还可以规定其他用户访问这些文件的权限。系统通常采用以下3种不同种类的访问权限进行控制。

① 读（R）：允许读一个文件。

② 写（W）：允许创建和修改一个文件。

③ 执行（E）：允许运行程序。如果拥有执行权，就可以运行该程序。

以上3种访问权限可以确定谁可以读文件、修改文件和执行程序。用户可能会决定只有某个人才可以创建或修改自己的文件，但其他人都可以读它，即具有只读的权限。

（3）基于物理设备的访问控制技术。

访问控制也可从访问介质上加以考虑，即对通信介质、主机设备、联网设备进行控制，进一步确保安全。

① 通信介质的物理安全。通信介质分为有线介质和无线介质，而不同的介质又有各自的弱点，因此，通信介质的选择对网络安全性也有很大的影响。

对于有线的通信介质，双绞线很容易受到外界干扰信号的影响，同轴电缆在某种程度上受干扰的影响比较小，而光纤则不会受到电磁和其他形式的干扰。当然，对于所有的物理线路，攻击者可以将这些线路切断或摧毁，或通过这些介质对其中的数据进行窃听。

对于无线通信链路，如微波、无线电波及红外线传输也存在本身的问题。由于其造价昂贵，这些通信方式常用于广域网和电信主干网上。尽管这些技术不使用物理线路，但它们不但容易受天气和大气层变化的影响，而且对外部干扰也十分敏感，还容易被窃听及受带宽的限制等。如果传输的信息是高度机密的，那么采用无线链路虽然没有像物理线路所受到的那些环境限制，但也会出现许多安全问题。

② 主机设备的物理安全。如果攻击者可以轻易地进入机房并毁坏计算机系统的CPU，磁盘驱动器和其他的外围设备，那么使用密码和其他方法对系统进行保护也就失去意义了。保证设备物理安全的关键就是只能让经过授权的人员接触、操作和使用设备。防止对计算机设备非

法接触的方法包括：使用系统安全锁，有钥匙和密码的用户才允许访问计算机终端。进入机房时要求有访问卡，使用钥匙、令牌或智能卡等设备来限制对设备的直接接触。

③ 联网设备的物理安全。主机接入互联网一般要通过拨号设备，即调制解调器完成，调制解调器安全的主要目的是防止对网络拨号设备的非授权访问，并限制只有授权用户才可以访问系统。有许多实用技术可以增强调制解调器的安全性，并使非法用户很难获得对系统的访问。

任何人要通过调制解调器访问系统时，必须先与网络上的调制解调器建立一个连接。从逻辑上来说，第一道防线是使非授权用户无法得到电话号码。因此，不要公开电话号码或将它记录在系统上。为了给系统增加安全性，可以加上一个密码，从而有效杜绝不具备有效的调制解调器密码的人访问。调制解调器密码与系统登录密码应该分开，并且各自独立。

有些带有“回拨”功能的调制解调器在接到拨号访问后，并不是马上建立一个连接，而是要求对方回答登录信息，如果信息不正确的话，调制解调器就会断开连接，然后使用保存在系统中的该授权用户的电话号码，并进行自动回拨。

有些特殊的调制解调器会对发出和收到的信息进行加密，即便信息在传输过程中被截获，也不会以信息原始的格式被泄密。

还有一种方法，就是限制尝试连接到系统上的次数。例如，如果来访者想登录到系统上，但尝试了 3 次都失败了，此时，系统就会自动断开连接，使其只能通过再次拨号进行访问。

5. 网络安全认证技术

（1）网络安全认证技术的概况。

网络安全认证技术是网络安全技术的重要组成部分之一。认证指的是证实被认证对象是否属实和是否有效的一个过程，其基本思想是通过验证被认证对象的属性，来达到确认被认证对象是否真实有效的目的。被认证对象的属性可以是口令、数字签名或指纹、声音、视网膜这样的生理特征。认证常常用于通信双方相互确认身份，以保证通信的安全，一般可以分为下列两种。

① 身份认证：随着网络技术的发展，如何辨识网络另一端的用户身份成为一个很迫切的问题。身份认证（Identification and Authentication）可以定义为：为了使某些授予许可权限的权威机构、组织和个人满意，而提供所要求的证明自己身份的过程。在许多情况下都有对身份识别认证的要求，例如使用 6 位密码在自动柜员机（ATM）上取钱、通过计算机网络登录远程计算机，必须给出用户名和口令、保密通信双方交换密钥时需要确保对方的身份等。

② 消息认证：用于保证信息的完整性和抗否认性。在很多情况下，用户要确认网上信息的真假，信息是否被第三方修改或伪造，这就需要消息认证。消息认证就是使消息的接收者能够检验收到的消息是否真实的方法。在计算机网络中，用户 A 将消息发送给用户 B，用户 B 需要确定接收到的消息是否来自 A，而且还要确定来自 A 的消息有没有被别人修改过，有时用户 A 也要知道发送出去的消息是否正确地到达了目的地。

认证技术在网络安全应用中，常见的有数字证书、数字签名等。

（2）数字证书。

数字证书由权威公正的第三方机构（CA 中心）签发，以数字证书为核心的加密技术可以对网络上传输的信息进行加密和解密、数字签名和签名验证，确保网上传递信息的机密性、完整性，以及交易实体身份的真实性、签名信息的不可否认性，从而保障网络应用的安全性。

数字证书可用于发送安全电子邮件、访问安全站点、网上证券、网上招标采购、网上签约、网上办公、网上缴费、网上税务等网上安全电子事务处理和安全电子交易活动。以数字证书为核心的身份认证、数字签名、数字信封等数字加密技术是目前通用可行的安全问题解决方案。

（3）数字签名。

数字签名机制提供了一种身份鉴别方法，以解决伪造、抵赖、冒充和篡改等问题。数字签名一般采用非对称加密技术，通过对整个明文进行某种变换，得到一个值作为核实签名。

接收者使用发送者提供的公开密钥对签名进行解密运算，如能正确解密，则签名有效，证明对方的身份是真实的。在实际应用中，一般是对传送的数据包中的一个 IP 包进行一次签名验证，以提高网络的运行效率。当然签名也可以采用多种方式，例如，将签名附在明文之后。数字签名普遍用于银行、电子贸易等中。

数字签名采用一定的数据交换协议，使双方能够满足两个条件：

① 接收方能够鉴别发送方所宣称的身份。

② 发送方以后不能否认他发送的数据这一事实。

数字签名不同于手写签字，数字签名随文本的变化而变化。手写签字反映某个人的个性特征是不变的。手写签名与数字签名的另外一个区别是一个数字签名的备份是与原来的签名相同的，而签名的纸质文件的备份通常与原来的签名文件作用不同。

这个特点意味着必须防止签名的数字信息被再一次使用，例如，在签名中包含一些时间信息等，可以防止签名被再次使用。这一技术带来了以下 3 个方面的安全性：

① 信息的完整性，验证信息在传输过程中是否遭到篡改。

② 信源确认，接收方能确认该消息是否由发送方发出。

③ 不可抵赖性，由于只有发送方有私钥，因此发送方无法否认曾经发送过这一则消息。

6. 数据备份与恢复

人们花费巨资购置计算机软硬件来建设信息系统，但实际上最宝贵的财产并不是软硬件，而是系统所处理的数据。由于计算机固有的脆弱性，数据很容易在病毒、误操作、自然灾害等的侵扰下遭到破坏，从而影响系统使用，给人们造成巨大损失。对于企业来说，数据关系着生产经营、收入利润和生存发展。一旦发生数据失效，企业就会陷入困境，客户资料、技术文件、财务账目等数据可能被破坏得面目全非，而允许恢复系统的时间可能只有短短几天。如果系统无法顺利恢复，最终结局将不堪设想。对于计算机的个人用户来说，数据同样也是宝贵的财富。某些作家、软件工程师由于硬盘染毒，分区和文件结构信息被破坏，又没有进行过数据备份，在硬盘因意外而报废时，数万字的作品、数十万行的程序化为云烟。

数据备份是通过制作和保存关键数据的副本来防止数据灾难发生的一种方法。数据安全问题主要体现在以下几个方面。

（1）数据失效。

数据失效可分为两种情况。一种是失效后的数据彻底无法使用，这种失效称为物理损坏（Physical Damage）；另一种是失效的数据仍可以部分使用，但从整体上看，数据之间的关系是错误的，这种失效称为逻辑损坏（Logical Damage）。逻辑损坏比物理损坏更为严重，因为逻辑损坏不易被发现，潜伏期长，当发现数据有错误时造成的损失可能已经无法挽回。

① 物理损坏。常见的物理损坏包括电源故障、存储设备故障、网络设备故障、自然灾害、操作系统故障、数据丢失。物理损坏造成的后果比较明显，容易发现，相对来说较容易检查和排除。但是，如果不能及时排除故障，则易造成极大的损失。

② 逻辑损坏。常见的逻辑损坏包括数据不完整、数据不一致、数据错误。逻辑损坏的隐蔽性强，往往带有巨大的破坏性，这些是造成损失的主要原因。如果发生逻辑损坏，损失将无

法估算，因为输入计算机中的都是很重要的数据。根据统计，恢复 l0MB（约 2500 页）的数据最少也要花费近 20 天时间，成本在数万元以上。

（2）数据备份。

要防止数据失效的发生，有多种途径，如加强建筑物安全措施、提高员工操作水平、购买品质优良的设备等。但最根本的方法还是建立完善的数据备份制度。

备份按照用途可以划分为热备份和数据备份两种。

① 热备份及其应用。热备份是计算机容错技术的一个概念，是实现计算机系统高可用性的主要方式。热备份用冗余的硬件来保证系统的连续运行。当主计算机系统的某一部分，如硬盘等发生故障时，系统会自动切换到备份的硬件设备上，以保持系统的连续运转，从而实现计算机系统的高可用性。典型的热备份技术包括磁盘阵列、双机热备份等。

磁盘阵列（Redundant Arrays of Independent Disks，RAID）技术：磁盘阵列技术是指把多个磁盘按一定规则组合起来，当用做单一磁盘使用时，它能够将数据以分段的方式存储在不同的磁盘中。

存/取数据时，阵列中的相关磁盘一起动作，大幅减少数据的存取时间，获得更佳的空间利用率。磁盘阵列突出的优点还在于它可以不停机工作和高容错能力。不停机是指在工作时如发生磁盘故障，系统能持续工作而不停顿，仍然可以进行磁盘的存/取和正常地读/写数据；而容错则是指即使磁盘发生故障，数据仍然保持完整并可以让系统存取正确的数据。SCSI 的磁盘阵列可在工作中抽换磁盘，并可自动重建故障磁盘的数据。磁盘阵列之所以能做到容错及不停机，就是因为它有冗余的磁盘空间可被利用。

双机热备份：所谓双机热备份，是指同时有两套相同的系统在工作。一套为主机，另一套为备份机。当系统工作正常时，备份机为主机提供信息备份。

当主机发生故障时，备份机立即接替主机的工作，使系统运行不间断。最新发展的技术是采用多机热备份，即集群系统（cluster）的概念。多机相互镜像，负载均衡，并能自动诊断系统故障，进行失效切换。

热备份技术使一些对实时性要求很高的业务得以保障。它对于银行、电信等柜台业务系统、大数据量连续处理系统来说是必不可少的，这对提高运行效率、提高客户的满意度和保证客户的忠诚度也是非常关键的，因此这项技术在全球得到了广泛应用。

热备份也存在一定的不足，热备份只是备份的第一个环节，它保证了系统运行的有效性，但并不能保证数据的安全性。首先，热备份无法防止逻辑上的错误，如人为误操作、病毒、软件故障等。当逻辑错误发生时，热备份措施只会将错误复制一遍，这样在恢复时也无法得到正确的数据。其次，热备份只有在满足设计条件的情况下才能保证数据的安全。例如，磁盘阵列中一台磁盘坏了可以恢复，但如果所有的磁盘都坏了就恢复不了了。最典型的例子莫过于美国 9 • 11 恐怖袭击事件。随着纽约世贸中心大楼的倒塌，楼内所有企业的业务数据都灰飞烟灭。由于关键数据丢失，许多企业无法开展业务，甚至倒闭。但是摩根士丹利（Morgan Stanley）等公司在热备份之外，还另有远程的数据备份措施，这些存储在几十英里外的历史数据很快地被重新启用，帮助这些公司在几天内就重新开始正常运营。这一事件使人们认识到，数据备份在防止数据灾难方面更具有决定性的意义。

② 数据备份。数据备份主要用于防止数据丢失、系统灾难和历史数据保存/查询等方面。它将计算机系统硬盘中的数据，通过适当的方式，保存到其他磁盘等存储介质上，并脱机保存在另一个安全的场所，从而为硬盘中的数据保留一个后援，以期在硬盘数据遭到破坏或需要用

到已经从硬盘中删除了的数据时，对数据进行恢复，甚至可以保持历史记录跟踪。

与热备份相比，数据备份具有如下特点。

- 数据备份并不复制整个运行系统，而是选择所关注的数据进行备份。一般而言，备份的数据对象有如下几种。
  - 系统数据的备份。通常包括软硬件系统的参数配置和用户设置等信息，以及系统运行的日志。对系统数据的备份，可以用于系统崩溃后的快速恢复和故障分析。
  - 应用程序数据的备份。应用程序，例如数据库系统，通常会生成并使用大量数据。其中的一些数据对于企业或个人是非常有价值的，甚至是关键数据，这些数据也因此是数据备份的重点对象。
  - 整个分区或整个硬盘的备份。当独立数据（立即可用的数据，区别于需要用专用工具从软件系统中导出的数据）比较集中时，可以考虑备份这些数据所在的硬盘空间，这样可以减少备份的复杂性。
- 数据备份后，通常脱机保存在磁带、磁盘、光盘等存储介质上并保管在安全的地方，这样，当运行系统遭到破坏时，不会影响原先保存的数据。

热备份可以将整个运行系统重建起来，但数据备份只能重建数据。操作步骤如下：

- 安装好系统的硬件设备。
- 安装好系统的操作系统。
- 安装好系统的应用程序。
- 使用新安装的系统载入备份数据。

- 数据备份能够防止数据的逻辑损坏。由于数据被脱机保存，备份介质和计算机系统是分开的，因此误操作等逻辑错误不会被复制到存储介质上。当错误出现时，可以启用备份历史数据将系统恢复到备份时的状态。这样，只要保存足够长时间的历史数据，就能够比较好地解决数据的逻辑损坏问题。

与备份对应的概念是恢复，恢复是备份的逆过程。在原系统无法使用时，由于保存了一套备份系统，利用恢复措施就能够很快地将损坏的系统重新建立起来，从而防止灾难的发生。

网络威胁层出不穷，但只要掌握恰当的网络安全技术，在具体的网络中合理运用，就能充分保障网络安全，或者在出现网络安全问题时将损失降低到最小。除了上面分析的六类网络安全技术外，还可以采用物理隔离网闸设备切断网络之间的物理连接，在某些紧急情况下保护数据的安全，尤其是对政府、军队、大型企业内部网具有极高的使用价值；而另一种更为常见的网络安全技术，即防火墙技术，在实际中使用更为广泛。

10.3.3 防火墙技术

防火墙是一种解决网络间访问控制的有效方法，当一个机构将其内部网络与 Internet 连接之后，内部网络上不断增加的用户需要访问 Internet 服务，如 WWW、电子邮件、Telnet 和 FTP 服务器。此时，对一个内部网络已经连接到 Internet 上的机构来说，重要的问题并不是网络是否会受到攻击，而是何时会受到攻击；即使一个机构没有连接到 Internet 上，它也需要建立内部的安全策略来管理用户对部分网络的访问并对敏感或秘密数据提供保护。为了提供所需级别的保护，需要有安全策略来防止非法用户访问内部网络上的资源和非法向外传递内部信息，防火墙无疑是必须采用的网络安全策略之一。

1. 防火墙概述

防火墙（Firewall）通常是指设置在不同网络（如可信任的企业内部网和不可信任的公共网）或网络安全域之间的一系列部件的组合（包括硬件和软件）。它是不同网络或网络安全域之间信息的唯一出入口，能根据企业的安全政策控制（允许、拒绝、监测）出入网络的信息流，且本身具有较强的抗攻击能力。它是提供信息安全服务，使 Internet 与 Intranet 之间建立起一个安全网关（Security Gateway），从而保护内部网免受非法用户的侵入，防火墙主要由服务访问规则、验证工具、包过滤和应用网关 4 个部分组成，是实现网络和信息安全的基础设施。

在逻辑上，防火墙是一个分离器，一个限制器，也是一个分析器，有效地监控了内部网Internet 之间的任何活动，保证了内部网络的安全，如图 10-8 所示。

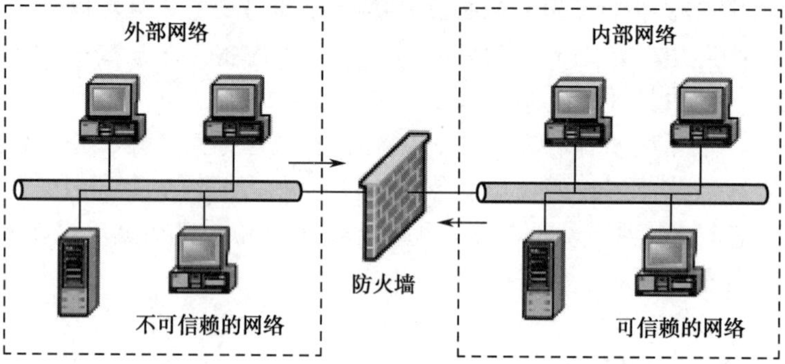

图 10-8　防火墙逻辑位置示意图

由于防火墙设定了网络边界和服务，因此更适合于相对独立的网络，例如 Intranet 等。防火墙成为控制对网络系统访问的非常流行的方法。事实上，在 Internet 上的 Web 网站中，超过 1/3 的 Web 网站都是由某种形式的防火墙加以保护的，这是对黑客防范最严格，安全性较强的一种方式，任何关键性的服务器，都应放在防火墙之后。

2. 防火墙的功能

防火墙能增强内部网络的安全性，加强网络间的访问控制，防止外部用户非法使用内部网络资源，保护内部网络不被破坏，防止内部网络的敏感数据被窃取。防火墙系统可决定外界可以访问哪些内部服务，以及内部人员可以访问哪些外部服务。防火墙具备的最基本功能包括：

① 包过滤，通过包过滤，防火墙可以实现阻挡攻击，禁止外部/内部访问某些站点，限制每个 IP 的流量和连接数。

② 包的透明转发，由于防火墙一般架设在提供某些服务的服务器前，其连接状态一般为 Server-FireWall-Guest。用户对服务器的访问的请求与服务器反馈给用户的信息，都需要经过防火墙的转发。

③ 阻挡外部攻击，如果用户发送的信息是防火墙设置所不允许的，防火墙会立即将其阻断，避免其进入防火墙之后的服务器中。

④ 记录攻击，防火墙可将攻击行为都记录下来，但是出于效率上的考虑，目前一般记录攻击的事情都交给 IDS（入侵检测系统）来完成。

以上是所有防火墙都具备的基本功能，防火墙技术就是在此基础上逐步发展起来的。随着防火墙技术的不断发展，一些新的功能也出现在新的防火墙产品中，从而不断提高防火墙的整体性能。

3. 防火墙的分类

从不同的角度，防火墙可以分为不同类别。从防火墙的组成结构分类，可分为以下 3 种。

（1）软件防火墙。

软件防火墙运行于特定的计算机上，它需要客户预先安装好的计算机操作系统的支持，一般来说，这台计算机就是整个网络的网关。软件防火墙就像其他的软件产品一样需要先在计算机上安装并做好配置才可以使用。一般操作系统如 Windows 等会自带防火墙功能。使用这类防火墙，需要网管对所工作的操作系统平台比较熟悉。

（2）硬件防火墙。

这里所说的硬件防火墙是指所谓的硬件防火墙。之所以加上“所谓”二字是针对芯片级防火墙说的。它们最大的差别在于是否基于专用的硬件平台。目前市场上大多数防火墙都是这种所谓的硬件防火墙，它们都基于 PC 架构。也就是说，它们和普通的家庭用的 PC 没有太大区别。在这些 PC 架构计算机上运行一些经过裁剪和简化的操作系统，最常用的有老版本的 UNIX、Linux 和 FreeBSD 系统。值得注意的是，由于此类防火墙采用的依然是别人的内核，因此依然会受到 OS 本身的安全性影响。国内的许多防火墙产品就属于此类，因为采用的是经过裁减内核和订制组件的平台，因此国内防火墙的某些销售人员常常吹嘘其产品是“专用的 OS”，其实是一个概念误导，下面提到的第三种防火墙才是真正的 OS 专用的。

（3）芯片级防火墙。

它们基于专门的硬件平台，没有操作系统。专有的 ASIC 芯片促使它们比其他种类的防火墙速度更快，处理能力更强，性能更高。做这类防火墙最出名的厂商莫过于 NetScreen。其他的品牌还有 FortiNet，算是后起之秀了。这类防火墙由于是专用 OS，因此防火墙本身的漏洞比较少，不过价格相对比较高昂，所以一般只有在需求较高时才考虑。

从防火墙工作在 TCP/IP 协议中的不同层次，可分为以下两种。

（1）网络层防火墙。

网络层防火墙可视为一种 IP 封包过滤器，运作在底层的 TCP/IP 协议堆栈上。我们可以以枚举的方式，只允许符合特定规则的封包通过，其余的一概禁止穿越防火墙（病毒除外，防火墙不能防止病毒侵入）。这些规则通常可以经由管理员定义或修改，不过某些防火墙设备可能只能套用内置的规则。

我们也能以另一种较宽松的角度来制订防火墙规则，只要封包不符合任何一项“否定规则”就予以放行。操作系统及网络设备大多已内置防火墙功能。

较新的防火墙能利用封包的多样属性进行过滤，例如，来源 IP 地址、来源端口号、目的 IP 地址或端口号、服务类型（如 WWW 或是 FTP）。也能经由通信协议、TTL 值、来源的网域名称或网段等属性进行过滤。

（2）应用层防火墙。

应用层防火墙是在 TCP/IP 堆栈的“应用层”上运作的，用户使用浏览器时所产生的数据流或是使用 FTP 时的数据流都属于这一层。应用层防火墙可以拦截进出某应用程序的所有封包，并且封锁其他的封包（通常是直接将封包丢弃）。理论上，这一类的防火墙可以完全阻绝外部的数据流进入受保护的机器中。

此外，根据侧重不同，可分为包过滤型防火墙、应用层网关型防火墙、服务器型防火墙。

4. 防火墙的缺陷

防火墙内部网络可以在很大程度上免受攻击。但是，所有的网络安全问题不是都可以通过简单地配置防火墙来达到的。虽然当单位将其网络互联时，防火墙是网络安全重要的一环，但并非安装防火墙的网络就没有任何危险，也有许多危险是在防火墙能力范围之外的。

（1）无法禁止变节者内部威胁。

防火墙无法禁止变节者或公司内部存在的间谍将敏感数据复制到 U 盘或磁盘上，并将其带出公司。防火墙也不能防范这样的攻击：伪装成超级用户或诈称新员工，从而劝说没有防范心理的用户公开口令或授予其临时的网络访问权限。所以必须对员工们进行教育，让他们了解网络攻击的各种类型，并懂得保护自己的用户口令和周期性变换口令的必要性。

（2）无法防范防火墙以外的其他攻击。

防火墙能够有效地防止通过它进行传输的信息，但不能防止不通过它而进行传输的信息。例如，在一个被保护的网络上有一个没有限制的拨号存在，内部网络上的用户就可以直接通过 SLIP 或 PPP 连接进入 Internet。聪明的用户可能会对需要附加认证的代理服务器感到厌烦，因而向 ISP 购买直接的 SLIP 或 PPP 连接，从而试图绕过由精心构造的防火墙系统提供的安全系统。这就为从后门攻击创造了极大的可能。网络上的用户们必须了解：这种类型的连接对于一个全面的安全保护系统来说是绝对不允许的。

（3）不能防止传送已感染病毒的软件或文件。

这是因为病毒的类型太多，操作系统也有多种，编码与压缩二进制文件的方法也各不相同，所以不能期望 Internet 防火墙去对每一个文件都进行扫描，查出潜在的病毒。对病毒特别关心的机构应在每个桌面上部署防病毒软件，防止病毒从软盘或其他来源进入网络系统。

（4）无法防范数据驱动型的攻击。

数据驱动型的攻击从表面上看是无害的数据被邮寄或复制到 Internet 主机上。但一旦执行就变成攻击。例如，一个数据型攻击可能导致主机修改与安全相关的文件，使得入侵者很容易获得对系统的访问权。后面我们将会看到，在堡垒主机上部署代理服务器是禁止从外部直接产生网络连接的最佳方式，并能减少数据驱动型攻击的威胁。

（5）可以阻断攻击，但不能消灭攻击源。

互联网上病毒、木马、恶意试探等造成的攻击行为层出不穷。设置得当的防火墙能够阻挡它们，但是无法清除攻击源。即使防火墙进行了良好的设置，使得攻击无法穿透防火墙，但各种攻击仍然会源源不断地向防火墙发出尝试。例如连接主干网 10M 网络带宽的某站点，其日常流量中平均有 512KB 左右是攻击行为。那么，即使成功设置了防火墙，这 512KB 的攻击流量依然不会有丝毫减少。

（6）不能抵抗最新的未设置策略的攻击漏洞。

就如杀毒软件与病毒一样，总是先出现病毒，然后杀毒软件经过分析得出特征码并加入病毒库内才能查杀。防火墙的各种策略，也是在该攻击方式经过专家分析后给出其特征进而设置的。如果世界上新发现某个主机漏洞的 cracker 把第一个攻击对象选中了你的网络，那么防火墙也没有办法帮到您。

（7）防火墙的并发连接数限制容易导致拥塞或者溢出。

由于要判断、处理流经防火墙的每一个包，因此防火墙在某些流量大、并发请求多的情况下，很容易导致拥塞，成为整个网络的瓶颈并影响其性能。而当防火墙溢出的时候，整个防线就如同虚设，连原本被禁止的连接也能从容通过了。

同时，防火墙本身也会出现问题和受到攻击，从而出现软/硬件方面的故障。

5. 防火墙的体系结构

（1）包过滤防火墙。

包过滤或分组过滤，是一种通用、廉价、有效的安全手段。之所以通用，因为它不针对各具体的网络服务采取特殊的处理方式；之所以廉价，因为大多数路由器都提供分组过滤功能；之所以有效，因为它能很大程度地满足企业的安全要求。包过滤防火墙的工作原理如图 10-9 所示。

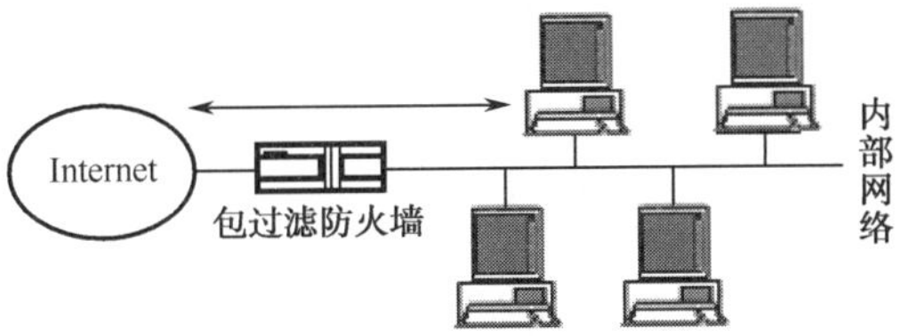

图 10-9　包过滤防火墙的工作原理

包过滤在网络层和传输层起作用。它根据分组包的源、宿地址，端口号及协议类型、标志确定是否允许分组包通过。所根据的信息来源于 IP、TCP 或 UDP 包头。

包过滤的优点是不用改动客户机和主机上的应用程序，因为它工作在网络层和传输层，与应用层无关。但其弱点也是明显的：其过滤判别的只有网络层和传输层的有限信息，因而各种安全要求不可能充分满足；在许多过滤器中，过滤规则的数目是有限制的，且随着规则数目的增加，性能也会受到很大的影响；由于缺少上下文关联信息，不能有效地过滤如 UDP、RPC 一类的协议；另外，大多数过滤器中缺少审计和报警机制，且管理方式和用户界面较差；对安全管理人员素质要求高，建立安全规则时，必须对协议本身及其在不同应用程序中的作用有较深入的理解。因此，过滤器通常和应用网关配合使用，共同组成防火墙系统。

（2）双宿网关防火墙。

双宿网关由两块网卡的主机构成。两块网卡分别与受保护网和外部网相连。主机上运行防火墙软件，可以提供服务，转发应用程序等，如图 10-10 所示。

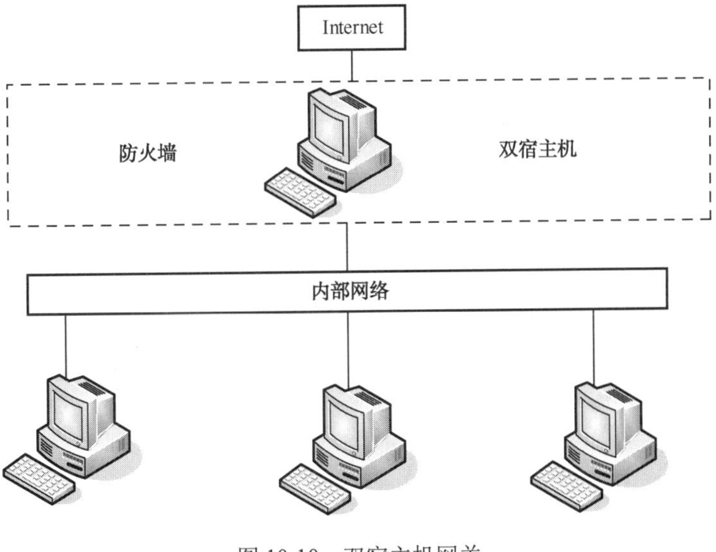

图 10-10　双宿主机网关

双宿主机防火墙一般用于超大型企业，由于双宿主机用两个网络适配器分别连接两个网络，所以又称堡垒主机。堡垒主机上运行着防火墙软件（通常是代理服务器），可以转发应用程序，提供服务等。

双宿主机网关有一个致命弱点，一旦入侵者侵入堡垒主机并使该主机只具有路由器功能，则任何网上用户均可以随便访问有保护的内部网络。

（3）屏蔽主机防火墙。

在屏蔽主机防火墙体系结构中，分组过滤路由器或防火墙与 Internet 相连，同时一个堡垒机安装在内部网络，通过在分组过滤路由器或防火墙上过滤规则的设置，使堡垒机成为 Internet 上其他节点所能到达的唯一节点，这确保了内部网络不受未授权外部用户的攻击。

屏蔽主机防火墙配置易于实现，安全性好，应用广泛，分为单宿堡垒主机和双宿堡垒主机两类。单宿堡垒主机中，堡垒主机的唯一网卡与内部网络连接，如图 10-11 所示。一般在路由器上设立过滤规则，让此单宿堡垒主机成为从 Internet 唯一能访问的主机，保证内部网络不受非授权外部用户的攻击。而内部网的客户机，能受控制地通过屏蔽主机和路由器访问 Internet。

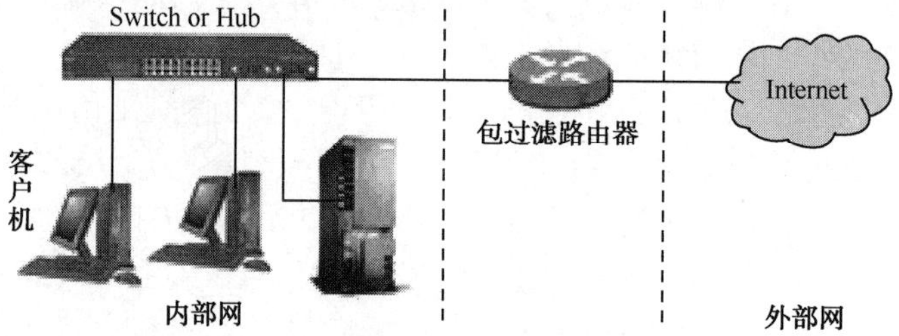

图 10-11　屏蔽主机网关（单宿堡垒主机）

双宿堡垒主机有两块网卡，分别连接内部网络和包过滤路由器，如图 10-12 所示。双宿堡垒主机在应用层提供代理服务，比单宿堡垒主机更安全。

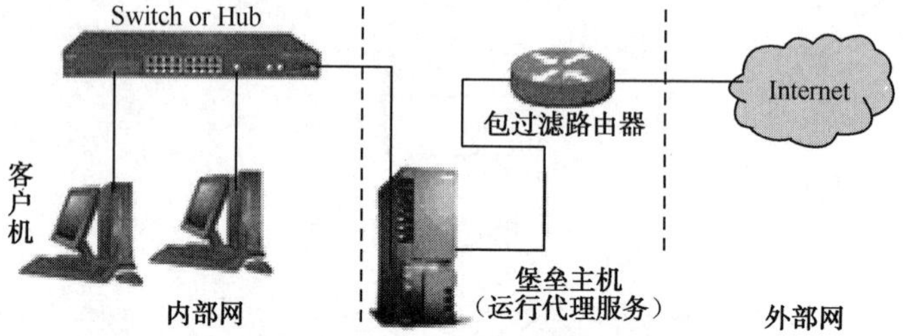

图 10-12　屏蔽主机网关（双宿堡垒主机）

（4）屏蔽子网防火墙。

屏蔽子网防火墙体系结构为堡垒机放在一个子网内，两个分组过滤路由器放在这一子网的两端，使这一子网与 Internet 及内部网络分离。在屏蔽子网防火墙体系结构中，堡垒主机和分组过滤路由器共同构成了整个防火墙的安全基础。大型企业防火墙建议采用屏蔽子网防火墙，以得到更安全的保障。

如图 10-13 所示，这种方法是在 Internet 和内部网之间建立一个被隔离的子网，用两个包过滤路由器将这一子网分别与 Intranet 和 Internet 分开。两个路由器一个控制 Intranet 数据流，另一个控制 Internet 数据流，Intranet 和 Internet 均可访问屏蔽子网，但禁止它们穿过屏蔽子网进行通信。可根据需要在屏蔽子网中安装堡垒主机，为内部网络和外部网络的互相访问提供代理服务，但是来自两个网络的访问都必须通过两个包过滤路由器的检查。这种结构的防火墙安全性能高，具有很强的抗攻击能力，但需要的设备多，造价高。

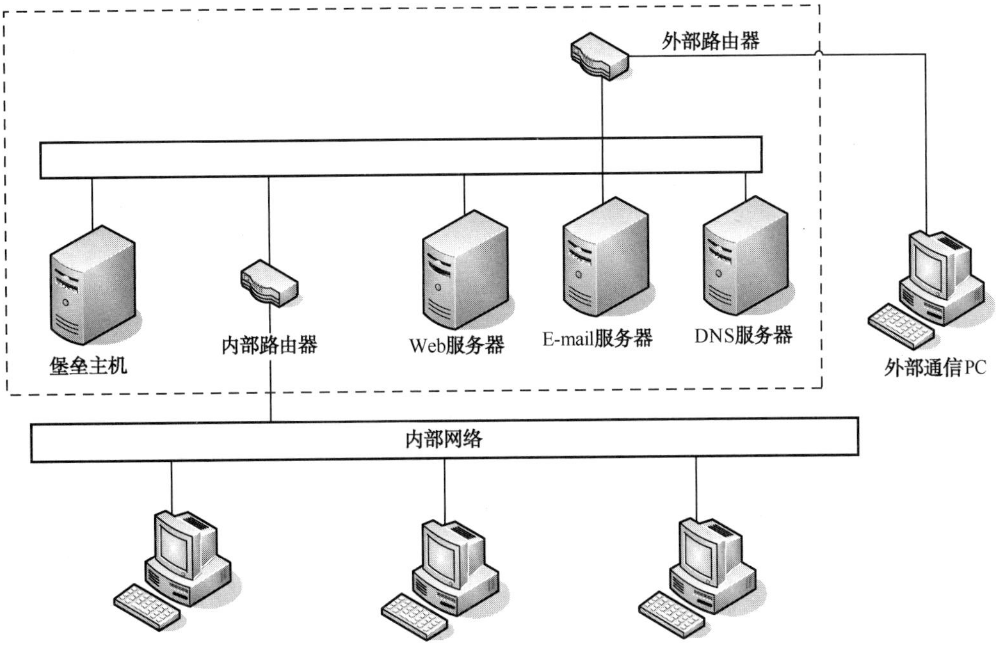

图 10-13　屏蔽子网防火墙

6. 防火墙技术

（1）数据包过滤。

包过滤（Packet Filter）技术是最早出现的防火墙技术，虽然防火墙技术发展到现在提出了很多新的理念，但是包过滤仍然是防火墙为系统提供安全保障的主要技术，它可以阻挡攻击，禁止外部/内部访问某些站点及限制单个 IP 地址的流量和连接数。系统按照一定的信息过滤规则，对进出内部网络的信息进行限制，允许授权信息通过，而拒绝非授权信息通过。

数据包过滤用在内部主机和外部主机之间，过滤系统是一台路由器或是一台主机，根据过滤规则来决定是否让数据包通过。用于过滤数据包的路由器被称为包过滤路由器。包过滤路由器在网络上的物理位置如图 10-14 所示。

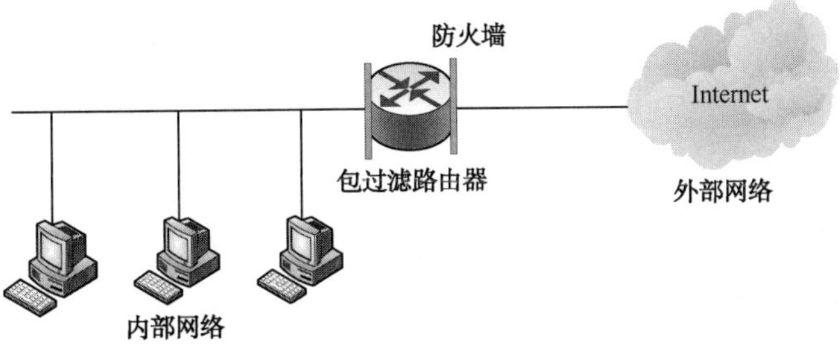

图 10-14　包过滤路由器的物理位置

包过滤技术发展到现在，已经从早期的静态包过滤技术演变到了现在的动态包过滤技术。

① 静态包过滤技术。

静态包过滤技术的实现非常简单，就是在网关主机的 TCP/IP 协议栈的 IP 层增加一个过滤检，对 IP 包的进栈、转发、出栈时均进行针对于每个包的源地址、目的地址、端口、应用协议进行检查，用户可以设立安全策略，比如某源地址禁止对外部的访问、禁止对外部的某些目标地址的访问、关闭一些危险的端口等。事实证明，一些简单而有效的安全策略可以极大地提高内部系统的安全，由于静态包过滤规则的简单、高效，直至目前，它仍然得到应用。

② 动态包过滤技术。

动态包过滤（Dynamic Packet Filter）技术除了含有静态包过滤的过滤检查技术之外，还会动态地检查每一个有效连接的状态，所以通常也称为状态包过滤技术。状态包过滤技术克服了第一代包过滤（静态包过滤）技术的不足，如信息分析只基于头信息、过滤规则的不足可能会导致安全漏洞、对于大型网络的管理能力不足等。

包过滤技术在管理良好的小规模网络上能够正常地发挥作用。但一般情况下，网络管理员并不单独使用包过滤网关，而是将该技术和其他技术联合使用。

（2）应用层代理。

应用层代理（Proxy）技术针对每一个特定应用，在应用层实现网络数据流保护功能，应用层代理使得网络管理员能够实现比包过滤更严格的安全策略。应用层代理不用依靠包过滤工具来管理 Internet 服务在防火墙系统中的进出，而是采用为每种服务订制特殊代码（代理服务）的方式来管理 Internet 服务。显然，应用层代理可以实现网络管理员对网络服务更细腻的控制。但是，应用代理的代码并不通用，如果网络管理员没有为某种应用层服务在应用层代理服务器上安装特定的代码，那么该项服务就无法被代理型防火墙转发。同时，管理员可以根据实际需要选择安装网络管理认为需要的应用代理服务功能。应用层代理技术能够提供应用层的高安全性，但其缺点是性能差、伸缩性差、只支持有限的应用。

（3）电路级网关。

另一种类型的代理技术称为电路级网关（Circuit Gateway），也叫电路层网关，它工作在 OSI 参考模型的会话层，在内、外网络主机之间建立一个虚拟电路进行通信，相当于在防火墙上打开一个通道进行传输。

在电路级网关中，拓扑结构同应用层网关，电路级网关接收客户端连接请求，代理客户端完成网络连接，在客户和服务器间中转数据。电路级网关可针对每个 TCP、UDP 会话进行识别和过滤。在会话的建立过程中，除了检查传统的过滤规则之外，还要求发起会话的客户端向防火墙发送用户名和口令，只有通过验证的用户才被允许建立会话。会话一旦建立，则报文流可不加检验直接穿透防火墙。电路级网关通过对客户端的用户名和口令进行验证，有效地避免了网络传送过程中源地址被冒充等问题，可有效地防御 IP/UDP/TCP 欺骗，并可快速定位 TCP/UDP 的攻击发起者。

（4）地址翻译技术。

NAT（Net Address Translation，网络地址翻译）的最初设计目的是用来增加私有组织的可用地址空间和解决将现有的私有 TCP/IP 网络连接到互联网上的端口地址编号问题，内部主机地址隐匿在 TCP/IP 开始开发的时候，没有人会想象到它发展得如此之快。当前使用的 IPv4 地址空间为 32 位大小，因而地址资源已经十分紧张了。IPv6 虽然得到了大家的认可，但基于 IPv4 的地址资源也将长期并存。动态分配外部 IP 地址的方法只能有限地解决 IP 地址紧张的问题，而让多个内部地址共享一个外部 IP 地址的方式能更有效地解决 IP 地址紧张的问题。让多个内部 IP 地址共享一个外部 IP 地址，就必须转换端口地址，这样内部不同 IP 地址具有同样端口地址的数据包就能转换为同一个 IP 地址而端口地址不同，这种方法又被称为端口地址转换（Port

Address Translation，PAT），或者称为 IP 伪装（IP masquerading）。NAT 能处理每个 IP 数据包，将其中的地址部分进行转换，将对内部和外部 IP 进行直接映射，从一批可使用的 IP 地址池中动态选择一个地址分配给内部地址，或者不但转换 IP 地址，也转换端口地址，从而使得多个内部地址能共享一个外部 IP 地址。

私有 IP 地址只能作为内部网络号，不在互联网主干网上使用。网络地址翻译技术通过地址映射保证了使用私有 IP 地址的内部主机或网络能够连接到公用网络。NAT 网关被安放在网络末端区域（内部网络和外部网络之间的边界点上），并且在源自内部网络的数据包发送到外部网络之前把数据包的源地址转换为唯一的 IP 地址。

网络地址翻译同时也是一个重要的防火墙技术，因为它对外隐藏了内部的网络结构，外部攻击者无法确定内部计算机的连接状态。并且在不同的时候，内部计算机向外连接使用的地址都是不同的，给外部攻击造成了困难。同样 NAT 也能通过定义各种映射规则，屏蔽外部的连接请求，并可以将连接请求映射到不同的计算机中。

网络地址翻译和 IP 数据包过滤一起使用，就构成了一种更复杂的包过滤型的防火墙。仅仅具备包过滤能力的路由器，其防火墙能力还比较弱，抵抗外部入侵的能力也较差，而和网络地址翻译技术相结合，就能起到更好的安全保证。正是内部主机地址隐匿的特性，使其网络地址翻译技术成为了防火墙实现中经常采用的核心技术之一。

（5）状态监测技术。

无论是包过滤，还是代理服务，都是根据管理员预定义好的规则提供服务或者限制某些访问。然而在提供网络访问能力和保证网络安全方面，显然存在矛盾，只要允许访问某些网络服务，就有可能造成某种系统漏洞；然而如果限制太严厉，合法的网络访问就受到不必要的限制。

为了在开放网络服务的同时也提供安全保证，必须有一种方法能监测网络情况，当出现网络攻击时就立即警告或切断相关连接。主动监测技术就是基于这种思路发展起来的，它工作在数据链路层和网络层之间，维护一个记录各种攻击模式的数据库，并使用一个监测程序时刻运行在网络中进行监控，当一旦发现网络中存在与数据库中的某个模式相匹配时，就能推断可能出现网络攻击。由于主动监测程序要监控整个网络的数据，因此需要运行在路由器上，或路由器旁能获得所有网络流量的位置。由于监测程序会消耗大量内存，并会影响路由器的性能，因此最好不在路由器上运行。

主动检测方式作为网络安全的一种新兴技术，其优点是效率高、可伸缩性和可扩展性强、应用范围广。但由于需要维护各种网络攻击的数据库，因此需要一个专业性的公司维护。理论上这种技术能在不妨碍正常网络使用的基础上保护网络安全，然而由于检测依赖于对网络攻击数据库的更新和网络数据的智能分析，在网络流量较大时，监测程序可能会遗漏数据包信息，因此这种技术主要用于对网络安全要求非常高的网络系统中。

10.4　习题

1. 填空题

（1）计算机网络安全是指______________及其______________不受自然和人为有害因素的威胁和危害。

（2）数据加密技术是对____________________采取秘密的交换以防止第三者对信息的窃取，其思想核心是对在____________________的重要信息全部通过加密处理，以实现真正的信息安全。

（3）加密算法可以分为__________、___________和______________3类算法。

（4）入侵检测技术帮助系统对付______________，扩展系统管理员的安全管理能力（包括安全审计、_________、___________识别和响应），提高______________的完整性。

（5）与通信学中差错控制技术类似，______________通过添加一定的冗余位计算密码检验和，即添加固定长度的认证码，附加在消息后面发送，根据认证码检验报文是否___________。

（6）数据备份是通过______________关键数据的__________来防止数据灾难发生的一种方法。

（7）防火墙（Firewall）通常是指设置在___________（如可信任的企业内部网和不可信任的公共网）或___________之间的一系列部件的组合（包括硬件和软件）。

（8）数据包过滤用在___________和___________之间，过滤系统是一台路由器或是一台主机，根据____________来决定是否让数据包通过。

（9）电路级网关（Circuit Gateway）工作在 OSI 参考模型的___________，在内、外网络主机之间建立一个___________进行通信，相当于在防火墙上打开一个通道进行传输。

（10）主动监测技术工作在_____________和网络层之间，维护一个记录各种攻击模式的__________，并使用一个___________时刻运行在网络中进行监控，当一旦发现网络中存在与数据库中的某个模式相匹配时，就能推断可能出现_____________。

2. 选择题

（1）计算机网络的安全工作主要集中在多个方面，其中不包括（　　）。

A. 保密与鉴别　　B. 访问控制　　C. 链路建立　　D. 病毒防范

（2）访问控制也可从访问介质上加以考虑，以进一步确保安全，下列不属于访问介质的是（　　）。

A. 通信介质　　B. 传输协议　　C. 主机设备　　D. 联网设备

（3）系统访问权限控制具有不同种类，其中不包括（　　）。

A. 读（R）：允许读一个文件

B. 写（W）：允许创建和修改一个文件

C. 读写（RW）：允许对文件同时进行读写

D. 执行（E）：允许运行程序

（4）网络安全认证常常用于通信双方相互确认身份，以保证通信的安全，一般可以分为（　　）两种。

A. 身份认证与消息认证　　B. 身份认证与地址认证

C. 代码认证与消息认证　　D. 代码认证与地址认证

（5）（　　）是网络通信中标志通信各方身份信息的一系列数据，提供一种在 Internet 上验证身份的方式。

A. 数字认证　　B. 数字证书　　C. 电子证书　　D. 电子认证

（6）数字签名功能不包括（　　）。

A. 防止发送方的抵赖行为　　B. 接收方身份确认

C. 发送方身份确认　　D. 保证数据的完整性

（7）防火墙能够（　　）。

A．防范通过它的恶意连接

B．防范恶意的知情者

C．防备新的网络安全问题

D．完全防止传送已被病毒感染的软件和文件

（8）下列关于电路级网关防火墙的特点说法错误的是（　　）。

A．对连接的存在时间进行监测，从而防止过大的邮件和文件传送

B．建立允许的发起方列表，并提供鉴别机制

C．对传输的数据提供加密保护

D．对网络中传递的消息进行校验码验证

3. 简答题

（1）什么是网络安全？它包括哪几部分？

（2）从威胁来源上，计算机网络安全遭受的威胁主要分为哪几类？

（3）入侵检测技术可分为哪 4 类？

（4）在组建网络时，为什么要设置防火墙？防火墙的位置应该在哪里？

（5）列举几种常用的防火墙技术，并比较其异同。

（6）结合自己的理解和经历，谈谈如何实现网络的安全。

第 11 章 网络规划与组建案例

11.1 网络规划

11.1.1 网络规划的基本原则

根据目前计算机网络现状和需求分析及未来的发展趋势，在网络设计时应遵循以下几个原则。

1. 开放性和标准化原则

首先采用国家标准和国际标准，其次采用广为流行的、实用的工业标准，只有这样，网络系统内部才能方便地从外部网络快速获取信息。同时还要求在授权后网络内部的部分信息可以对外开放，保证网络系统适度的开放性。

此原则是非常重要且必要的，同时又是许多网络工程设计人员所经常忽视的。我们在进行网络系统设计时，在有标准可执行的情况下，一定要严格按照相应的标准进行设计，而不要我行我素，特别是在网线制作、结构化布线和网络设备协议支持时。采用开放的标准后就可以充分保障网络系统设计的延续性，即使当前设计人员不在公司，后来人员也可以轻松地了解整个网络系统的设计标准。

2. 实用性与先进性兼顾原则

在网络系统设计时首先应该以注重实用为原则，紧密结合具体应用的实际需求。在选择具体的网络技术时一定要同时考虑当前及未来一段时间内主流应用的技术，不要一味地追求新技术和新产品，一方面，新的技术和产品还有一个成熟的过程，立即选用时可能会出现各种意想不到的问题；另一方面，最新技术的产品价格肯定非常昂贵，会造成不必要的资金浪费。

如在以太局域网技术中，目前千兆位以下的以太网技术都已非常成熟，产品价格也已降到了合理的水平，但万兆位以太网技术还没有得到普及应用，相应的产品价格仍相当昂贵，所以如果没有十分的必要，则不要选择万兆位以太网技术的产品，当然，如果是在机房内连接服务器等少量的设备，还是可以选择万兆以太网技术的。

另外，在选择技术时，一定要选择主流应用的技术，如同轴电缆的令牌环以太网和 FDDI 光纤以太网目前已很少使用，因此不要再使用了。目前的以太网技术基本上都是基于双绞线和光纤的，其传输速率最低都应达到 100/1000Mbps。

3. 无瓶颈原则

这一点非常重要，否则会造成用高成本购买主档次设备却得不到相应高性能的后果。网络性能与网络安全一样，最终取决于网络通信链路中性能最低的那部分。

如某会聚层交换机连接到了核心交换机的 1000Mbps 双绞线以太网端口上，而该会聚层交换机却只有 100Mbps，甚至 10Mbps 的端口，很显然这个会聚层交换机上所连接的节点都只能享有 10Mbps，或者 100Mbps 的性能。

还比如服务器的各项硬件配置都非常高档（达到了企业级标准），但所用的网卡却只是普通的 PCI 10M/100Mbps 网卡，显然这又将成为服务器性能发挥的瓶颈。再好的其他配置，最终也无法正常发挥。

再如，服务器的处理器达到了 4 个以上，而内存容量却只有初始配置的 1GB，或者磁盘采用了读/写性能较低的 IDE RAID，或者 SATA RAID，这样配置的结果同样会使服务器的性能大打折扣，浪费了高性能配置资源。

这类现象还非常多，这就要求在进行网络系统设计时一定要全局综合考虑各部分的性能，而不能只注重局部的性能配置，特别是在交换机端口、网卡和服务器组件配置等方面。

4. 可用性原则

我们知道服务器的“四性”中有一个“可用性”，网络系统也一样。它决定了所设计的网络系统是否能满足用户应用和稳定运行的需求。网络的“可用性”其实就是表现在网络的“可靠性、稳定性”，要求网络系统能长时间稳定运行，而不要经常出现这样或那样的问题。否则给用户带来的损失可能是非常巨大的，特别是大型、外贸、电子商务类型的企业。当然，这里所说的“可用性”还表现在所选择产品要能真正用得上，如所选择的服务器产品只支持 UNIX 系统，而用户系统中根本不打算用 UNIX 系统，则所选择的服务器就用不上。

网络系统的“可用性”通常是由网络设备的“可用性”决定的，主要体现在服务器、交换机、路由器、防火墙等重负荷设备上。这就要求在选购这些设备时一定不要一味地贪图廉价，而要选择一些国内、外主流品牌、应用主流技术和成熟型号产品。对于这些关键设备千万不要选择那些杂牌，一方面性能和稳定性无法保障，另一方面售后服务更将是无法弥补的长久的痛。

另外，网络系统的电源供应在可用性保障方面也非常重要，特别是对于关键网络设备和关键用户机。这时就需要为这些节点配置足够功率的不间断电源，在试电出现不稳定，或者停电时可以持续一段时间供用户保存数据、退出系统，以免数据丢失。通常像服务器、交换机、路由器、防火墙之类关键设备要接在有 1 个小时以上（通常是 3 小时）的 UPS 电源上，而关键用户机则需要接在支持 15 分钟以上的 UPS 上。

5. 安全原则

网络安全涉及许多方面，最明显、最重要的就是对外界入侵、攻击的检测与防护。现在的网络几乎时刻受到外界的安全威胁，稍有不慎就会被那些病毒、黑客入侵，致使整个网络陷入瘫痪。在一个安全措施完善的计算机网络中，不仅要部署病毒防护系统、防火墙隔离系统，还可能要部署入侵检测、木马查杀系统和物理隔离系统等。当然所选用系统的具体等级要根据相应网络规模大小和安全需求而定，并不一定要求每个网络系统都全面部署这些防护系统。

除了病毒、黑客入侵外，网络系统的安全性需求还体现在用户对数据的访问权限上，一定要根据对应的工作需求为不同用户、不同数据配置相应的访问权限，对安全级别需求较高的数据则要采取相应的加密措施。同时，用户账户，特别是高权限账户的安全也应受到高度重视，要采取相应的账户防护策略（如密码复杂性策略和账户锁定策略等），保护好用户账户，以防被非法用户盗取。

在安全性防护方面，还有一个重要方面，就是数据备份和容灾。这一点非常重要，在一定程度上决定了企业的生存与发展，特别是企业数据主要是电子文档的电子商务类企业。在设计网络系统时，一定要充分考虑用户对数据的备份和容灾，并部署相应级别的备份和容灾方案。如中小型企业通常是采用 Microsoft 公司 Windows 2003 Server、Windows Server 2008 系统中的备份工具进行数据备份和恢复，而对于大型的企业，则可能要采用第三方专门的数据备份系统，如 Veritas（维他斯，现已并入赛门铁克公司）的 Backup Exec 系统。

11.1.2 网络规划的实施

1. 实施原则

系统要有可扩展性和可升级性，随着业务的增长和应用水平的提高，网络中的数据和信息流将按指数增长，需要网络有很好的可扩展性，并能随着技术的发展不断升级。易扩展不仅仅指设备端口的扩展，还指网络结构的易扩展性：只有在网络结构设计合理的情况下，新的网络节点才能方便地加入已有网络；网络协议的易扩展：无论是选择第三层网络路由协议，还是规划第二层虚拟网的划分，都应注意其扩展能力。

（1）C 类私有地址的容量可以满足今后的扩容需求，可以满足整个教学楼 IP 配置需要。

（2）交换机留有空余接口，可供未来扩充之用。

2. 设备位置与命名规则

（1）设备位置。

在实施过程中，应建立一张表格，用于记录设备应该放在哪一个区域及楼层等信息，表格示例如表 11-1 所示。

表 11-1　设备安装位置记录表

安装地点	地点名称	备注
营销部	101	办公室
营销部	102	办公室
营销部	103	办公室
人事部	104	办公室

（2）设备安装位置代码。

设备命名并没有绝对的标准，一般都按照工程惯例进行命名，应本着明确、简洁、无二义性的原则。一般采用英文加数字的形式，根据设备的种类、设备的用途、设备的序号、设备所在的房间等进行命名。下面是工程实践中几个有代表性的设备命名实例：R-02 表示第二台路由器，S2-05 表示第五台二层交换机，S2-05-1 表示第五台二层交换机的第一号插槽，S3-01 表示第一台三层交换机；S-H-3-1 表示 H3C 的第一台三层交换机，S-C-2-1 表示思科的第一台二层交换机；S2-1003 表示十层配线间的第三台二层交换机，S3-1201 表示十二层配线间的第一台三层交换机。不管采取什么样的方式命名设备，在一个项目中要采用统一的命名规则，要在开始施工前确定下来，这样才不会在项目进行中造成混乱。

11.2　企业网络的设计与实施

龙达集团为了加快信息化建设，新的集团企业网将建设一个以集团办公自动化、电子商务、业务综合管理、多媒体视频会议、远程通信、信息发布及查询为核心，以现代网络技术为依托，技术先进、扩展性强，将集团的各种办公室、多媒体会议室、PC 终端设备、应用系统通过网络连接起来，实现内、外沟通的现代化计算机网络系统。该网络系统是支持办公自动化、供应链管理、ERP 及各应用系统运行的基础设施，为了确保这些关键应用系统的正常运行、安全和发展，系统必须具备如下特性。

（1）采用先进的网络通信技术完成集团企业网的建设，实现各分公司的信息化。

（2）在整个企业集团内实现所有部门的办公自动化，提高工作效率和管理服务水平。

（3）在整个企业集团内实现资源共享、产品信息共享、实时新闻发布。

（4）在整个企业集团内实现财务电算化。

（5）在整个企业集团内实现集中式的供应链管理系统和客户服务关系管理系统。

11.2.1　企业网络的设计

1. 需求分析

根据任务背景分析集团网络的主要任务如下：

（1）WWW 服务。

（2）E-mail、FTP 服务。

（3）网上多媒体教学，能提供视频点播服务。

（4）集团内行政管理。

（5）实现互联网连接，对外实现互联网商务。

2. 信息点分布

主要信息点集中在生产部、账务部、网络中心、职工宿舍与医疗卫生等部门。详细分布如表 11-2 所示。

表 11-2　主要信息点分布

地点	信息点	备注
网络中心	40	需保证速度、流量和可靠性
生产部	150	需保证速度、流量和可靠性
账务部	120	需保证速度、流量和安全性
职工宿舍	1000	需保证速度和流量
医疗卫生	10	需保证速度
销售部	100	需保证速度和可靠性
综合设计	30	需保证速度、流量和安全性

11.2.2 企业网络的实施

1. 方案设计

（1）基本原则。

多业务网络系统方案以实现以上功能为基本要求，在设计上力求做到既要采用国际上先进的技术，又要保证系统的安全可靠性和实用性。具体来讲，其设计遵循以下原则。

① 先进性。

系统的主机系统、网络平台、数据库系统、应用软件均应使用目前国际上较先进、较成熟的技术，符合国际标准和规范。

② 标准性。

所采用技术的标准化，可以保证网络发展的一致性，增强网络的兼容性，以达到网络的互联与开放。为确保将来自不同厂家设备、不同应用、不同协议的连接，整个网络从设计、技术和设备的选择，必须支持国际标准的网络接口和协议，以提供高度的开放性。

全面支持 IEEE 工业标准：802.1d，802.1p，802.1q，802.1x，802.3，802.3u，802.3z。

支持路由协议：IP 的 RIP V1/2，OSPF，BGP-4。

信令标准：H.323，RTP/CRTP。

支持：IPSec、L2TP、GRE、MPLS-VPN 规范。

支持多址广播协议：IGMP，DVMRP，PIM-DM，PIM-SM。

网络管理协议：SNMP，RMON，RMON2。

③ 兼容性。

跟踪世界科技发展动态，网络规划与现有光纤传输网及将要改造的分配网有良好的兼容，在采用先进技术的前提下，最大可能地保护已有投资，并能在已有的网络上扩展多种业务。

④ 可升级和可扩展性。

随着技术的不断发展，新的标准和功能不断增加，网络设备必须通过网络进行升级，以提供更先进、更多的功能。在网络建成后，随着应用和用户的增加，核心骨干网络设备的交换能力和容量必须能作出线性的增长。设备应能提供高端口密度、模块化的设计，以及多种类接口、技术的选择，以方便未来更灵活的扩展。

⑤ 安全性。

网络的安全性对网络设计是非常重要的，合理的网络安全控制，可以使应用环境中的信息资源得到有效的保护，可以有效地控制网络的访问，灵活地实施网络的安全控制策略。在企业园区网络中，关键应用服务器、核心网络设备，只有系统管理人员才有操作、控制的权力。应用客户端只有访问共享资源的权限，网络应该能够阻止任何的非法操作。在园区网络设备上应该可以进行基于协议、基于 Mac 地址、基于 IP 地址的包过滤控制功能。在大规模园区网络的设计上，划分虚拟子网，一方面可以有效地隔离子网内的大量广播，另一方面隔离网络子网间的通信，控制了资源的访问权限，提高了网络的安全性。在设计园区网的原则上必须强调网络安全控制能力，使网络可以任意连接，又可以从第二层、第三层控制网络的访问。

⑥ 可靠性。

本系统是 7×24 小时连续运行的系统，从硬件和软件两方面来保证系统的高可靠性。

- 硬件可靠性。

系统的主要部件采用冗余结构，如：传输方式的备份，提供备份组网结构；主要的计算机设备（如数据库服务器），采用 Cluster 技术，支持双机或多机高可用结构；配备不间断电源等。

- 软件可靠性。

充分考虑异常情况的处理，具有强的容错能力、错误恢复能力、错误记录及预警能力并给用户以提示；并具有进程监控管理功能，保证各进程可靠的运行数据库系统。

⑦ 易操作性。

提供中文方式的图形用户界面，简单易学，方便实用。优良的性能价格比。系统应着重考虑和满足以上的设计要求。

⑧ 可管理性。

网络的可管理性要求：网络中的任何设备均可以通过网络管理平台进行控制，网络的设备状态，故障报警等都可以通过网管平台进行监控，通过网络管理平台简化管理工作，提高网络管理的效率。

在进行网络设计时，选择先进的网络管理软件是必不可少的。网络管理软件应用于网络的设备配置、网络拓扑结构表示，网络设备的状态显示、网络设备的故障事件报警、网络流量统计分析，以及计费等。网管软件的应用可以提高网络管理的效率，减轻网络管理人员的负担。网络管理的目标是实现零管理，基于策略的管理方式，网络管理是通过制订统一的策略，由管理策略服务器进行全局控制的。基于 Web 的网管界面，是网管软件的发展趋势，灵活的操作方式简化了管理人员的工作。在设计园区网的设备选择上，要求网络设备支持标准的网络管理协议 SNMP，同时支持 RMON/RMONII 协议，核心设备要求支持 RAP （远程分析端口） 协议，实施充分的网络管理功能。在设计园区网的原则上应该要求设备的可管理性，同时先进的网管软件可以支持网络维护、监控、配置等功能。

（2）总体方案设计策略。

为了实现以上网络设计原则，使集团园区网络具有良好的扩展性能力和灵活的便于管理、易于维护性，在网络设计上采用了以下策略。

① 因特网接入和园区网分离。

将因特网接入部分和园区网主体部分分离，每部分完成其自身的功能，可以减少两者之间的相互影响。因特网接入的变化，只影响接入的变化，对园区网络没有影响，而园区网络的变化对因特网接入部分影响较小从而可以增强网络的扩展能力，保持网络层次结构清晰，便于管理和维护。

② 降低各个子公司之间的网络关联度。

将各个子公司之间的网络的关联度降到最低的策略，可以最大限度地减少各个子公司网络之间的相互影响，便于分别管理，或者在不同子公司扩展网络的新应用。

统一标准，统一网络，统一的 IP 应用标准（IP 地址，路由协议）、安全标准、接入标准和网络管理平台，才能实现真正的统一管理，便于集团的管理和网络策略的实施。

（3）网络设备选型。

① 选型原则。

在进行网络系统设计时应考虑如下特点：

- 稳定可靠的网络。只有运行稳定的网络才是可靠的网络，而网络的可靠运行取决于诸多因素，如网络的设计，产品的可靠，而选择一个具有运营此类网络规模经验的网络合作厂商则更为重要。要求有物理层、数据链路层和网络层的备份技术。

- 高带宽。为了支持数据、话音、视像多媒体的传输能力，在技术上要达到当前的国际先进水平。要采用最先进的网络技术，以适应大量数据和多媒体信息的传输，既要满足目前的业务需求，又要充分考虑未来的发展。为此应选用高带宽的先进技术。
- 易扩展的网络。系统要有可扩展性和可升级性，随着业务的增长和应用水平的提高，网络中的数据和信息流将按指数增长，需要网络有很好的可扩展性，并能随着技术的发展不断升级。易扩展不仅仅指设备端口的扩展，还指网络结构的易扩展性：只有在网络结构设计合理的情况下，新的网络节点才能方便地加入已有网络；网络协议的易扩展：无论是选择第三层网络路由协议，还是规划第二层虚拟网的划分，都应注意其扩展能力。QoS 是网络的一种安全机制，是用来解决网络延迟和阻塞等问题的一种技术。保证随着网络中多媒体的应用越来越多，这类应用对服务质量的要求较高，本网络系统应能保证 QoS，以支持这类应用。
- 安全性。网络系统应具有良好的安全性，由于网络连接园区内部所有用户，安全管理十分重要。应支持 VLAN 的划分，并能在 VLAN 之间进行第三层交换时进行有效的安全控制，以保证系统的安全性。
- 容易控制管理。因为上网用户很多，如何管理好他们的通信，做到既保证一定的用户通信质量，又合理地利用网络资源，是建好一个网络所面临的首要问题。
- 符合 IP 发展趋势的网络。在当前任何一个提供服务的网络中，对 IP 的支持服务是最普遍的，而 IP 技术本身又处在发展变化中，如 IPv6、IP QoS、IP Over SONET 等新兴的技术不断出现，集团园区网网络必须跟紧 IP 发展的步伐，也就是必须选择处于 IP 发展领导地位的网络厂商。

② 核心层设备。

由于集团园区网网络发展规模较大，未来需提供多媒体办公、办公自动化、图书资料检索、远程互连、视频会议等复杂的网络应用，为便于管理，我们建议选用交换机作为网络组建交换设备。选用 1 台 Cisco 6509 交换机作为主干交换机，实现 1000M 做主干、100M 到桌面的需求。

Cisco 6509 系列交换机支持堆叠技术，将来扩充端口极为灵活方便，不必改变原有网络的任何配置。通过增加堆叠交换机数量或做 Port Trunking（端口干路）两种办法均可扩充网络规模；并且实现了本地化交换，改善了整个网络，使整个网络的性能发生了质的变化。选用千兆光纤模块，与主干相连，实现主干的千兆传输。Cisco 6509 系列交换机支持网管和堆叠，可以很容易地根据需要，通过堆叠扩充端口数量。另外，Cisco 6509 系列交换机建立在一个功能强大且绝对无阻塞的 32G 交换背板上，可以保证堆叠中的所有端口间实现无阻塞的线速交换。

此外，Cisco 6509 交换机，在安装千兆光纤模块的同时，还可以安装百兆光纤模块，完全可以适应现在或将来的楼内光纤布线，灵活性很强。

③ 会聚层设备。

考虑到集团正处在发展之中，每个部门还在慢慢地扩大，从而要求每个部门的广播数据流不能扩展到全网，单个部门的网络故障不应该扩展到全网，会聚层交换机也应该采用具有路由功能的多层交换机，以达到网络隔离和分段的目的。部门主交换机负责部门内部的网络数据交换和集团园区网的其他路由。

会聚层设备选择 Cisco 公司的 Catalyst 3550 系列的交换机，每个部门的主交换机选择 WS-C3550-48-EMI 交换机。Catalyst 3550 智能以太网交换机是一个新型的可堆叠的，多层次级的交换机系列，可以提高水平的可用性、可扩展性、服务质量（QoS）、安全性和可改进网络运营的管理能力，从而提高网络的运行效率。

Catalyst 3550 系列包括一系列快速以太网和千兆位以太网配置，可以用全套千兆位接口转换器（GBIC）设备提供强大的千兆位以太网连接；并将 Cisco IOS 软件中的一套第 2～4 层功能——IP 路由、QoS、限速、访问控制列表（ACL）和多播服务扩展到边缘，堪称一款适用于企业和城域应用的强大选择。用户第一次可以在整个网络中部署智能化的服务，例如先进的服务质量、速度限制、Cisco 安全访问控制列表、多播管理和高性能的 IP 路由。通过高性能的 IP 路由实现了网络的可扩展性，利用基于硬件的 IP 路由和增强型多层软件镜像，Catalyst 3550 系列交换机可以在所有端口上提供高达 17Mpps 的线速路由；基于 Cisco 快速转发（CEF）的路由架构有助于提高可扩展性和性能，该体系结构扶持极高速的搜索功能，并可确保必要的稳定性和可扩展性，以满足未来的需求。凭借内置 Cisco 集群管理套件，Catalyst 3550 系列交换机可简化网络的部署。

WS-C3550-48-EMI 交换机，有 48 个 10/100M 和 2 个基于 GBIC 的 1000Base X 端口，通过使用多层软件镜像（EMI），可以提供路由和多层交换功能，满足三层交换需求，即可以满足服务器群的高密度、高速率的接入需要，也可以满足因特网接入的需求。

④ 接入层交换机。

接入层交换机放置于楼层的设备间，用于终端用户的接入，应该能够提供高密度的接入，对环境的适应能力强，运行稳定。

楼层接入设备选择 Cisco 公司的 WS-C2950-48-EI 智能以太网交换机。

WS-C2950-48-EI 交换机属于 Catalyst 2950 系列智能交换机。Catalyst 2950 系列是固定的配置，可堆叠的独立设备系列，提供了线速快速以太网和千兆位以太网的连接。Catalyst 2950 系列是一款最廉价的 Cisco 交换机产品系列，为中型网络和城域接入应用边缘提供了智能服务，可以为局域网提供极佳的性能和功能。这些独立的 10/100M 自适应交换机能够提供增强的服务质量（QoS）和组播管理特性，所有的这些都由易用且基于 Web 的 Cisco 集群管理套件（CMS），和集成 Cisco IOS 软件进行管理。带有 100Base 上行链路的 Catalyst 2950 交换机，可为中等规模的公司和企业分支机构办公室提供理想的解决方案，以使它们能够拥有更高性能的千兆以太网主干。

WS-C2950-48-EI 交换机，有 48 个 10/100M 端口，2 个基于千兆接口转换器（GBIC）的 1000BaseX 端口，能够为用户提供千兆的光纤骨干和高密度的接入端口；具有高达 13.6Gbps 的背板带宽，能够提供 10.1Mpps 的转发速率；增强型的 IOS，能够支持 250 个 VLAN，提供安全、QoS、管理等各方面的智能交换服务。

（4）主干网络技术选型。

在集团园区网网络的建设中，主干网选择何种网络技术对网络建设的成功与否起着决定性的作用。选择适合集团园区网网络需求特点的主流网络技术，不但能保证网络的高性能，还能保证网络的先进性和扩展性，能够在未来向更新技术平滑过渡，保护用户的投资。

根据用户要求，我们主干网络可选用千兆以太网技术。

目前流行的局域网、城域网技术主要包括以太网、快速以太网、ATM（异步传输模式）、FDDI、CDDI、千兆以太网等。在这些技术中，千兆以太网以其在局域网领域中支持高带宽、多传输介质、多种服务、保证 QoS 等特点正逐渐占据主流位置。

千兆以太网通过载波扩展（Carrier Extension）、采用带中继、交换功能的网络设备及多种激光器和光纤将连接距离扩展到 500～3000m。如采用 1300nm 激光器和 50μm 的单模光纤传输距离可以达到30km。

千兆位以太网能够提供更高的带宽，并且成为有强大伸缩性的以太网家族的第三个成员。利用交换机或路由器可以与现有低速的以太网用户和设备连接起来，因为千兆位以太网的帧格式和帧尺寸大小等都与所有以太网技术相同，不需要对网络做任何改变。这种升级方法使得千兆位以太网相对于其他高速网络技术而言，在经济和管理性能方面都是较好的选择。

千兆位以太网的设计非常灵活，对网络结构几乎没有限制，可以是交换式、共享式的或基于路由器的。目前正在应用的网络互联技术，例如，特定 IP 交换技术和第三层的交换技术，都与千兆位以太网完全兼容。千兆位以太网可以通过价格便宜的共享集线器、交换机或路由器来实现。千兆位以太网支持新的交换机之间或交换机-工作站之间全双工的连接模式，同时也支持半双工连接模式，以便与基于 CSMA/CD 存取方式的共享集线器连接。

千兆位以太网使用的传输介质有光纤、超5类非屏蔽双绞线（UTP）或同轴电缆。目前，千兆以太网支持单模光纤、多模光纤和同轴电缆。表11-3列出了千兆以太网现在支持的距离标准。

表11-3　千兆以太网支持的距离标准

标准名称	媒　质	传输距离
1000Base-SX	波长850nm、62.5μm多模光纤	275m
	50μm多模光纤	550m
1000Base-LX	波长1300nm/62.5μm多模光纤	275m
	50μm多模光纤	550m
	9μm或10μm单模光纤	30km
1000Base-CX	同轴电缆对	25m
1000Base-T	4对超5类双绞线	100m

千兆位以太网的管理与以前使用和了解的以太网相同，使用千兆以太网，主干和各网段及桌面已实现了无缝结合，网络管理变得容易了。

综上所述，在选择集团园区网网络技术时应该考虑如下因素。

① 从长远来看如何保护现有投资。保护现有投资的有效途径就是在将来网络技术升级时还能使用现有的网络技术和产品。如同计算机的发展速度一样，网络技术的发展也是非常迅速的。如果现有技术不能合理保证在将来网络升级后还能够使用，那么将会带来极大的资金浪费。从目前的趋势来看，采用千兆以太网技术是最适宜的。

② 性能价格比。以太网、快速以太网、千兆以太网和 ATM 网四者性能状况由低到高，但是价格也是由低到高的。在建设集团园区网网络时要充分考虑办公的资金有效使用问题，选择适用的网络技术是关键，因此选择国内网络产品实现是最佳选择。目前看到的全是国外的技术和产品，无形中增加了网络造价成本，也给网络的普及带来了一定障碍。

③ 售后服务。集团园区网网络的使用，从以往经验来看，售后服务问题比较突出。有很大部分国内外产品目前无法实现良好的售前、售后服务的支持，换修时间一般为3～6个月。强大的售后服务体系可保证全国范围内72小时响应，一级城市可实现24小时响应。

2. 网络实施

（1）网络拓扑图。

按要求画出网络拓扑图，如图11-1所示。

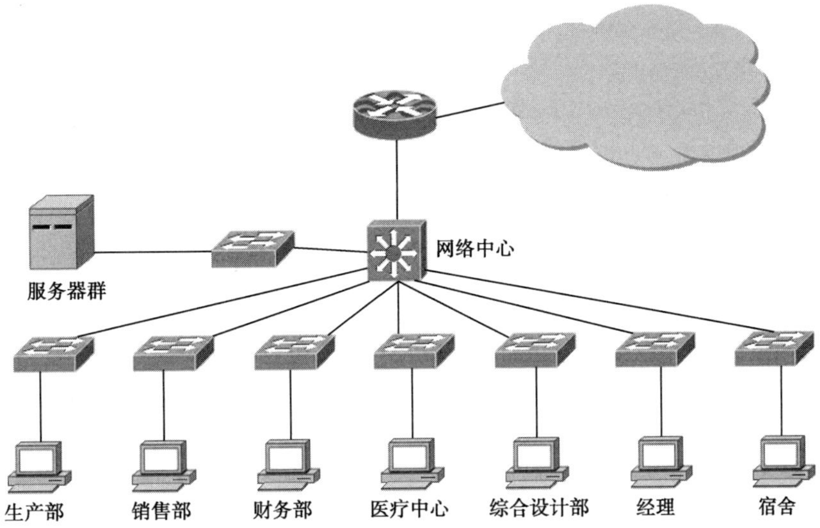

图 11-1　网络拓扑图

（2）企业网络子网规划。

经理办子网（vlan20）：192.168.20.0；子网掩码：255.255.255.0；网关：192.168.20.1。

网络中心子网（vlan30）：192.168.30.0；子网掩码：255.255.255.0；网关：192.168.30.1。

生产部子网（vlan2）：192.168.2.0；子网掩码：255.255.255.0；网关：192.168.2.1。

销售部子网（vlan3）：192.168.3.0；子网掩码：255.255.255.0；网关：192.168.3.1。

财务部子网（vlan4）：192.168.4.0；子网掩码：255.255.255.0；网关：192.168.4.1。

医疗中心子网（vlan5）：192.168.5.0；子网掩码：255.255.255.0；网关：192.168.5.1。

综合设计子网（vlan6）：192.168.6.0；子网掩码：255.255.255.0；网关：192.168.6.1。

职工宿舍子网 1（vlan7）：192.168.7.0；子网掩码：255.255.255.0；网关：192.168.7.1。

职工宿舍子网 2（vlan8）：192.168.8.0；子网掩码：255.255.255.0；网关：192.168.8.1。

职工宿舍子网 3（vlan9）：192.168.9.0；子网掩码：255.255.255.0；网关：192.168.9.1。

职工宿舍子网 4（vlan10）：192.168.10.0；子网掩码：255.255.255.0；网关：192.168.10.1。

（3）路由器的配置过程。

由于本网络使用的是私有 IP 地址，要使得网络中的所有机器都能够上互联网，就要在路由器上启动 NAT 功能。

```
Router>en
Router#conf  t
Router（config）#int f 0/1
Router（config-if）#ip add 10.1.1.1 255.255.255.252
Router（config-if）#no shutdown
Router（config-if）#ip nat inside
Router（config-if）#exit
Router（config）#int f 0/0
Router（config-if）#ip add 61.1.1.2 255.255.255.252
Router（config-if）#ip nat outside
```

```
Router（config-if）#no shut
Router（config-if）#exit
Router（config）#access-list 1 permit any
Router（config）#ip nat inside source list 1 interface fastEthernet 0/0
Router（config）#ip route 0.0.0.0 0.0.0.0 61.1.1.1
Router（config）#ip route 192.168.0.0 255.255.0.0 10.1.1.2
Router（config）#end
Router#
```

（4）三层交换机的配置。

```
Switch>en
Switch#conf t
Switch（config）#vlan 2
Switch（config-vlan）#exit
Switch（config）#vlan 3
Switch（config-vlan）#exit
Switch（config）#vlan 4
Switch（config-vlan）#exit
Switch（config）#vlan 5
Switch（config-vlan）#exit
Switch（config）#vlan 6
Switch（config-vlan）#exit
Switch（config）#vlan 7
Switch（config-vlan）#exit
Switch（config）#vlan 8
Switch（config-vlan）#exit
Switch（config）#vlan 9
Switch（config-vlan）#exit
Switch（config）#vlan 10
Switch（config-vlan）#exit
Switch（config）#vlan 20
Switch（config-vlan）#exit
Switch（config）#vlan 30
Switch（config-vlan）#exit
Switch（config）#int f 0/1
Switch（config-if）#no sw
Switch（config-if）#ip add 10.1.1.2 255.255.255.252
Switch（config-if）#exit
Switch（config）#int range gi 0/1-10
Switch（config-if）#switchport trunk encapsulation dot1q
Switch（config-if）#switchport mode trunk
```

```
Switch（config-if）#exit
Switch（config）#int vlan 2
Switch（config-if）#ip add 192.168.2.1 255.255.255.0
Switch（config-if）#exit
Switch（config）#int vlan 3
Switch（config-if）#ip add 192.168.3.1 255.255.255.0
Switch（config-if）#exit
Switch（config）#int vlan 4
Switch（config-if）#ip add 192.168.4.1 255.255.255.0
Switch（config-if）#exit
Switch（config）#int vlan 5
Switch（config-if）#ip add 192.168.5.1 255.255.255.0
Switch（config-if）#exit
Switch（config）#int vlan 6
Switch（config-if）#ip add 192.168.6.1 255.255.255.0
Switch（config-if）#exit
Switch（config）#int vlan 7
Switch（config-if）#ip add 192.168.7.1 255.255.255.0
Switch（config-if）#exit
Switch（config）#int vlan 8
Switch（config-if）#ip add 192.168.8.1 255.255.255.0
Switch（config-if）#exit
Switch（config）#int vlan 9
Switch（config-if）#ip add 192.168.9.1 255.255.255.0
Switch（config-if）#exit
Switch（config）#int vlan 10
Switch（config-if）#ip add 192.168.10.1 255.255.255.0
Switch（config-if）#exit
Switch（config）#int vlan 20
Switch（config-if）#ip add 192.168.20.1 255.255.255.0
Switch（config）#int vlan 30
Switch（config-if）#ip add 192.168.30.1 255.255.255.0
Switch（config-if）#exit
Switch（config）#ip route 0.0.0.0 0.0.0.0 10.1.1.1
Switch（config）#end
Switch#
```

（5）二层交换机的配置。

由于二层交换机的数量很多，本例中只给出生产部的二层交换机的配置过程，其他部门的依次类推，只是在配置的时候，要注意不同的部门其 VID 也不同。

```
Switch>en
```

```
Switch#conf t
Switch（config）#vlan 2
Switch（config-vlan）#exit
Switch（config）#int gi 1/1
Switch（config-if）#switchport mode trunk
Switch（config-if）#exit
Switch（config）#int range fastEthernet 0/1-24
Switch（config-if-range）#switchport access vlan 2
Switch（config-if-range）#end
Switch#
```

（6）服务器的配置。

在本案例中，要配置 Web 服务器、FTP 服务器、mail 服务器等。服务器的具体配置过程请参考前面的相关章节。

3. 网络验收

（1）验收基本说明。

双方签订合同后，签订一项验收计划，作为验收执行的规范，合同双方共同遵循，验收计划包括以下必备内容：

① 验收人员组成。

② 验收场所和验收时间。

③ 验收内容组成。

④ 各项内容的验收标准。

⑤ 验收方式。

由业主方指定人员，工程实施方参加项目所有人员配合验收。对验收人员的要求：熟悉整个项目的物理设备组成、技术组成和验收标准，具有验收完成之后的签字权。

设备到现场后 3 天之内进行相应的设备验收，系统逻辑实现之后在公司提交工程测试资料并提出验收要求后 3 天之内由业主方组织验收，否则视为验收通过。具体的时间和验收场所在双方共同确认的验收计划中指定。

① 设备验收。

对整个项目涉及的设备进行物理验收，包括设备型号、设备数量、包装要求等。

② 系统验收。

对项目实施的目标进行相应的逻辑验收，包括功能、性能、文档等。

物理验收的标准以最终合同指定的设备厂家品牌、型号、数量为标准，设备的物理构成及包装以设备厂家提供的标准为验收标准；逻辑验收按照最终合同要求进行的各项功能、性能设计相应的可实施的测试方法进行设计验收、测试验收和文档验收。

签订合同的同时双方共同确认并签订验收计划；按照验收计划，在计划规定的验收时间内，由指定的双方验收人员按照验收标准进行验收，并填写验收报告；在所有验收计划中指定的验收完成后，整个项目的验收结束。

（2）设备验收（物理验收）。

根据双方最终生成的合同形成的物理设备总清单，是整个设备验收的基础，按照各个设备厂家对设备到场的验收标准进行其他物理验收。

验收单格式如表 11-4 所示。

表 11-4　验收单格式

设备验收清单						
设备编号	设备名称	设备型号	数量	配置明细	验收人	验收时间

设备验收总签字：　　　　　　　　　　　　　　签字时间：

（3）系统验收（逻辑验收）。

以标书为基本要求，双方最终生成的合同对功能、性能的准确描述并做到可以测试作为验收的标准。

逻辑验收表格式如表 11-5 所示。

表 11-5　逻辑验收表

逻辑验收测试表					
序号	描述	测试方法	结果	验收人	时间
1	综合布线及网络	所有网络主节点的划分，网管软件的调试，远程访问，路由/连接 Internet			
2	网络安全	Intranet 功能实现，防火墙网关的实现，网络安全的实现			
3	服务器	网管工作站配置，服务器发布及应用，网络监视，管理			

验收人签字：　　　　　　　　　　　　　　签字时间：

（4）文档资料验收。

根据在其他网络和应用工程中的实施经验，文档资料的验收包括以下几个组成及基本内容。

① 网络设计目标要求：记录双方共同确认后的整个园区网项目建设的功能、性能列表，在合同签订之前由双方共同商定，并作为验收的标准。项目建设要求列表如表 11-6 所示。

在项目执行过程中用户提出的功能、性能及环境、结构等方面的要求。用户变更记录表如表 11-7 所示。

表 11-6　项目建设要求列表

项目建设要求列表		
项目名称		
类别	序号	描述及测试指标标准
功能要求	1	
	2	
	3	
	4	
	5	
性能要求	1	
	2	
	3	
	4	
	5	

表 11-7　用户变更记录表

用户变更记录表					
变更序号	变更要求描述	时间	用户签字	集成方签字	备注

② 系统的最终设计方案（物理、逻辑构成设计）。

以双方确认的最终的实现为准，反映最新变化的设计方案。

设备配置参数列表包括两个方面的要求：

- 配置所有非默认参数的结果。
- 配置到达这些参数的路径。

记录测试路径和测试结果，由集成方填写，业主进行验证性测试认可。

验收时，要使用工程验收总清单表，如图 11-8 所示。

表 11-8 工程验收总清单

工程验收总清单			
项目序号	验收子项列表	子项总签人	备注
1	用户目标清单		
2	用户变更记录		
3	系统最终设计方案		
4	配置参数列表		
5	测试列表		
6	设备总清单		
7	工程总验收签字		
8	工程总验收时间		

文档验收主要是准确、清晰地反映设计和实现，并与实际的最终环境状况相吻合，如表11-9所示。

表 11-9 文档验收清单

文档验收清单					
序号	文档名称	文档内容	验收结果	验收人	验收时间

4. 项目费用

（1）设备费用（见图 11-10）。

表 11-10 设备费用表

设备名称	品牌	标配及参数	数量	单价（元）	合计（元）
服务器	HP	ProLiant ML350 G4P Intel Xeon 3200MHz，最大内存容量 12GB，内存 ECC DDR2 SDRAM	20	22000	440000
磁带机	惠普	StorageWorks Ultrium 2151 半高磁带介质上 8 通道线性螺旋形记录 Ultra2 SCSI（LVDS） 7.5 MB/s（15 MB/s，压缩率 2：1），存储容量 100 GB，压缩后存储容量 200 GB	7	23000	161000

续表

设备名称	品牌	标配及参数	数量	单价（元）	合计（元）
交换机	Cisco	WS-C2950SX-24 支持全双工存储一转发	240	8800	2112000
	Cisco	WS-C3550-48-EMI 32MB DRAM 和 8 MB 闪存	40	15600	624000
	Cisco	Cisco 6509 64MB SRAM and 12MB Flash	2	100000	200000
防火墙	华为 3Com Eudemon 1000	千兆级防火墙，并发连接数，无限制网络吞吐量 1000Mpps，入侵检测 DoS、IDS	1	75000	75000
机柜	TOPER Server	TPS61042 2000×600×1000mm^2，42U 黑色	9	5000	45000
配线架	康普	100 对配线架	480	300	144000
光纤盒	康普	机柜式光纤收发器	6	850	5100
UPS	山特 K500	后备式 0.5kva 输出电压范围 220（1+10%）V，输出频率范围（50±1）Hz	150	300	45000
	山特 A UPS-24K	电源阵列 24kva，输出电压范围 215～224V，输出频率范围（50±0.25）Hz	8	27000	216000
5 类线	康普	200m/箱	6000	300	1800000
水晶头	TCL 电工	RJ-45 接口	13000	2	26000
总计					5293100

（2）项目费用（见表 11-11）。

表 11-11 项目费用表

项目 线路类别	一次性费用（元）					专线使用费（元）	
	初装 （楼外）	工 程（楼内）	设 备	调 测	小 计	基本流量费（元/ 年 ）	线路租金（元/ 月）
光纤接入	20000		5000	3310	28310	10 万	
布线施工	30000	11000			41000		
合计	50000	11000	5000	3310	69310	10 万	

5. 技术支持服务

（1）售后服务内容。

售后服务包括技术培训、技术咨询、维修服务和用户跟踪等服务项目。

质量保证期为 12 个月，自双方代表在验收单上签字之日起计算。

以下是我们承诺为系统集成项目提供的免费售后服务内容。

① 保修：质量保证期内设备正常使用下发生的损坏，免费维修；非正常使用的损坏，只收取成本费。在质量保证期内，争取在 72 小时内完成业主所提出的维修要求，其中超过 24 小

时不能完成维修的，提供一台相同功能的设备应急。

② 技术支持：3 年内提供系统功能扩充的技术咨询服务。现场技术支持和维护：试运行期及其后 1 年内，系统运行中，对于不能电话（邮件或传真）解决的复杂问题，到现场进行技术支持服务。现场操作支持：1 年内，系统使用过程中，对于不能电话（邮件或传真）解决的复杂问题，到现场进行系统操作方面的技术支持服务。

③ 维护期以优惠的价格提供零配件。

④ 定期巡检。

（2）保证售后服务质量的措施。

① 同类工程不定期举办技术讲座或培训班。单项工程在系统设备交付前，试运行过程由工程负责人员安排为用户培训人员，使其掌握系统性能，会正确操作，排除简单故障。

② 技术咨询服务分电话回复和信函（传真）回复。

电话回复：当用户在使用过程中遇到技术问题或其他问题时，服务人员通过电话耐心解释，一时难以回答的技术问题应及时组织相关人员商量研究，尽量在当日内答复用户，并作记录。

信函（传真）回复：用户用信函反映问题时，收到信函后 3 日内予以电话或挂号信回复，用户来信要有登记，并交售后服务部门存档。

③ 售后服务部门负责售后服务质量信息的收集、整理，每季度召集各相关项目的项目经理开会，探讨不断提高工程质量的有效措施，并付诸实施。

④ 系统设备使用过程中出现故障，接到信息后记录信息，内部协调后，立即用电话回复，约定时间，组织力量上门服务。保修期内免费，非正常使用的损坏，只收取成本费。

⑤ 维修人员完成任务（排除故障）后与用户共同填写“售后（技术）服务报告”一式两份，交用户和售后服务部门保存。此报告作为维修人员报销、记奖考核的依据。

⑥ 用户跟踪服务，根据工程项目联系卡，建立用户跟踪服务制度。对重点工程重点跟踪。重点工程跟踪在工程验收投入使用后的头一年，每月主动电话咨询一次。第 2 年，每季度跟踪一次；第 3～5 年，每半年跟踪询问一次，有问题及时沟通、及时解决。每次电话内容要有记录。

⑦ 条件成熟时组织用户座谈会，走访用户开展上门服务。

反侵权盗版声明

举报电话：（010）88254396；（010）88258888
传　　真：（010）88254397
E-mail：　dbqq@phei.com.cn
通信地址：北京市海淀区万寿路 173 信箱
　　　　　电子工业出版社总编办公室
邮　　编：100036